EXPEDITION ERDE

Die Urkräfte unseres Planeten

Iain Steward • John Lynch

EXPEDITION ERDE

Die Urkräfte unseres Planeten

BUCHER

Inhalt

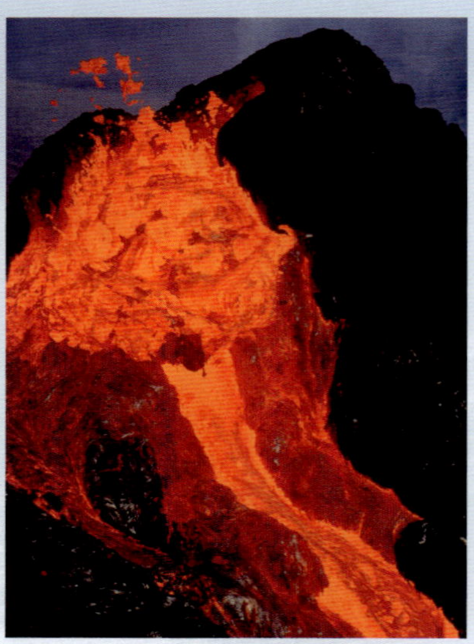

Als ich die Erde zum ersten Mal aus dem All gesehen habe, wurde mir klar, wie klein unser Heimatplanet im Vergleich zur Unendlichkeit des Weltraums ist – und wie verletzlich! Das Verständnis für Themen wie Klimawandel, Umweltschutz und Grenzen des Wachstums verändert sich und es wird deutlich: Wir sitzen alle in einem Boot und können auf die grossen globalen Fragen nur gemeinsam Antworten finden. Die Raumfahrt hat uns diese Aussenansicht ermöglicht. Moderne Forschung kann heute, angeregt durch die neue Perspektive, in zunehmendem Masse globale Phänomene erklären, weil Forscher mehr und mehr den Planeten und seine Funktionen als Gesamtheit sehen und sich nicht auf lokale Phänomene konzentrieren. Fernsehprogramme wie die BBC/ZDF-Dokumentarreihe »Expedition Erde« über die Urkräfte unseres Planeten und dieses Begleitbuch bringen uns dieses neu gewonnene Wissen näher und zeigen durch spektakuläre Bilder vor allem eines: wie wichtig es ist, diesen wunderschönen Planeten in seiner unglaublichen Vielfalt auch für künftige Generationen zu bewahren.

Thomas Reiter

Deutscher Astronaut

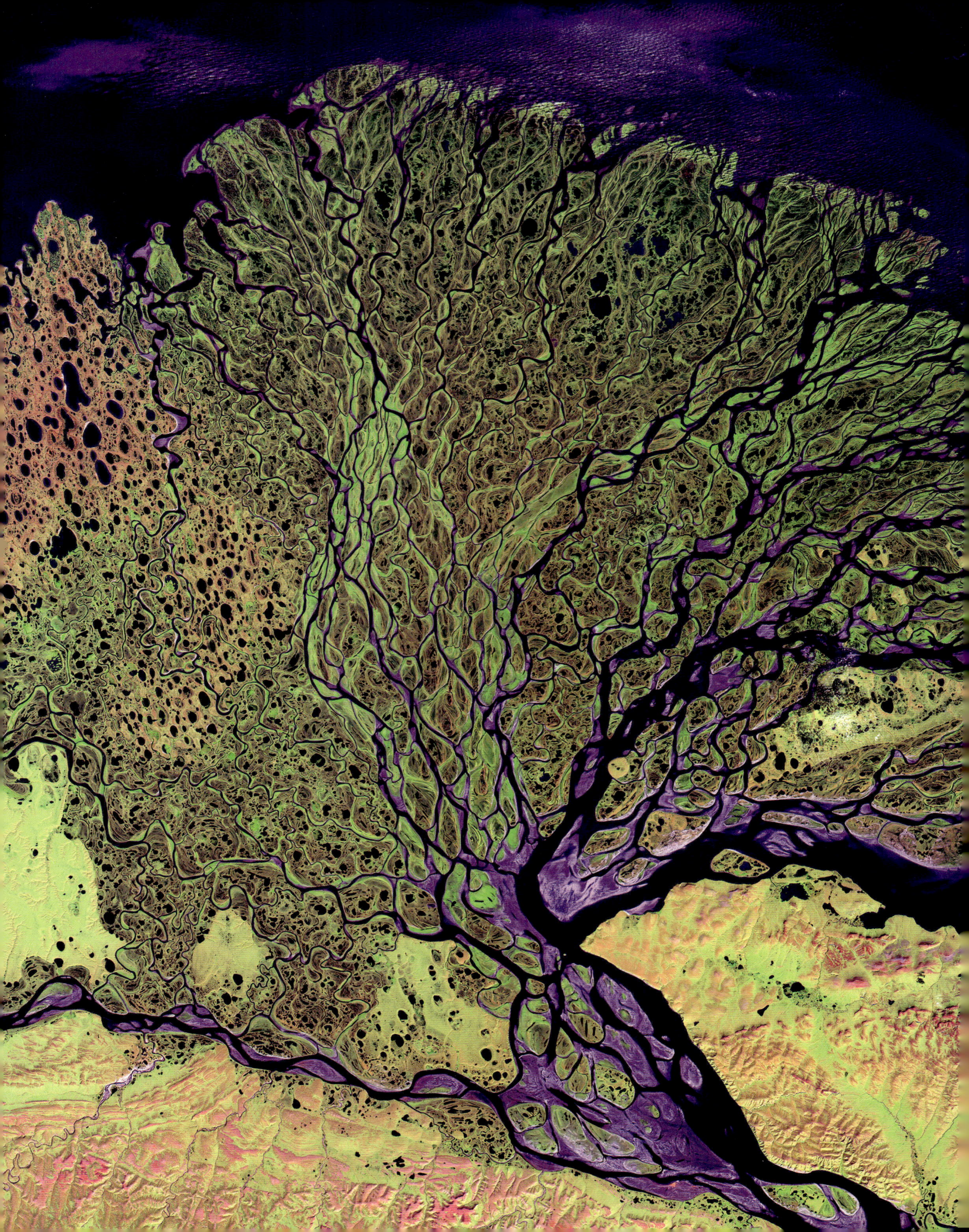

Vorwort

Tscherski, Nordost-Russland: Ein eisiger, abgelegener Ort in einer der unwirtlichsten Gegenden der Erde. Diese endlose monotone Weite von Morast, Moos und Marschland ist die sibirische Tundra. Die Stadt liegt in einem Torfmoor, das fast das ganze Jahr gefroren und so groß wie Frankreich ist – und dennoch leben hier nur etwa 20000 Menschen. Viele von ihnen gehören der indigenen Gruppe der Jakuten an, die sich ihren kargen Lebensunterhalt als Rentierhirten verdienen. Wenige Gegenden der Welt – außerhalb der Antarktis – sind leerer. So bitterkalt und abgelegen ist diese Region, dass Stalin und vor ihm die Herrscher des Russischen Reiches sie für ihre berüchtigten Gefangenenlager, die Gulags, benutzten. Es war nicht schwer, die Gefangenen dort zu halten, es gab nichts, wo sie hinfliehen konnten. Heute sind die Gefängnislager verschwunden, aber das Leben hier ist immer noch hart, und man braucht einen guten Grund, um hierherzukommen. Doch für Wissenschaftler gibt es einen, denn in diesem Land liegt vielleicht der Schlüssel zur Zukunft unseres Planeten. Während des kurzen sibirischen Sommers taut der gefrorene Boden auf und die Tundra verwandelt sich in einen wasserdurchtränkten Flickenteppich aus Feuchtgebieten und Seen. Am Stadtrand von Tscherski liegt der Blutsee, sein Name ist das düstere Vermächtnis der Gulag-Vergangenheit dieser Gegend. Im Winter gefriert der Blutsee, wie alle Seen hier, und sein Wasser liegt unter einer opaken, grauweißen

Gegenüber **Das riesige Flussdelta der Lena in Sibirien – ein Fächer aus verzweigten und verflochtenen Flussläufen und Tauwasserseen. In dieser Ecke im Nordosten Russlands liegt vielleicht der Schlüssel zur Zukunft unseres Planeten.**

Eisdecke von einem Meter Dicke, die einen Menschen oder ein Snowmobil sicher trägt. Wenn Sie im späten Frühjahr hierherkommen, ist die gefrorene Kruste dünner und schwächer, es bilden sich dunkle Flecken am Rande des Sees, wo das dünner werdende Eis glasig und durchscheinend geworden ist. Große Lufttaschen sind zu sehen, die im Eis gefangen sind, und man kann Ströme von kleinen Bläschen erkennen, die aus der Tiefe langsam nach oben dringen – als ob der Blutsee ein Lebewesen im Kältekoma wäre, schwach atmend und darauf wartend, aus seiner winterlichen Gruft befreit zu werden. Aber das sind keine gewöhnlichen Luftblasen. Wenn man das Eis durchsticht und eine Flamme an das herauszischende Gas hält, schießt ein weiß glühender Strahl in die Höhe. Ein oder zwei Minuten erhellen Flammen, die so hoch sind wie die Lärchen in der Umgebung, die Polarnacht, während mehrere Hundert Liter Gas verbrennen. Wenn man einige Meter weiter geht, findet man bald noch mehr Gastaschen, mit denen der Versuch wiederholt werden kann. Tatsächlich strömen praktisch alle Seen in der Region dasselbe merkwürdige Gas aus, unsichtbar, geruchlos und hochentflammbar. In der sibirischen Tundra tritt Methan aus.

Methan ist eines der stärksten Treibhausgase der Welt. Es ist nicht so bekannt wie Kohlendioxid, aber viel bösartiger. Es bindet 21-mal so viel Wärme in der Atmosphäre wie Kohlendioxid, sodass selbst relativ kleine Mengen von freigesetztem Methan dramatische Auswirkungen auf das Klima haben können. Seit der letzten Eiszeit ist das sibirische Methan in der dicken Schicht des gefrorenen Bodens – dem Permafrostboden – gefangen, der den Untergrund der gesamten Tundra bildet. Nur der obere halbe Meter des Bodens taut im Sommer auf und gefriert im Winter wieder, während die Erde darunter dauerhaft gefroren ist, an einigen Stellen bis zu einem Kilometer tief. In den 10000 Jahren seit der Eiszeit ist sehr wenig Methan aus diesem eisigen Land entwichen, doch jetzt scheint es sich zu erwärmen.

Die Temperaturen steigen in der Arktis schneller an als irgendwo sonst auf dem Planeten. In Alaska beginnt nun der Frühling zwei Wochen früher als noch vor einem halben Jahrhundert, wobei die Lufttemperatur seit 1950 um 2 °C und die Temperatur des Permafrostbodens um 2,5 °C gestiegen sind. Sibirien erwärmt sich möglicherweise noch schneller: Seine durchschnittliche Lufttemperatur stieg im letzten Jahrzehnt um etwa 3 °C, und auch hier beginnt der Frühling in jedem Jahr seit Beginn der Satelliten-Messung in den frühen 1980er Jahren etwa einen Tag früher. In ganz Alaska, Nordkanada und Sibirien verwandelt sich der Permafrost in Matsch, wodurch Straßen und Gebäude absinken und zerbrechen, da ihre ehemals feste Grundlage nachgibt. Zugefrorene Flüsse, die einen Großteil des Jahres als Straßen dienen, sind für immer kürzere Zeit befahrbar. Immer mehr Land wird für immer längere Zeit im Jahr zu Morast. Und während der sibirische Permafrost auftaut, spuckt der Boden sein Methan aus.

Der sibirische Permafrost enthält etwa ein Viertel des weltweit im Boden gespeicherten Methans, und die auftauenden Seen lassen diese Reserven immer schneller austreten. Verschlimmernd kommt hinzu, dass die Schneedecke in der sich erwärmenden Tundra immer dünner wird und sich dadurch das Auftauen beschleunigt, da die nackte Erde die Wärme der Sonne absorbiert, während Schnee sie in den Weltraum reflektiert. Ein riesiger Methan-Rülpser könnte die Folge sein.

Viele Experten glauben, dass etwas Ähnliches schon einmal passiert ist. Vor circa 55 Millionen Jahren sind wahrscheinlich Trillionen Tonnen von Methan aus den Tiefseesedimenten entwichen und haben sich in wenigen tausend Jahren in der Atmosphäre angesammelt, wodurch der Planet sich dramatisch erwärmte. Die Durchschnittstemperatur an der Erdoberfläche stieg damals von 18 °C auf 24 °C, gegenwärtig beträgt die globale Temperatur durchschnittlich ungefähr 15 °C. Die ganze Welt veränderte sich: Seen verdunsteten, Meere verschwanden, Wälder wurden zu Buschland, das Buschland zur Wüste. Die Eiskappen der Pole schmolzen und das Nordpolarmeer war bald so warm

GEGENÜBER **DER GEFRORENE BODEN VON NORDOST-SIBIRIEN TAUT AUF UND VON SEINEN UNZÄHLIGEN AUFTAUENDEN SEEN – SO WIE HIER ZWISCHEN DEN FLÜSSEN MAYN UND ANADYR – TRITT GEFÄHRLICHES METHAN AUS.**

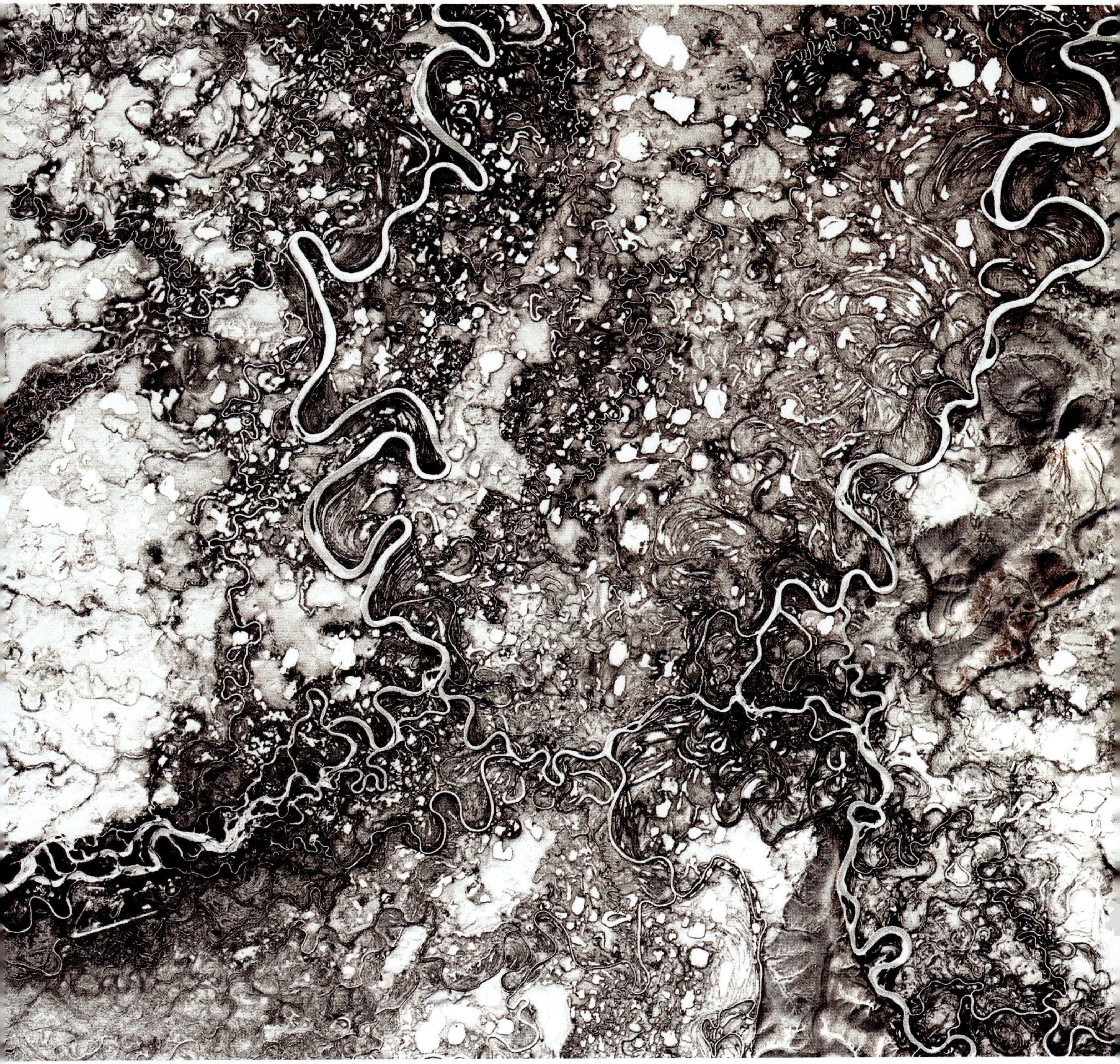

wie die heutigen tropischen Gewässer. Hier innerhalb des Polarkreises, wo außer Flechten und Moos kaum etwas wächst, finden sich die Überreste eines Kiefernwaldes, der in der Wärmewelle bestens gedieh. Tiere wanderten in neue Kontinente und erreichten Gebiete, die zuvor durch Eis oder Wasser abgeschnitten waren. Aber es gab auch die Kehrseite der Medaille. Die Ozeane wurden durch den Klimawandel vergiftet und in ihren Tiefen gab es keinen Sauerstoff. Millionen Meerestiere starben, und viele Spezies starben aus.

Heute lassen die Treibhausgase, die wir in die Atmosphäre pumpen, die Temperaturen sogar noch schneller ansteigen als vor 55 Millionen Jahren. Wenn durch den Klimawandel auch die Methan-Lager im arktischen Permafrost oder in den Tiefseesedimenten freigesetzt werden, könnte das Tempo der globalen Erwärmung alle Erwartungen übertreffen. Die Botschaft aus der Vergangenheit ist klar: Es ist passiert – und es könnte wieder passieren.

Erst in den letzten wenigen Jahrzehnten haben Wissenschaftler festgestellt, wie empfindlich unser Planet auf die Veränderungen reagiert, die wir ihm aufzwingen. Das gleichmäßige Klima, das ein Leben auf der Erde ermöglicht, hängt von einem versteckten Netz von dynamischen Verbindungen zwischen Ozean, Land und Atmosphäre ab. Diese scheinbar getrennten Teile unserer Welt arbeiten eng zusammen – wie Zahnräder in einer Maschine. Durch einen endlosen Austausch von Rohstoffen und Energie sorgen sie dafür, dass das Klima im Gleichgewicht und der Planet bewohnbar bleiben. Das Problem ist, dass unsere Welt nicht nur komplex, sondern auch sehr sensibel ist. Eine scheinbar kleine Veränderung in einem Teil des Systems – wie zum Beispiel Methan, das aus den tauenden sibirischen Sümpfen entweicht – kann durch eine Kettenreaktion von zusammenhängenden Prozessen globale Folgen haben.

Eine Revolution in der Luft

In den 60er Jahren des 18. Jahrhunderts experimentierte der schottische Instrumentenbauer James Watt mit einer genialen, aber ziemlich ineffektiven »atmosphärischen Maschine«, ohne sich bewusst zu sein, dass er im Begriff war, nicht nur ein neues Industriezeitalter, sondern auch eine neue geologische Ära einzuläuten. Watts weiterentwickelte Konstruktion – die »Dampfmaschine« – sollte eine Kettenreaktion auslösen, die zu einem explosionsartigen Anstieg des Verbrauchs von Kohle und Eisen, zur Massenproduktion von Gütern und zur Erfindung von vollkommen neuen Transportmitteln führte. Als das technische Know-how der industriellen Revolution sich mit halsbrecherischer Geschwindigkeit auf dem Globus verbreitete, begannen sich seine heimtückischen Auswirkungen zu akkumulieren. In der Eiswüste der Antarktis und Grönlands dokumentieren Schneeschichten aus den 1780er Jahren einen allmählichen Anstieg der Treibhausgase Kohlendioxid und Methan. Ungefähr zur gleichen Zeit begann das Süßwasserleben in unseren Seen sich der neuen globalen Chemie anzupassen. Viele Wissenschaftler sind heute der Meinung, dass im letzten Viertel des 18. Jahrhunderts die Einflüsse des Menschen auf die Umwelt begannen, sich global auszuwirken. Nachdem er Tausende von Jahren den Naturgewalten der Erde ausgeliefert war, fing der Mensch an, Macht über die Erde auszuüben. Er war in eine neue geologische Epoche eingetreten, die einige Wissenschaftler das Anthropozän nennen – das Zeitalter des Menschen.

Bereits während der Blüte der industriellen Revolution sahen einige vorher, dass unsere Welt im Begriff sein könnte sich zu ändern. Der Begriff der Treibhausgase, der ein moderner Terminus zu sein scheint, wurde das erste Mal im Jahr 1827 von einem französischen Mathematiker und Physiker, Joseph Fourier, verwandt. Fourier erkannte, dass es ein Ungleichgewicht gibt zwischen der Menge an Wärme, die die Erde von der Sonne absorbiert, und der Menge, die sie zurück in den Weltraum reflektiert. Er erkannte, dass ein Teil dieses Ungleichgewichts durch die Atmosphäre verursacht wird, die einen Teil der reflektierten Wärme einschließt und die Oberfläche des Planeten erwärmt. Wir wissen heute, dass dieser Treibhauseffekt lebenswichtig ist – ohne ihn läge die globale Temperatur bei

GEGENÜBER **KLIMASIMULATIONEN ZUFOLGE KOMMEN STÜRMISCHE ZEITEN AUF UNS ZU.**

– 18 statt bei + 15 °C. Fourier war der Erste, der vermutete, dass menschliche Aktivitäten beeinflussen könnten, wie viel Wärme die Atmosphäre festhält, auch wenn er nicht genau wusste, wie. Der englische Wissenschaftler John Tyndall kam in den 50er Jahren des 19. Jahrhunderts näher an die Antwort heran, als er feststellte, dass ein großer Teil der Wärme von Wasserdampf und Kohlendioxid absorbiert wird – Gase, die zusammen lediglich ein Prozent der Atmosphäre ausmachen.

Heute haben wir eine bessere Vorstellung davon, was mit den Kohlendioxidmengen in der Atmosphäre passiert, weil sie seit fast 50 Jahren in einem Observatorium auf dem Gipfel des Vulkans Mauna Loa in Hawaii genau aufgezeichnet werden. Seit 1958 hat dieses Fenster zum Himmel zwingende Beweise dafür gesammelt, dass unser Planet sich verändert. Die Kohlendioxidmengen sind im letzten halben Jahrhundert kontinuierlich um 22 Prozent angestiegen, und sie steigen jedes Jahr immer noch um fast zwei Teile pro Million (ppm) an, im Februar 2007 erreichten sie 384 Teile pro Million. Anders gesagt, gegenwärtig stecken 384 Moleküle Kohlendioxid in jeder Million Moleküle trockener Luft. Dieses scheint eine verschwindend geringe Menge zu sein, doch sie ist mehr als ein Drittel größer als vor Beginn des Industriezeitalters, als die Kohlendioxidmenge 280 Teile

UNTEN **DIE ART DES ACKERBAUS MAG WELTWEIT STARK VARIIEREN, ABER DIE AUSWIRKUNGEN DER LANDWIRTSCHAFT AUF DAS LAND SIND AUF JEDEM KONTINENT GLEICHERMASSEN DRAMATISCH.**

Der Kohlenstoff-Meteorologe

Es war ein stattlicher, lebenslustiger Schwede, Svante Arrhenius, der 1896 einen großen Sprung in der Klimaforschung machte, indem er genau ausrechnete, welche Auswirkung Kohlendioxid auf das Klima haben könnte. Mit seinen fast 100 Kilogramm Körpergewicht war Arrhenius ein großer Mann mit einer großen Idee: Er glaubte, dass die Eiszeiten von enormen Schwankungen des Kohlendioxidgehalts in der Atmosphäre verursacht wurden. Der Nobelpreisträger rechnete aus, wie viel Kohlendioxid nötig ist, um die globale Temperatur zu verändern. Es war eine gewaltige Aufgabe, selbst die leistungsstärksten Computer brauchen heute eine Woche oder länger, um Modelle des globalen Klimawandels zu erstellen. Arrhenius berechnete den Erwärmungseffekt von fünf verschiedenen Kohlendioxidkonzentrationen für alle Breitengrade auf der Nord- und Südhalbkugel in 10-Grad-Schritten und verbrachte mehr als ein Jahr mit dieser Aufgabe. Schließlich erstellte er eine überraschend genaue Reihe von Tabellen: eine Art Rechentabelle für den Klimawandel. Er sagte vorher, dass eine Verdopplung der Kohlendioxidmenge dazu führen würde, dass die globale Temperatur um 5 °C ansteige. Dies liegt ziemlich nahe an dem Wert, von dem die meisten Wissenschaftler heute ausgehen. Es ist der Temperaturunterschied zwischen einer Eiszeit und einer Wärmeperiode wie heute.

Der große Beitrag von Arrhenius bestand darin, dass er den Zusammenhang zwischen dem Verbrennen fossiler Brennstoffe und der Erwärmung des Klimas herstellte. Erneut rechnete er in mühsamer Kleinarbeit aus, bis wann das Verbrennen von Kohle zu einer Verdoppelung der Kohlendioxidkonzentration führen würde. Auf der Grundlage der Industrieproduktion der späten 90er Jahre des 19. Jahrhun-derts kam er zu dem Schluss, dass es etwa 3000 Jahre dauern würde. Aber Arrhenius betrachtete die globale Erwärmung nicht als Bedrohung, sondern sah eine Zeit voraus, in der seine Nachfahren sich eines wärmeren Klimas erfreuen könnten als seine Zeitgenossen in Skandinavien. Was er jedoch nicht voraussah, war, dass sich der Kohlendioxidausstoß im Laufe des folgenden Jahrhunderts verfünfzehnfachen würde. Heute hustet und pustet die Weltbevölkerung jedes Jahr 6000 Millionen Tonnen (6 Gigatonnen) Kohlendioxid aus. Bei dieser Rate wird die Kohlendioxidkonzentration gegen Ende des 21. Jahrhunderts doppelt so hoch sein wie vor dem Industriezeitalter. Leider ist die von Arrhenius prognostizierte Zeit um den Faktor zehn verkürzt worden.

pro Million betrug. Das weiß man, seit man die chemische Zusammensetzung von uralten Luftblasen in antarktischem und grönländischem Eis gemessen hat. In diesem gefrorenen Archiv sind mindestens die letzten 650 000 Jahre aufgezeichnet, nie war die Kohlendioxidkonzentration höher als heute.

Es ist jedoch nicht nur Kohlendioxid, das das Klima der Erde verändert. Seit Arrhenius mit einer gewissen Vorfreude seine bessere wärmere Welt vorhersagte, haben die Erfindung des Automobils sowie neue Industriezweige und intensive Landwirtschaft – die Größenordnungen erreichten, die ein Jahrhundert zuvor noch unvorstellbar waren – zur Freisetzung von noch gefährlicheren Treibhausgasen wie Stickoxid und Methan geführt. Das Folge davon ist, dass die mittlere Temperatur der Atmosphäre an der Erdoberfläche seit Beginn des 20. Jahrhunderts um 0,7 °C angestiegen ist.

Globaler Gesundheits-Check

Ebenso wie ein gesunder menschlicher Körper ein Herz, ein Gehirn, Lungen und so weiter braucht, um richtig zu funktionieren, müssen die Organe der Erde – ihr Land, ihre Ozeane, ihre Atmosphäre, ihr Eis (Kryosphäre) und ihr Leben (Biosphäre) – funktionsfähig sein. Um herauszufinden, ob sie das sind, werden die Vitalparameter des Planeten regelmäßig von einem globalen Netzwerk von Satelliten, Flugzeugen und Bodeninstrumenten überprüft. Sie messen Lufttemperatur, Verdunstung aus den Ozeanen, das Schmelzen und die Bildung von Eis sowie die Freisetzung von Kohlenstoff aus den Wäldern. Und so werden alle paar Jahre die gesammelten Daten und Befunde in einen globalen Gesundheitstest eingespeist, der vom »Intergovernmental Panel on Climate Change« (IPCC) durchgeführt wird. Der jüngste Bericht, der 2007 veröffentlicht wurde, liest sich nicht erfreulich.

Nach Einschätzung des IPCC steht die globale Erwärmung nun »zweifelsfrei« fest, und menschliche Aktivitäten sind »sehr wahrscheinlich« daran schuld. Die Erwärmung der

LINKS **DER REGENWALD DES AMAZONASGEBIETES HAT VIELE MILLIONEN JAHRE ÜBERLEBT, ABER ER KÖNNTE IM NÄCHSTEN JAHRHUNDERT IRREPARABLEN SCHADEN NEHMEN.**

Prognose für einen Planeten

Wie lautet also die Prognose für den Planeten? Nach dem gegenwärtigen Trend ist damit zu rechnen, dass die mittlere globale Temperatur in den nächsten 50 Jahren um 2 bis 3 °C ansteigt. Damit wird auf der Erde eine Temperatur herrschen, die höher liegt als in allen Wärmeperioden der letzten 3 Millionen Jahre. Bis zum Ende des Jahrhunderts steigen die Temperaturen vermutlich um 4,5 °C oder sogar mehr. Was diese Erwärmung für die Welt im Jahr 2100 bedeutet, ist nicht ganz klar, aber globale Klimamodelle – die Glaskugeln der Klimaforscher – zeigen einige wahrscheinliche Szenarien. Die Erde wird wahrscheinlich eine eisfreie Arktis haben, da die hohen Breitengrade am stärksten vom Temperaturanstieg betroffen sind. Bei einer globalen Durchschnittserwärmung von 4 °C werden die Ozeane und Küsten am Äquator um cirka 3 °C, die gemäßigten Gebiete um mehr als 5 °C und die Pole um ganze 8 °C wärmer. Wie wir gesehen haben, erleben Nordkanada, Alaska und Russland bereits die Folgen der Erwärmung von bisher gefrorener Erde, wobei das Auftauen des Permafrostbodens erhebliche Schäden an Häusern und Straßen verursacht. Die Erde wird nicht nur wärmer, sondern auch nasser sein, wobei ein großer Teil der höheren Niederschlagsmenge als Schnee fällt.

Auf der anderen Seite wird es in subtropischen Gebieten 30 Prozent weniger Regen geben, wodurch eine riesige Schneise vom europäischen Mittelmeerraum über Nordafrika bis hin zum Nahen Osten austrocknen wird. Ein weiterer Trockengürtel wird im südlichen Afrika entstehen. Wenn die Fruchtbarkeit des Bodens nachlässt und die Ernteerträge abnehmen, wird es in diesen Regionen immer öfter schwere Dürren und Hungersnöte geben. Auch wenn die ansteigende Kohlendioxidkonzentration zunächst das Wachstum von Feldfrüchten wie Reis und Mais begünstigen wird, wird der Getreideanbau leiden, sobald die Temperatur um mehr als 3 bis 4 °C angestiegen ist. Bei einem Temperaturanstieg von mehr als 4 °C können ganze Regionen – wie praktisch ganz Australien – zu heiß und zu trocken werden, um Getreide anzupflanzen. Wenn die Temperaturen gar um mehr als 6 °C zunehmen, ist auch die Landwirtschaft in den gemäßigten Gebieten gefährdet.

Unterdessen werden die nördlicheren Breitengrade bei zunehmender Lufterwärmung und veränderten Sturmbahnen wahrscheinlich feuchter und Wirbelstürme stärker. Das heißt, dass wir selbst im gemäßigten Europa die Auswirkungen

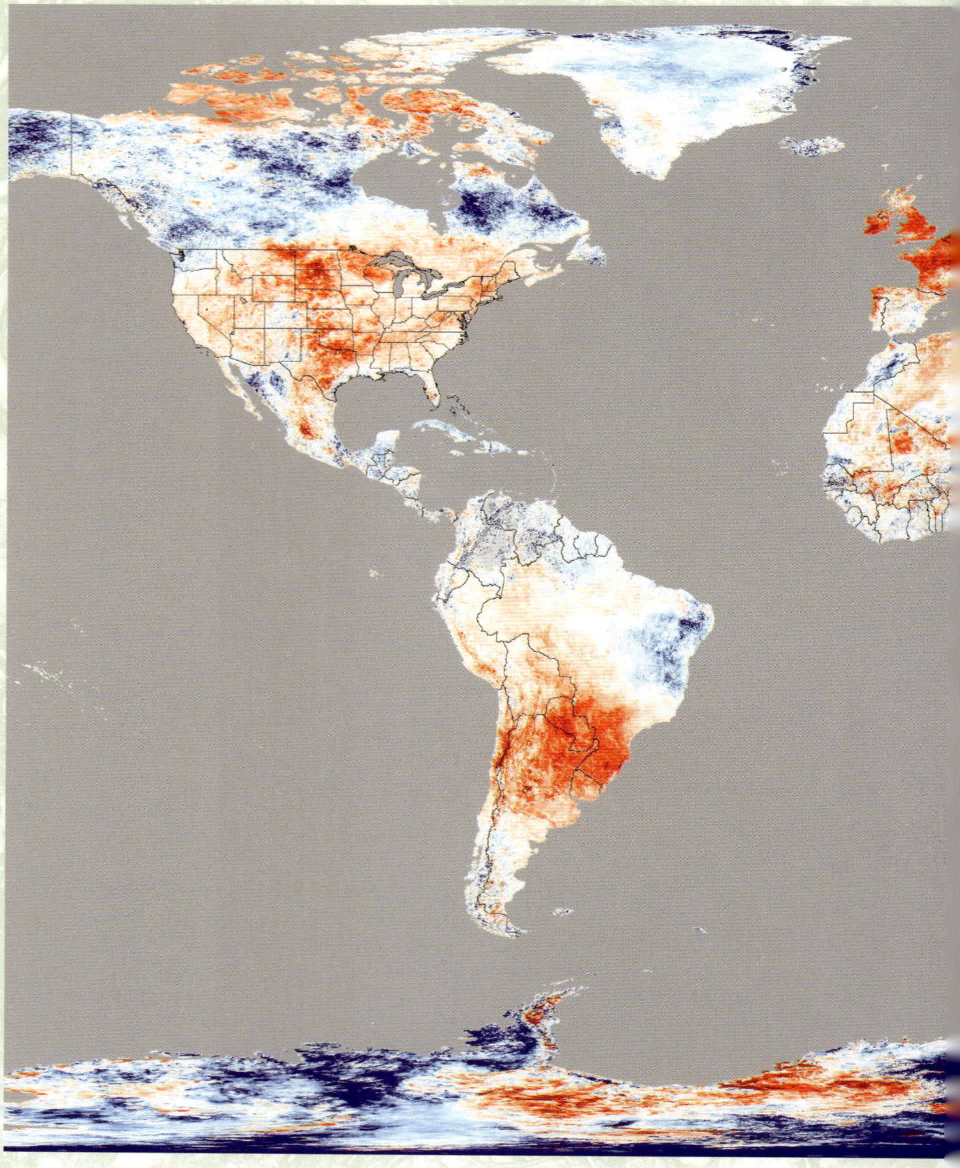

der globalen Erwärmung spüren werden. Hier werden die Winter voraussichtlich regnerischer, und verheerende Überschwemmungen durch Flusshochwasser werden auf dem ganzen Kontinent häufiger auftreten. Während es im nächsten Jahrhundert wahrscheinlich weniger Todesopfer durch Kälte geben wird, können schwere Dürren und Hitze in Südeuropa jedes Jahr viele Tausende Menschenleben fordern. Durch die trockene Hitze können Waldbrände, wie sie in den letzten Jahren in Ländern wie Portugal wüteten, noch mehr um sich greifen. Bei einem Temperaturanstieg von nur 3 °C droht dem europäischen Mittelmeerraum in jedem Jahrzehnt eine katastrophale Dürre und Wassermangel. Und die Menschen im Norden werden der Hitze auch nicht entgehen. Der Sommer von 2003 war der heißeste, den Nordeuropa in den letzten 500 Jahren verzeichnet hat. Die Temperaturen, die nur 2 oder 3 °C höher als üblich waren, lösten eine Hitzewelle aus, bei der 25 000 Menschen starben und Schäden von 15 Milliarden Dollar in Wald- und Landwirtschaft entstanden. Mitte dieses Jahrhunderts könnte die Affenhitze von 2003 typisch für den Pariser oder Londoner Sommer sein.

Alles in allem ist die langfristige Vorhersage für Europa, dass die Wetterextreme überall zunehmen werden. Und dies wird wahrscheinlich eine erhebliche Auswirkung auf unseren modernen Lebensstil haben. Jedes Jahr reisen die Nordeuropäer in Scharen in den Süden – eine jährliche Wanderung von 100 Millionen Menschen, die geschätzte 100 Milliarden Euro pro Jahr ausgeben, doch in Zukunft – wenn Südeuropa und Nordafrika ausgetrocknet und verdorrt sind, werden die Pauschaltouristen die Urlaubsorte am Mittelmeer meiden. Sie werden stattdessen aber nicht in die kühleren Skigebiete in den Alpen fahren, weil die Schnee- und Eisdecke verschwindet, wodurch auch viele Urlaubsorte in den Bergen bedroht sind. Künftige Generationen von Urlaubern werden sich wahrscheinlich in lauer Luft an den Ostseestränden von Tallin, Riga oder Gdansk tummeln.

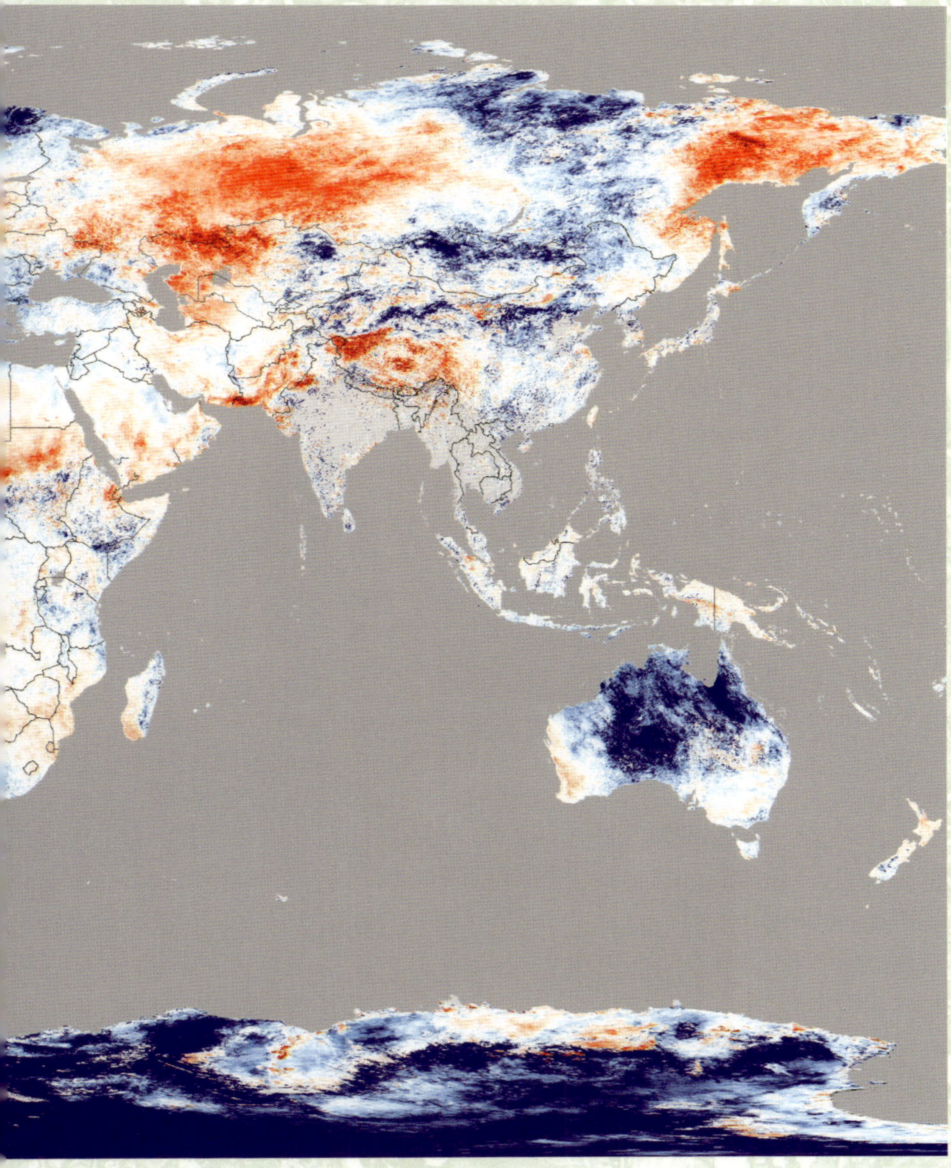

LINKS **DIE HITZEWELLE IM JULI 2006 BESCHERTE NICHT NUR EUROPA, SONDERN AUCH VIELEN ANDEREN TEILEN DER WELT DEN HEISSESTEN JULI SEIT BEGINN DER AUFZEICHNUNGEN. DIE LANDKARTE ZEIGT, WO DIE TEMPERATUREN HÖHER (ROT) – BIS ZU 10 °C – ODER NIEDRIGER (BLAU) ALS DIE DURCHSCHNITTSTEMPERATUREN IM JULI DER LETZTEN FÜNF JAHRE WAREN.**

Ozeane hat eine Tiefe von mindestens 3000 Metern erreicht, sodass sich das Wasser ausdehnt und der Meeresspiegel steigt. Die Gletscher in den Bergen ziehen sich zurück und die Schneedecken schwinden in beiden Hemisphären. Das entstehende Schmelzwasser trägt zum Anstieg des Meeresspiegels bei. Bei allen Vitalfunktionen der Erde lassen sich Veränderungen erkennen. Die Niederschlagsmuster, Windstärken und Temperaturtrends weichen in den verschiedenen Teilen der Erde von den ermittelten historischen Normen ab. Auch erste Zeichen eines biologischen und ökologischen Wandels werden offenkundig. So sind zum Beispiel viele Spezies in den letzten 30 bis 40 Jahren – im Schnitt 6 Kilometer pro Jahr – in Richtung Pol gewandert, und durch die Jahreszeit bedingte Ereignisse wie Blüte und Eiablage scheinen in den gemäßigten Gebieten der nördlichen Hemisphäre in jedem Jahrzehnt zwei oder drei Tage früher stattzufinden. Nichts, außer der globalen Erwärmung, scheint alle diese Phänomene erklären zu können.

Es sieht ziemlich düster aus für unsere Zukunft (siehe S. 18), aber bei diesen deprimierenden Szenarien ist auch Vorsicht geboten. Die meisten Vorhersagen beruhen zwar auf modernsten Computersimulationen des Erdklimas, doch diese Wissenschaft steckt noch in den Kinderschuhen. Erst seit 1985 sind globale Klimamodelle überhaupt glaubwürdig, und erst seit 1989 gibt es Supercomputer, die leistungsstark genug sind, um die Kaskade von Dominoeffekten auszurechnen, die zwischen Land, Ozean und Atmosphäre hin- und herprallen. Ungefähr drei Milliarden Dollar werden jedes Jahr für die Klimaforschung ausgegeben, ein Großteil davon fließt in den Versuch zu simulieren, wie verschiedene Zahnräder in zahllosen möglichen Zukunftsszenarien zusammenspielen. Diese Modelle sagen uns nicht die Zukunft vorher, sie sagen uns eine ganze Reihe von möglichen »Zukünften« vorher. Und sie erlauben uns einen außergewöhnlichen Einblick in die Komplexität der Funktionen unseres Planeten, denn sie zeigen, wie er auf Veränderungen als selbst-

RECHTS **DIE SANDSTÜRME IN DER SAHARA SIND EIN WICHTIGES BINDEGLIED IN UNSERER KOMPLEXEN WELT – DER WIND WEHT DEN STAUB ÜBER DEN KONTINENT HINAUS UND BEFRUCHTET WEIT ENTFERNTE WÄLDER WIE IM AMAZONASBECKEN.**

ständiges und sich selbst regulierendes System reagieren könnte – fast wie ein Lebewesen.

Wichtiger noch ist, dass die Modelle die Schwachstellen in der Maschinerie der Erde aufzeigen, das heißt die Gefahrenzonen, in denen der Klimawandel dazu führen könnte, dass Vitalsysteme der Erde zusammenbrechen. Diese sind, wenn man so will, die Achillesfersen im Verteidigungssystem der Erde. Eine dieser Achillesfersen wurde schon erwähnt – die Sümpfe Sibiriens. Auf den nächsten Seiten werden einige weitere vorgestellt, die zeigen, dass die komplexen Funktionen unseres Planeten sowohl beruhigend robust als auch erschreckend unberechenbar sind.

Vergiftete Lungen

Im Regenwald des Amazonasgebietes feiert das Leben der Erde sein größtes Fest, hier ist ein Drittel aller auf dem Land lebenden Spezies der Erde beheimatet – vom Insekt bis hin zum Jaguar und allen Arten dazwischen. Aber bei aller Fülle und Vielfalt der Tiere am Amazonas sind die Pflanzen die eigentlichen Wunder der Natur. Die Regenwälder der Erde werden oft als die Lungen des Planeten bezeichnet, aber sie sind es nicht: Sie konsumieren genauso viel Sauerstoff, wie sie freisetzen. Sie sind, wenn man so will, sauerstoffneutral. Gleichwohl absorbieren die Wälder weltweit 25 bis 30 Prozent des Kohlendioxids in der Atmosphäre, wobei der Amazonas einer der größten Konsumenten ist. Da die menschlichen Emissionen die Kohlendioxidkonzentration weiter steigen lässt, werden die tropischen Regenwälder zunächst gedeihen wie sprießende Pflanzen in einem Gewächshaus. Aber die Liebesaffäre des Amazonas mit der globalen Erwärmung dürfte nicht lange währen – an einem gewissen Kipppunkt könnte eine weitere Erwärmung um nur den Bruchteil eines Grades für den Regenwald den Tod bedeuten.

Denn das Amazonasbecken steht möglicherweise am Rande einer Katastrophe. Zurzeit ist das Gebiet so groß wie die USA, aber in jedem Jahr werden ungefähr 15 000 Quadratkilometer des Amazonas-Regenwaldes – das entspricht ungefähr der Größe von Schleswig-Holstein – verbrannt oder abgeholzt, um Platz für Viehzucht, Ackerbau und andere Vorhaben zu schaffen. Darüber hinaus könnte die selektive Rodung – die angeblich umweltfreundliche Praxis, nur ein oder zwei Bäume zu fällen und den Rest intakt zu lassen – diese Zahl verdoppeln. Und während die Menschen den Regenwald abholzen oder brandroden, geben die sich zersetzenden hölzernen Überreste, Wurzeln und Blätter das gespeicherte Kohlendioxid wieder an die Luft ab. Heute gelangen durch den Kahlschlag des Amazonas-Regenwaldes jedes Jahr ganze 500 Millionen Tonnen Kohlenstoff in die Atmosphäre. Wenn die Temperatur des Planeten steigt, werden die Mikroorganismen, die sich vom Wald ernähren, immer unersättlicher werden. Viele Wissenschaftler glauben, dass sich der Amazonas-Regenwald in den nächsten 50 Jahren von einem großen Konsumenten zu einem bedeutenden Produzenten von Kohlendioxid entwickeln wird. Und wenn das passiert, werden die Emissionen des Amazonasgebietes den Treibhauseffekt noch verstärken. Eine Veränderung in nur einem Teil des globalen Systems wird unabsehbare Folgen in anderen Bereichen haben.

Lange Zeit beruhigte man sich angesichts dieser Gefahr mit dem Glauben, dass der Amazonas-Regenwald robust genug sei, um mit den Veränderungen fertig zu werden – immerhin hat der Wald seit dem riesigen Methan-Ausbruch vor 55 Millionen Jahren standhaft unsere Atmosphäre recycelt. Man dachte, dass sich der Wald während des trockeneren Klimas der jüngeren Eiszeiten in isolierte Refugien zurückgezogen habe und dass sich in dieser Abgeschiedenheit dann neue Spezies entwickelten, die in wärmeren Perioden ausschwärmten und die natürliche Arche wieder auffüllten. Neue Forschungen ergaben aber, dass der Amazonas-Regenwald die Eiszeiten der Erde gut ausgehalten hat und intakt geblieben ist. Statt sich wie ein alter Hase von natürlicher Entwaldung immer wieder zu erholen, steht der Amazonas-Regenwald nun anscheinend vollkommen unvorbereitet vor den noch nie da gewesenen Veränderungen, die ihm auferlegt werden. Die extremsten Szenarios sagen voraus, dass die Hälfte dieser unberührten Natur in den nächsten 50 Jahren verschwunden sein wird. Ein Wald, der seit vielen Millionen von Jahren überlebt hat, könnte innerhalb eines Jahrhunderts irreparablen Schaden nehmen.

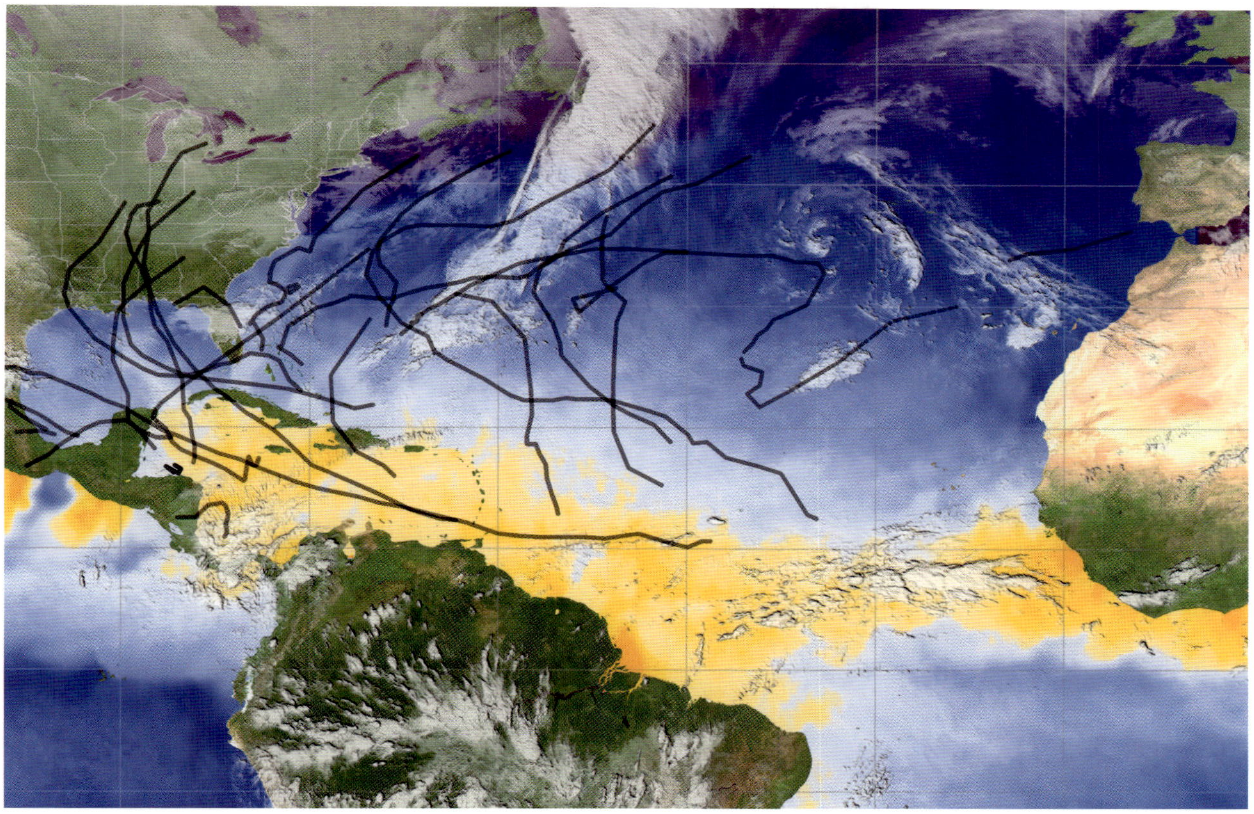

OBEN **WEGE DER WIRBELSTÜRME AUS DEM JAHR 2005 UND IHRE ENTSTEHUNGSGEBIETE IN DEN WARMEN TROPISCHEN GEWÄSSERN DES ATLANTIKS. DIE WIRBELSTURMSAISON 2005 BRACH EINEN REKORD NACH DEM ANDEREN – DIE MEISTEN STÜRME, DER NIEDRIGSTE ÜBER DEM ATLANTIK GEMESSENE LUFTDRUCK, DER LANGLEBIGSTE DEZEMBERSTURM.**

Sand aus der Sahara

Die Sandstürme in der Sahara-Wüste sind spektakulär und legendär: Der Haboob – ein Sturm im Sudan, der eine leuchtend gelbe, 3000 Meter hohe Wand erzeugt – geht wolkenbruchartigen Niederschlägen voraus. Oder der Simoon, von dem Herodot in der griechischen Antike berichtete, dass er ganze Armeen einhüllte. Eine Nation, schrieb er, »war so aufgebracht von diesem teuflischen Wind, dass sie ihm den Krieg erklärte und in voller Schlachtaufstellung losmarschierte, nur um schnell und vollkommen begraben zu werden«. Oder der Harmattan, ein »Meer der Dunkelheit«, der durch die Sahara in Richtung Westen fegt und als roter Nebel weit entfernte Länder wie England erreicht, wo er sich als Staubregen ergießt, der so rot ist, dass er schon für Blut gehalten wurde. Der Harmattan weht in Richtung Westen und schwächt sich über dem Atlantik ab, aber seine enorme Fracht von rotem Staub – Millionen Tonnen Erde – fliegt weiter und wird hoch in die Atmosphäre hinausgetragen, um sich schließlich in das Amazonasbecken zu ergießen. Die permanente Mineralstaub-Lieferung befruchtet das Amazonasbecken. Seit Tausenden von Jahren haben diese transatlantisch verschickten Nährstoffe den Regenwald bereichert und gedeihen lassen. Aber durch die globale Erwärmung könnte sich das nun ändern, denn die große Wüste, so scheint es, ist wankelmütiger, als wir uns vorstellen können.

Die Sahara-Wüste erscheint uns als ein so großes Herzstück der Landkarte der Erde, dass es überrascht festzustellen, dass sie erst vor 6000 Jahren entstanden ist. Durch eine

OBEN **VENEDIG IST EINE DER VIELEN TIEF GELEGENEN KÜSTENSTÄDTE, DIE IM NÄCHSTEN JAHRHUNDERT DURCH STEIGENDE MEERESSPIEGEL DAUERHAFT ÜBERFLUTET WERDEN KÖNNTEN.**

kleine Veränderung der Sonneneinstrahlung aufgrund einer kleinen Veränderung in der Umlaufbahn der Erde waren die Stürme abgeschwächt worden, die den afrikanischen Monsun nährten. Innerhalb weniger Jahrzehnte hatten sich die tropischen Sommerregen, die einst große Teile Nordafrikas bewässerten, nach Süden verlagert und riesige Wald- und Sumpfgebiete wurden zu ausgetrocknetem Ödland. Im Laufe der folgenden Jahrhunderte dehnte sich der wandernde Wüstensand auch nach Norden aus, und die alten Völker, die das einst fruchtbare Kernland der Sahara bestellt hatten, mussten auswandern. Ein Teil besiedelte im Osten eine Flussebene, die vorher zu sumpfig gewesen war –, so begann die Zivilisation am Nil und das Zeitalter der Pharaonen. Andere blieben in vereinzelten Oasen, in denen es noch Wasser gab. Gegen die Wüste jedoch kämpfte vor 2000 Jahren nur noch ein kleines abgehärtetes Volk: die Garamanten, geschickte Reiter, die das nach Süden vordringende Römische Reich in Schach hielten. Aber an der anderen Front war der Vormarsch der Wüste nicht zu stoppen. Im Jahr 500 v. Chr. war die Kultur der Garamanten untergegangen, die Menschen lebten verstreut als Nomaden, und ihre Ruinen wurden unter dem Sand begraben.

Heute entspricht die Sahara mit ihren Dünengebirgen und riesigen Sandseen vielleicht dem Urbild einer Wüste. Aber Klimamodelle deuten darauf hin, dass sie kurz vor einem plötzlichen Aufblühen stehen könnte. Obwohl ihr nördlicher Bereich wahrscheinlich zunehmend trockener wird, sollte die Erwärmung der Tropen den afrikanischen Sommermonsun stärken. In den nächsten Jahrzehnten könnte es im Inneren der Sahelzone und der Sahara wieder regelmäßig regnen. Dadurch könnte sich erneut Vegetation ansiedeln, die wiederum die Feuchtigkeit in der Luft binden und die Luft anfeuchten würde und weiteren Regen begünstigen würde – ein sich selbst erhaltender Zyklus der Erneuerung. Aber jeder Vorteil hat in einer eng verwobenen Welt einen Nachteil, und wenn die Pflanzen den lockeren Boden zurückerobern und ihre Wurzeln nach und nach die einst lose Erde festigen, wird der Wind aus der Sahara keinen Staub mehr transportieren und der Regenwald im Amazonas wird den Preis dafür bezahlen.

Es gibt aber bei den Winden der Sahara auch noch eine andere Seite der Medaille. In den Jahren, in denen kräftige Staubstürme über den Ozean fegten, suchten weniger Wirbelwinde die Karibik oder den Golf von Mexiko heim. Forschungen ergaben, dass die afrikanischen Staubwolken diese gewaltigen Stürme abmildern. Einige der schlimmsten Wirbelstürme wüteten, als die Luft relativ staubfrei war. Wenn auch die verheerende Kraft der Wirbelstürme nicht vom Wind, sondern vom Meer gespeist wird, so scheint doch der Staub ein Faktor zu sein, der eine zentrale Rolle bei der Verteilung der Hitzeenergie rund um unseren Planeten spielt.

Abschmelzen

Die warmen Ströme im Golf von Mexiko versorgen nicht nur die Wirbelstürme mit Energie. Sie fließen vom Äquator aus nach Norden und über den Atlantik in Richtung Europa und Arktis, wobei sie unterwegs das lokale Klima mildern. Dieser sogenannte Golfstrom ist nur ein Abschnitt eines globalen Ozeanstroms, der sich wie ein Förderband um den Planeten zieht und die Hitze aus den Tropen exportiert und umverteilt. Alle Klimamodelle zeigen, dass die Erde kälter würde, wenn sich dieses Förderband verlangsamen würde. Und würde es stehen bleiben, würde sich der Planet schlimm erkälten. Da der Salzgehalt im Nordatlantik offenbar abnimmt, befürchten einige Ozean-Forscher, dass das schmelzende grönländische und arktische Eis das Ozean-Förderband schon bremst. Es gibt auch Hinweise darauf, dass der nordwärts gerichtete Transport von Wärme im Nordatlantik in den letzten 50 Jahren um ganze 30 Prozent abgenommen hat. In Europa könnte eine solche Verlangsamung zunächst der erwarteten Erwärmung entgegenwirken, aber die südliche Hemisphäre könnten vor Hitze umkommen. Und da starke Ozeanströmungen notwendig sind, um große Mengen Kohlendioxid und Hitze aus der Luft zu entfernen, würde die vorübergehende »Erkältung« die globale Erwärmung wahrscheinlich langfristig beschleunigen.

Untersuchungen über die Phase, in der die letzte Eiszeit ihrem Ende entgegenstotterte, zeigen, dass das Ozean-Förderband langsamer werden könnte, wenn große Mengen Süßwasser in den Atlantik fließen. Vor circa 12 000 Jahren ergoss sich eine Flut von Schmelzwasser aus der einst kilometerdicken Eisschicht, die Ostkanada, Neuengland und einen großen Teil des Mittleren Westens der USA bedeckte, in den Nordatlantik und löste einen globalen Temperatursturz aus. Eine Welt, die sich langsam aus dem Eis befreite, wurde für tausend Jahre in die Kälte zurückgeschickt – ein letztes Hurra der Eiszeit. Heute sind alle großen Schmelzwasserseen aus Nordamerika verschwunden, aber die Arktis hält noch ein gigantisches Süßwasserreservoir bereit: die grönländische Eisplatte.

In den letzten 10 000 Jahren, seit die Erde im Eis gefangen war, blieb diese gigantische Masse von umkristallisiertem Schnee praktisch unverändert. Aber nun glauben die Wissenschaftler, dass der gewaltige Gletscher kurz vor dem »Umkipppunkt« steht, an dem er komplett abschmelzen könnte. Der Teufel steckt jedoch im Detail, denn die Messungen zeigen in jeder Saison starke Unterschiede in der Luft- und Eistemperatur, der entstehenden Schmelzwassermenge und der Geschwindigkeit, mit der das große Eismassiv selbst sich bewegt. Dennoch gibt es ein eindeutiges Signal, dass das grönländische Eis sich schnell verändert.

Einigen Klimamodellen zufolge könnte eine Erwärmung um weniger als 3 °C – die in zwei Jahrzehnten in diesem Teil der Arktis erreicht sein dürfte – eine Schmelze auslösen, die den Meeresspiegel weltweit stark genug steigen lassen würde, um Landstriche zu überschwemmen, von denen mehr als 430 Millionen Menschen abhängen. Halb Florida wäre überflutet, die kleinen Inseln in Pazifik und Karibik würden verschwinden und tief liegende Küstenstädte wie Tokio, Shanghai, Hongkong, Mumbai (Bombay), Kalkutta, Karatschi, Buenos Aires, Sankt Petersburg, New York und London stünden knie- oder hüfthoch im Wasser.

Ein noch größeres Wasserreservoir liegt in der Antarktis, wo mehr als 60 Prozent des Süßwassers der Welt als Eis gespeichert sind. Sollte es schmelzen, könnte der Meeresspiegel um 60 Meter ansteigen. Die große westantarktische Eisplatte wird wahrscheinlich nicht so bald auftauen, aber die kleinere ist bereits in einem besorgniserregenden Zustand. Im Jahr 2002 zerfiel ein Eisstück von etwa der Größe Mallorcas an der westantarktischen Küste und legte eine Bucht frei, die wahrscheinlich seit 12 000 Jahren unter Eis lag. Wenn dieser schlafende Riese wirklich aufgewacht ist, könnte er das Klima des Planeten zum Kippen bringen.

Globales Dorf

Im Jahr 2007 wohnten zum ersten Mal in der Geschichte mehr Menschen in Städten als auf dem Land. Seit sich die medizinische Versorgung im 18. Jahrhundert besserte, wuchsen die Städte durch den Zustrom von Migranten vom Land und durch ein neues Ungleichgewicht zwischen Geburten- und Sterberate enorm an. »Superstädte« mit mehr als zwei Millionen Einwohnern entstanden im späten 19. Jahrhundert und 1950 hatte der Planet seine ersten »Megastädte« – London und New York – mit mehr als acht Millionen Einwohnern. Inzwischen gibt es mehr als 25 Megastädte und mehrere Hundert Superstädte. Und diese riesigen urbanen Knoten wachsen von Tag zu Tag. Durch ihre unaufhaltsame Ausbreitung wurde es notwendig, einen neuen Begriff zu finden, »Megacity«, um Ballungsgebiete mit mehr als 20 Millionen Einwohnern zu bezeichnen – die

RECHTS **DER GROSSRAUM TOKIO BENÖTIGT FÜR SEINE VERSORGUNG EINE BIOLOGISCH PRODUKTIVE LANDFLÄCHE VON MEHR ALS DER DREIFACHEN GRÖSSE JAPANS.**

Gesamtweltbevölkerung zu Zeiten der Französischen Revolution. Heute hat nur der Großraum Tokio diese Grenze klar überschritten (auch wenn Mexiko-Stadt, Seoul und New York sich darauf zu bewegen), aber bis zum Jahr 2025 könnte es allein in Asien zehn oder elf solcher »Megalopolis«-Städtelandschaften geben, und ein ähnlich rasantes Wachstum wird in Westafrika erwartet. In zwei Jahrzehnten werden mehr als 5500 Millionen Menschen in Städten leben – mehr als die gesamte Land- und Stadtbevölkerung des Jahres 1990.

Schon jetzt hat unser wachsendes »globales Dorf« einen großen Heißhunger auf Land und Ressourcen. Der Großraum Tokio zum Beispiel braucht für seine Versorgung biologisch produktives Land von mehr als der dreifachen Größe Japans. Der Bedarf im Westen ist nicht geringer. Es heißt, dass wir für unsere Versorgung noch zwei weitere Planeten bräuchten, wenn jeder auf dem Planeten so viele natürliche Ressourcen verbrauchte und so viel Kohlendioxid erzeugen würde, wie die Menschen in Europa oder den USA. Um diesen Hunger zu stillen, bewegt die Spezies Mensch heute zum ersten Mal mehr Gestein und Boden als die gesamte Natur selbst. Seit Beginn der industriellen Revolution ist mit Bulldozern und Kettensägen die Hälfte der Landfläche der Erde für die direkte Nutzung durch den Menschen domestiziert worden. Im gleichen Zeitraum hat sich die Weltbevölkerung auf 6000 Millionen verzehnfacht. Zugleich wächst auch das potenzielle Ausmaß von Naturkatastrophen. Werden Städte direkt von seismischen oder vulkanischen Zuckungen der weniger festen Erde (oder kleineren Einschlägen von Trümmern aus dem All) betroffen, könnte es Hunderte oder Tausende oder sogar Millionen Tote geben, und auch Stürme, Fluten und chronische Dürren könnten viele Millionen Opfer fordern. Und vor dem Hintergrund der natürlichen Launenhaftigkeit der Erde macht unsere Gesellschaft seine mutwilligen chemischen Experimente mit den Abwehrkräften der Erde.

GEGENÜBER **WEGEN DES UNGEHEUREN AUSMASSES DER VERÄNDERUNG DER ERDE DURCH DEN MENSCHEN – WIE HIER BEI DER SUPER PIT GOLDMINE IM WESTAUSTRALISCHEN KALGOORLIE – GLAUBEN VIELE, DASS WIR IN EIN NEUES GEOLOGISCHES ZEITALTER EINGETRETEN SIND: DAS ZEITALTER DES MENSCHEN, DAS »ANTHROPOZÄN«.**

Der Weg nach vorn

Es scheint klar zu sein, dass unser Planet außergewöhnliche Veränderungen durchlebt, aber was bedeuten diese für unsere zukünftige Welt? Sind sie unmäßig, wie das sprunghafte Verhalten der Erde in den letzten 500 000 Jahren, als die Eisdecken auf großen Teilen des Planeten sich wiederholt ausdehnten und wieder zurückzogen? Oder wenn man sie im Licht von Hunderten von Millionen Jahren eines kontinuierlichen geologischen Wandels betrachtet?

In diesem Buch werden wir zeigen, dass unser Planet wie ein lebender, atmender Organismus agiert, der seine Temperatur reguliert, Energie verbrennt, seine Haut ständig erneuert und ein Gesicht hat, das sich mit dem Alter verändert. Wir werden die Geschichte seines Lebens erzählen, wie er geboren wurde und eines Tages sterben wird, und wie er durch ein bemerkenswertes Kreislaufsystem am Leben blieb. In jedem Kapitel beschäftigen wir uns mit einem Aspekt des »Stoffwechsels« der Erde – den Einwirkungen aus dem All, dem inneren Hitzemotor, der Atmosphäre, den Ozeanen und dem Eis – und untersuchen, welche wichtige Rolle sie bei der Erhaltung des Planeten spielen.

Das Ergebnis offenbart einen Planeten, der unglaublich zäh ist und die Fähigkeit hat, sich selbst zu heilen. Selbst wenn verheerende Katastrophen dazu führten, dass die lebenserhaltenden Mechanismen der Erde versagten und die Welt dadurch in einen Kälteschlaf geschickt oder in ein Treibhaus verwandelt wurde, überlebte die Erde. Tatsächlich scheinen diese Zeiten, in denen die Erde dem Tode nahe war, wichtige Wendepunkte gewesen zu sein. Trotz traumatischer Erlebnisse wurde dieser Planet eine Heimstätte des Lebens – unsere Heimat.

Anscheinend ist diese Heimstätte aber nun erneut gefährdet. Die menschliche Spezies ist dabei, Veränderungen zu erzwingen, die die Abwehrkräfte unseres Planeten strapazieren. Diese Zerbrechlichkeit scheint in einem merkwürdigen Gegensatz zur seit Langem andauernden Widerstandsfähigkeit der Erde zu stehen. Jeden Tag werden von allen Seiten Fragen laut, ob es notwendig sei, die »Erde zu retten«. Aber in diesem Buch stellen wir eine noch grundlegendere Frage: Ist es der Planet, der von uns gerettet werden muss, oder ist es umgekehrt?

KAPITEL EINS

EINSCHLAG

WIR LEBEN AUF EINER STEINBESCHICHTETEN METALLKUGEL, die mit einer Geschwindigkeit von 107 000 Stundenkilometern durch das All schießt. Es ist ein beunruhigender Gedanke, der durch das Wissen, dass der Weltraum alles andere als leer ist, nicht im Geringsten besser wird. Wie ein Auto, das durch die verkehrsreichen Straßen einer Stadt jagt, kreuzen wir auf unserer halsbrecherischen Reise um die Sonne den Weg von Millionen Projektilen – von kleinen Kieseln bis hin zu Brocken von der Größe der Ukraine. Die Erde absolviert seit 4,5 Milliarden Jahren diesen galaktischen Spießrutenlauf (eine unvorstellbare Zeitspanne, auf die wir später zurückkommen). Daher ist es nicht verwunderlich, dass sie unterwegs ein paar Beulen abgekriegt und sogar hin und wieder einen Frontalzusammenstoß erlitten hat. Wie sich herausgestellt hat, spielen solche kosmischen Crashs in der Geschichte unseres Planeten eine wichtige Rolle. Begegnungen dieser extraterrestrischen Art, waren – wie wir sehen werden – seit der Geburt der Erde die treibende Kraft für Veränderungen des Planeten. Sie haben dazu beigetragen, die Erde bewohnbar zu machen und uns die Zutaten für das Leben geliefert – vielleicht sogar das Leben selbst. Doch nur wenige von uns spüren, wenn sie gen Himmel schauen, wie unser Planet durch ein himmlisches Flakfeuer wirbelt, weil das unsichtbare Tau der Schwerkraft uns an ihm verankert. Unter einem Sternenhimmel mit seinen vertrauten Konstellationen wirkt unsere kleine blaue Kugel im All friedlich und weit entfernt von dem Zischen und Knallen eines kapriziösen und von Gewalt

GEGENÜBER KOMETEN WIE DIESER, DER IM MÄRZ 1996 DEN NACHTHIMMEL ERLEUCHTETE, SIND GIGANTISCHE EISKUGELN AUS DEN WEITEN AUSLÄUFERN UNSERES SONNENSYSTEMS, DIE UNSERER STEINERNEN HEIMAT WASSER, HITZE UND GELEGENTLICH ZERSTÖRUNG BRACHTEN.

geprägten Universums. Aber hin und wieder gibt sich die planetare Gewalt bei uns ein Stelldichein. Am 16. Juli 1994 – dem 25. Jahrestag des Starts von Apollo 11, der ersten bemannten Mondlandungsmission – zerschellte der Komet Shoemaker-Levy 9 am Planeten Jupiter. Die Kollision war seit Langem vorhersehbar, da das Objekt im Vorjahr bereits vom Kometenspäher-Team Gene Shoemaker, seiner Frau Carolyn und seinem Kollegen David Levy gesichtet worden war. Ungefähr 60 Jahre zuvor war dieser Eisbrocken aus den entfernten Ausläufern des Weltalls in die Umlaufbahn des Jupiter geraten und hatte begonnen, seiner imminenten Zerstörung entgegenzukreisen. Aber die Art der Kollision war eine Überraschung, denn er schlug nicht als ein einziger riesiger Brocken auf. Als Shoemaker-Levy 9 sich dem Jupiter näherte, zerriss die unglaubliche Gravitationskraft des riesigen Planeten den Kometen in eine Kette von ungefähr 25 gewaltigen Bruchstücken mit einem Umfang von 300 bis 2000 Metern. Im Laufe der nächsten Tage beobachteten Astronomen in Hunderten von Observatorien auf der ganzen Welt, wie sich die Fragmente eines nach dem anderen in die südliche Hemisphäre des Jupiters bohrten. Auf seiner Umlaufbahn um die Erde hatte das Hubble Space Telescope einen Logenblick auf das Gemetzel, als ein Bruchstück nach dem anderen in die dichte Atmosphäre des Jupiter hineinraste, wobei jedes einzelne riesige Feuerbälle erzeugte, die Geröllfontänen Tausende Kilometer über die Wolkendecke des Planeten hinaus schickten und riesige dunkle Flecken in der Stratosphäre des Jupiters hinterließen. Die kolossale Wucht des Aufpralls erstaunte die Wissenschaftler. Wie ein Astronom es später ausdrückte: »Wir dachten, wir müssten es mit einem Mikroskop anschauen (...) aber es krachte uns nur so entgegen (...) unglaublich.« Den größten Knall verursachte ein Bruchstück namens Nucleus G, das mit der Kraft von 6 Millionen Megatonnen TNT aufprallte – 75-mal so viel wie alle existierenden Nuklearwaffen zusammen. Nucleus G hatte nur die Größe eines kleinen Bergs, aber er warf Feuerbälle auf, die so groß wie die Erde waren.

Für die Beobachter war der Anblick der verheerenden Attacke von Shoemaker-Levy 9 auf den Jupiter ein Schock. Bis dahin war unsere Ecke des Weltalls ein sicherer und ruhiger Hafen gewesen, aber nun wirkte die Erde schutzlos und verletzbar. Wenn der Komet uns statt des Jupiters getroffen hätte, wäre dies das Ende der Zivilisation gewesen. Stattdessen wurde uns von unserem sicheren, 42 Millionen Kilometer entfernten Aussichtspunkt eine Live-Darbietung geboten, die uns zeigte, dass das Universum tatsächlich ein Ort der Gewalt ist.

Eine gewaltsame Geburt

Man nahm lange an, dass die Geburt der Erde und ihrer terrestrischen Nachbarn Merkur, Venus und Mars eine normale und saubere Sache war – ein geordnetes Entstehen fester Körper, die sich allmählich aus Gas und Staub der heißen, wabernden Scheibe verdichteten, die um die junge Sonne kreiste. Innerhalb dieses »Solarnebels« touchierten sich die entstehenden Planeten und wandernden Geröllbrocken gelegentlich, aber alles in allem war es eine relativ schmerzlose Geburt. Jetzt sieht es allerdings so aus, als ob in diesen frühen Jahren das Chaos regierte und zufällige Kollisionen maßgeblich die inneren Planeten (und vielleicht auch die äußeren Planeten) entstehen ließen. Nach der »Planetesimal-Theorie« klebten Staubkörnchen innerhalb dieses wirbelnden Schleiers des Solarnebels zusammen und bildeten Klumpen. Diese ballten sich zu ein Meter dicken Gesteinsbrocken zusammen, und diese wiederum verklumpten zu kilometerdicken Körpern – den Planetesimalen. Mit der Zeit wuchsen einige Planetesimale auf einen Durchmesser von Hunderten oder Tausenden Kilometer an und wurden Planeten. Das war planetarer Kannibalismus, bei dem sich die wachsenden Körper das Strandgut, auf das sie trafen, einverleibten.

Computersimulationen legen nahe, dass die steinernen Planeten des inneren Sonnensystems (Merkur, Venus, Erde und Mars) durch einen Fresswahn entstanden, bei dem ungefähr 100 mondgroße, 10 merkurgroße und mehrere marsgroße Körper verschluckt wurden. Ungefähr die Hälfte bis drei Viertel der gegenwärtigen Masse der Erde wuchs durch die Aufnahme von massiven Körpern, die für sich

GEGENÜBER **DER DUNKLE SCHMUTZFLECK AUF DER WABERNDEN GASHÜLLE DES JUPITERS IST EINER VON EINER REIHE GIGANTISCHER »PLUMES« – GASMASSEN, DIE NACH DEN EINSCHLÄGEN DER BRUCHSTÜCKE DES KOMETEN SHOEMAKER-LEVY 9 IM JAHR 1994 AUFSTIEGEN.**

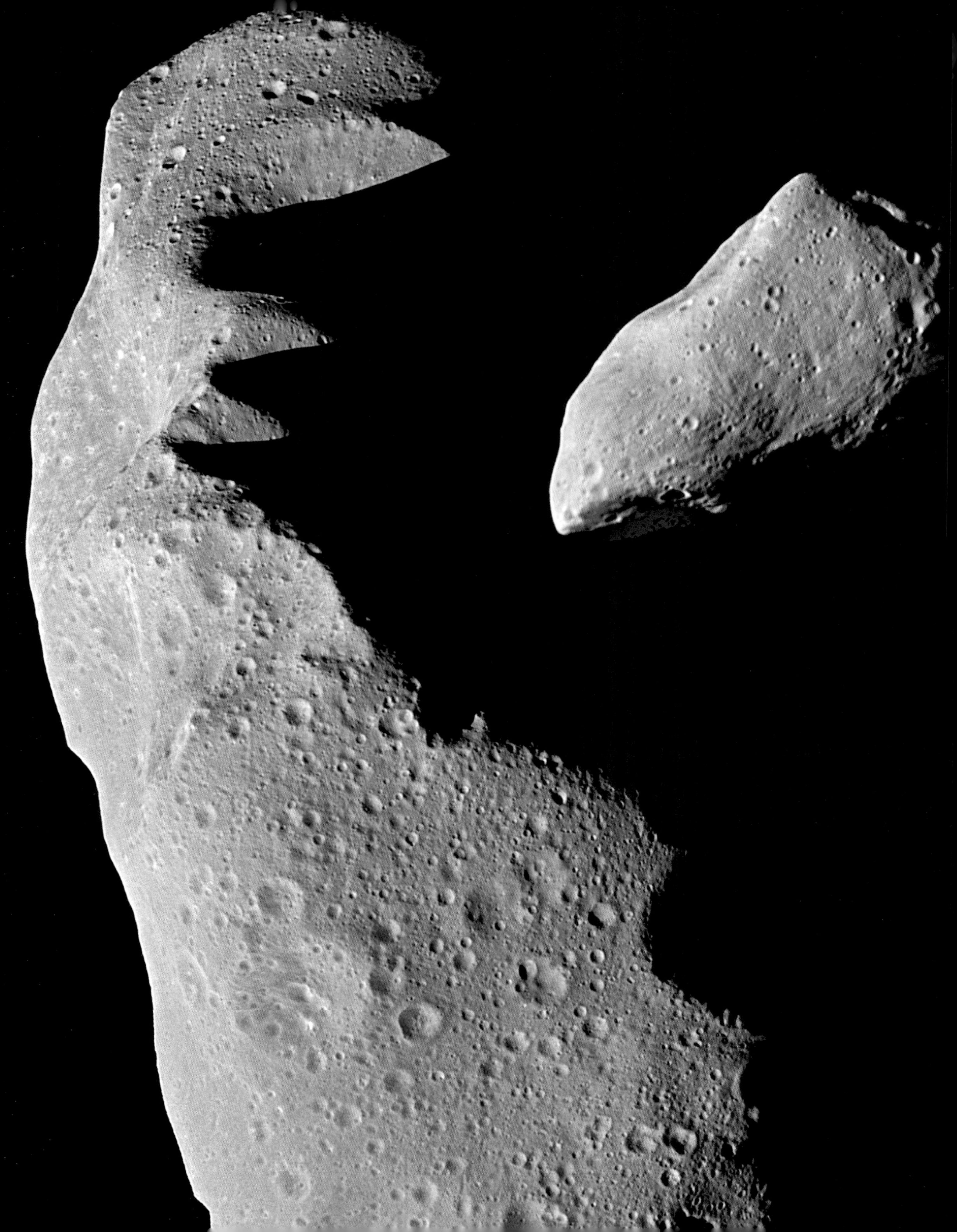

allein auch respektable Planeten abgegeben hätten, wenn sie nicht dem wachsenden Appetit der Erde zum Opfer gefallen wären. Tatsächlich hatten viele von ihnen bereits einen voll ausgebildeten Metallkern und eine steinerne Kruste. Als sie auf die Erde prallten, wurde so viel Hitze freigesetzt, dass in einem weiten Umkreis alles schmolz, während sie auseinanderbrachen. So konnten die Fragmente der »gegnerischen« Metallkerne verschmelzen und sich das Gestein der Krusten miteinander verbinden. Die Erde ist deswegen wahrscheinlich schnell gewachsen – durch die stückweise Zusammensetzung von großen vorgefertigten Planetenhappen. Der Appetit der wachsenden Erde und ihrer drei dicker werdenden Nachbarn ließ erst dann nach, als in ihrer Verpflegungszone das gesamte Geröll verputzt war. Damit war das innere Solarsystem praktisch frei von Planetesimalen.

GEGENÜBER **DIE ASTEROIDEN IDA (L.) UND GASPRA (R.), AUGUST 1993, RAUMSONDE GALILEO.**
OBEN **DER ASTEROID EROS, FEBR. 2001, RAUMSONDE NEAR-SHOEMAKER**

Aber an anderen Orten gab es noch jede Menge planetarischen Schutt. Die großen Brocken von steinernen Überbleibseln, die – meist außerhalb des inneren Sonnensystems – um die Sonne kreisen, nennen wir Asteroiden. Das sind Kiesel und Felsbrocken, die es nie zu den Planeten geschafft haben, oder, nachdem sie es geschafft hatten, abgeprallt sind und wieder auf ihre ziellose Reise durch das All geschickt wurden. Der gigantische Planet Jupiter, der mehr als doppelt so viel Masse wie alle anderen Planeten zusammen besitzt, wacht über diese schurkischen Einzelgänger. Dieser Koloss, der mehr als 318-mal so groß wie die Erde ist, fungiert mit seiner Schwerkraft als riesiger Magnet, der umherschwirrende Stein- und Metallbrocken davon abhält, auf Kollisionskurs zum inneren Sonnensystem zu gehen. Viele Trümmer landen im sogenannten Haupt-Asteroidengürtel, einer Wildnis, in der herrenlose Asteroiden in ihrem heimischen Lebensraum herumstreunen. Ungefähr eine Million steinerne Objekte mit mehr als einem Kilometer Durchmesser tummeln sich hier. Jupiters schützender Einfluss sorgt dafür, dass die Erde von diesen umherfliegenden Gesteinsbrocken abgeschirmt wird. Aber trotz aller Bemühungen unseres Aufpassers gehen ihm einige Objekte durch das Netz. Alle paar Tausend Jahre findet ein Tauziehen zwischen den Schwerkräften des Jupiters und des Saturns statt, und dabei nehmen einige Asteroiden genug Schwung auf, um sich aus Jupiters Griff zu befreien und eine Reise zu neuen Umlaufbahnen anzutreten, wobei einige von ihnen unseren Weg kreuzen können. Die meisten sind harmlos und plumpsen in die Sonne, aber rund ein Drittel derer, die den Weg der Erde durchkreuzen, krachen in unseren Planeten.

Der Jupiter selbst befindet sich nahe der »Schneegrenze«, einer unsichtbaren Grenze im Sonnensystem, welche die Staub-, Stein- und Metallkörper im inneren Sonnensystem von dem gas- und eisreichen Material im äußeren Sonnensystem trennt. Hinter der Schneegrenze existiert Wasser (die Verbindung von Wasserstoff und Sauerstoff, die das weitest verbreitete Molekül im Universum bildet) vor allem in Form von Schnee. Erst durch das Verschlingen von gigantischen Mengen Wasser konnten Jupiter und sein stattlicher Nachbar Saturn zu riesigen, stürmischen Gaswelten anschwellen. Hinter diesen Gasgiganten – in den noch kälteren Ausläufern des Alls – liegen die Eiswelten des Uranus und Neptun, und der vor Kurzem zum Kleinplaneten heruntergestufte Pluto. In diesen eisigen Ausläufern unseres Sonnensystems lagert der Bauschutt von der Entstehung des Planeten in Form von riesigen Brocken aus Schnee, gefrorenem Gas oder Staub. Diese eisigen Wanderer stellen die andere große Gefahr für den Planeten Erde dar: Kometen.

Kometen

Millionen von Kometen lungern im »Kuiper-Gürtel« herum, einer dunklen und geheimnisvollen Zone jenseits des Neptuns, aber Milliarden von ihnen bevölkern einen noch

weiter entfernten Außenposten, die »Oortsche Wolke« – ein schalenförmig unser Sonnensystem umschließender Halo. Sie sind häufig riesig – mit einem Durchmesser von mehreren Hundert Kilometern – und von ihren weit entfernten Tummelplätzen fliegen diese gigantischen Schneebälle auf langen, schleifenförmigen Bahnen ins Herz unseres Sonnensystems. Jedes Mal, wenn sie an der Sonne vorbeifliegen, lässt ein Hurrikan aus Solarpartikeln, der Sonnenwind, einige ihrer gasreicheren äußeren Schichten verdampfen. Die daraus entstehende Dunstspur verleiht den Kometen ihren typischen Lichtschweif. Nach wiederholten Flügen an der Sonne vorbei kann der Schneepanzer komplett verdunstet sein, und es bleibt ein Gesteinskern zurück, der aussieht wie ein Asteroid. Doch Kometen fliegen mit 70 Kilometer pro Sekunde dreimal schneller als ein typischer Asteroid und können daher einen Planeten mit enormer Wucht treffen. Das ist der Grund, warum Shoemaker-Levy 9 auf dem Jupiter einen solch spektakulären Schlamassel angerichtet hat.

Seit der griechischen Antike als Vorboten des Unheils betrachtet, nährten Kometen lange Furcht und Aberglauben und wurden für alles verantwortlich gemacht – von der Paranoia des römischen Kaisers Nero bis hin zum Zusammenbruch des Azteken-Reichs. Noch heute stehen sie im Mittelpunkt von religiösen Erweckungsbewegungen und Massenselbstmorden. Viele Kometen, vor allem aus dem »nahen« Kuiper-Gürtel, brauchen zwischen zwei Jahrzehnten und zwei Jahrhunderten, um die Sonne zu umrunden und sind regelmäßige Besucher in unserer Nachbarschaft. Tatsächlich sind ihre Wege so gut erforscht, dass wir wissen, diese Vielflieger stellen absehbar nur eine geringe Gefahr für die Erde dar. Schwerer einzuschätzen sind die Oortschen Kometen, die von weit außerhalb des Sonnensystems kommen. Herausgeworfen aus ihren weit entfernten Umlaufbahnen durch die Schwerkräfte der Gaswolken tief im All, reisen sie auf mehr oder weniger elliptischen Bahnen, die nahe an der Sonne vorbeiführen. Einige brauchen unglaublich

LINKS **DER GLEISSENDE DUNSTSCHWEIF DES KOMETEN HALE-BOPP ERHELLT 1997 DIE BERGKÄMME DES MOUNT WHITNEY IN DER KALIFORNISCHEN SIERRA NEVADA.**

Die habitable Zone

Im jüngsten Hollywood-Blockbuster »Sunshine« drohen die schwindenden Kernfeuer der Sonne, die Erde in eine tödliche neue Eiszeit zu stürzen. Um die Menschheit zu retten, wird ein Raumschiff in Richtung Sonne geschickt, um unseren Stern mit einer Ladung Kernbrennstoff von der Größe Manhattans wieder anzufachen. Tatsächlich wird es wärmer, wenn die Sonne ausglüht, und jede Sekunde wird sie von einer Energiemenge gespeist, die bei einer Explosion von 4 Milliarden Wasserstoffbomben freigesetzt würde, weswegen solche nachbarschaftliche Hilfslieferung wohl nicht ganz ausreichen würde.

Dennoch macht der Film anschaulich, wie abhängig die Erde von unserem Stern ist. Praktisch alles Leben auf der Erde verdankt seine Existenz der Sonne: Ihre Energie treibt jede Pflanze an und versorgt fast jedes Tier. Könnten wir den Energieausstoß dieses Solarkraftwerks nur für eine Sekunde nutzen, würde das den Energiebedarf der Erde für eine Million Jahre decken. Denn in jeder Sekunde werden 5 Millionen Tonnen der Sonnenmaterie in reine Energie verwandelt. Wir haben Glück, dass die Sonne erst die Hälfte ihrer Brennstoffreserven verbraucht hat. Noch können wir die wunderschönen Sonnenaufgänge und Sonnenuntergänge bewundern: So sieht die Kraft der Kernfusion aus 150 Millionen Kilometern Entfernung aus. Günstigerweise haben wir genau die richtige Entfernung von diesem Kernreaktor, damit es auf unserer Welt Leben geben kann. Ein Stückchen näher dran, und wir würden schmoren wie die Venus, deren Oberfläche fast heiß genug ist, um zu glühen, ein Stückchen weiter weg, und wir würden frieren wie der Mars, dessen Oberfläche viele Kilometer tief gefroren ist. Astronomen nennen unser schmales Band im All die habitable Zone, und wenn die Erde in den letzten 4,5 Milliarden Jahren nicht innerhalb dieser Zone geblieben wäre, würden wir nicht existieren. Dazu kommt die Tatsache, dass unsere Sonne die ideale Größe hat: Die Erde würde mehr als eine Million Mal hineinpassen; doch wäre die Sonne noch größer, hätte sie ihre gesamten Brennstoffreserven schon Millionen Jahre, bevor komplexe Lebensformen auf der Erde überhaupt entstehen konnten, verbraucht. Wäre sie kleiner, müsste ein bewohnbarer Planet ihr so nahe sein, dass ihre Schwerkraft ihn möglicherweise lahmlegte, sodass nur eine Seite dauerhaft ein Sonnenbad nehmen könnte. Stattdessen befanden wir uns sehr lange Zeit zufällig im idealen Abstand von einem ideal dimensionierten Stern, der uns nahezu konstant genau die richtige Energiemenge lieferte.

UNTEN **PLASMAJETS (AUSSTÖSSE VON IONISIERTEM GAS) SCHIESSEN VON DER SONNENOBERFLÄCHE HINAUS INS ALL. DIESE ABBILDUNG ENTSTAND DURCH AUFZEICHNUNG DER EXTREM ENERGIEREICHEN ULTRAVIOLETTEN STRAHLUNG, DIE FÜR DAS MENSCHLICHE AUGE UNSICHTBAR IST UND HIER BLAU DARGESTELLT WURDE.**

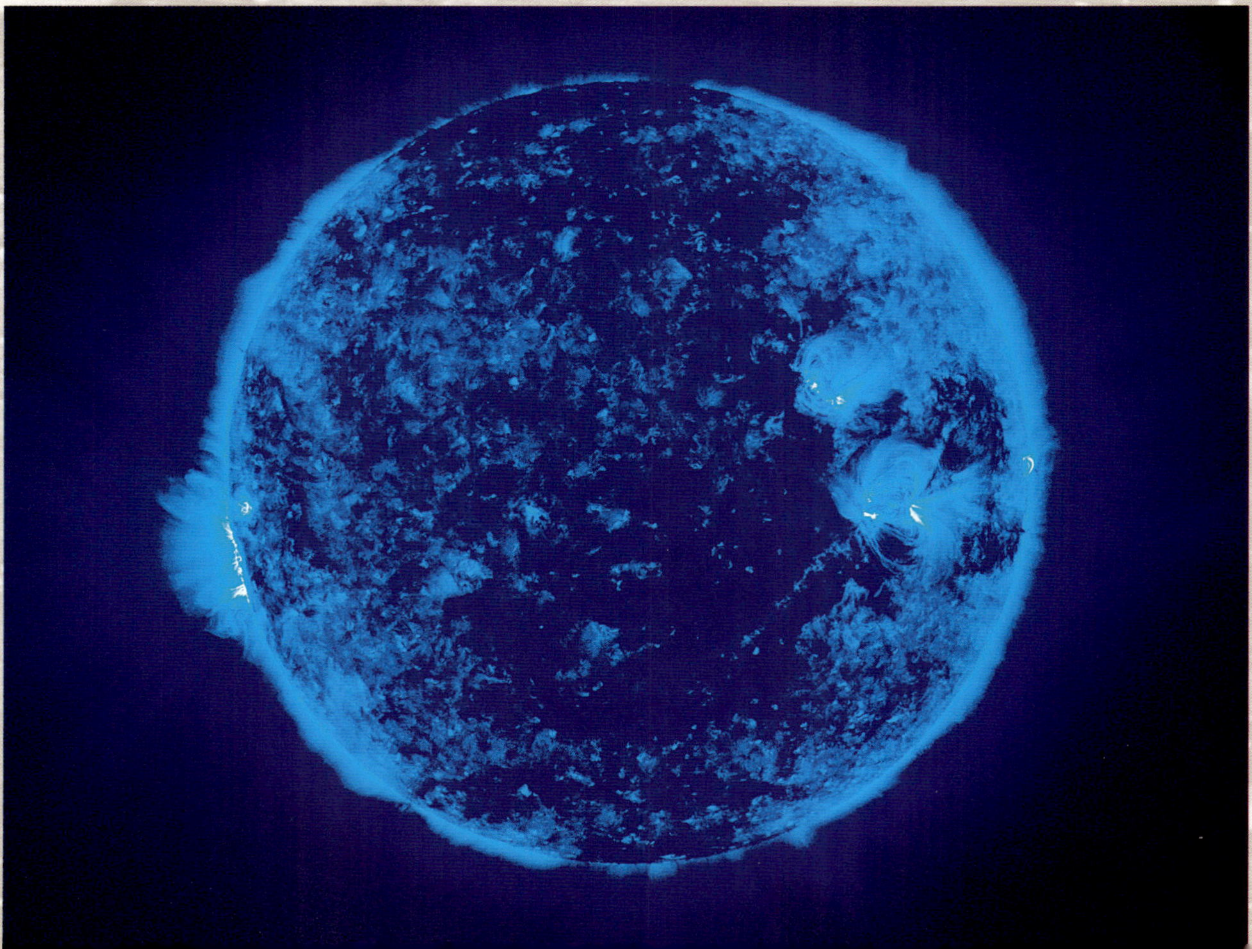

lang für eine vollständige Umrundung, sodass sie im Hinblick auf die Geschichte der Menschheit nur einmalige Ereignisse sind. Diese Eintagsfliegen tauchen von der blinden Seite des Universums auf – unerwartet und mit einer solchen Geschwindigkeit, dass man sie erst einige Monate vorher entdecken kann. Außerdem können sie in voller Größe vor unserer Haustür landen, weil sie nicht durch wiederholte Flüge an der Sonne vorbei ihren eisigen Ballast loswurden. Der Komet Hale-Bopp, der 1997 am Himmel zu sehen war, hatte einen Umfang von mindestens 25, möglicherweise sogar von 70 Kilometern. Er kam in die Umlaufbahn der Erde, glücklicherweise jedoch jenseits der Sonne; das war gut so, denn wenn dieser Eisblock von der Größe Londons eingeschlagen wäre, gäbe es kein Leben mehr auf unserem Planeten.

Das ist der Stoff, aus dem Hollywood-Filme wie »Deep Impact« oder »Armageddon« sind – die unmittelbar bevorstehende und nicht abwendbare Vernichtung aus dem All. So ist es nicht ohne Ironie, dass Asteroiden und Kometen in der Biografie der Erde eine stabilisierende, vielleicht sogar lebensspendende Rolle spielten! Und in vieler Hinsicht begann die Geschichte der Erde mit ihrem eigenen »Big Bang« – dem Urknall.

Der Tod eines Zwillings

Nach unserer gegenwärtigen Kenntnis vom Sonnensystem sind die Erde und ihre Nachbarn die Überlebenden eines wahllosen und beispiellosen Trommelfeuers von Einschlägen. Ihre charakteristische chemische Zusammensetzung und die Eigenarten ihrer Umlaufbahnen sind das Ergebnis einer einzigartigen Geschichte von Kollisionen. Es war wahrscheinlich ein Zusammenprall mit einem fünfmal kleineren Objekt, durch den der Merkur einen großen Teil seiner steinernen Oberfläche verlor und mit einem anscheinend zu großen Kern zurückblieb. Der Mars, so scheint es, verdankt das dramatische Wackeln seiner Achse (deren Neigung in wenigen Millionen Jahren zwischen 0 und 60 Grad variieren kann) einer Kollision – dasselbe gilt für die merkwürdige Rückwärtsdrehung der Venus. Selbst die äußeren Planeten – die Gasgiganten Saturn und Jupiter und die eisigen Welten von Uranus und Neptun – tragen Spuren einer Geschichte der Gewalt, wobei ungeheure Kollisionen wahrscheinlich den Uranus in Schräglage gebracht und den Neptun gekippt haben. Bei all dem heftigen Taumeln und Wirbeln, das dieses planetarische Flipperspiel verursachte, ist die leichte, aber stabile Schieflage der Erde bemerkenswert. Aber auch sie ist die Folge eines Zusammenstoßes.

Es war einmal, da hatte unser Planet einen Zwilling. »Theia«, so glaubt man, war halb so groß wie die Erde, und mehrere Millionen Jahre lang kreisten offenbar beide Planeten auf einer ähnlichen Umlaufbahn um die Sonne. Aber bei zwei großen Planeten in so geringem Abstand war ein Crash unvermeidlich. Und vor ungefähr 4,4 Milliarden Jahren kreuzten sich ihre Wege. Es war ein planetarischer Geschwistermord. Theia wurde ausgelöscht und ihre Masse zum größten Teil von der Erde geschluckt. Die pulverisierten Überbleibsel flogen ins All, vermischten sich mit Brocken aus der zertrümmerten Außenhülle der Erde und bildeten eine Geröllwolke, die sich schließlich zum Mond verdichtete.

Die Geburt unseres Mondes ist ein einzigartiges und vielleicht das wichtigste Ereignis in der Geschichte unseres Planeten. Der Aufprall, der zur Bildung des Monds führte, war zwar nicht der letzte große Zusammenstoß, den die Erde erlebte, aber der letzte mit einem Planeten. Durch die zusätzliche Masse, die Theia geliefert hatte, wuchs ihr Kern um rund 20 Prozent und gab dem Planeten genug Schwerkraft, um eine beachtliche Atmosphäre festzuhalten. Die meisten kleinen steinernen Planeten im Sonnensystem hatten dies nicht geschafft, aber die Erde konnte nun eine Hülle aus Wasser und Gas an ihre Oberfläche binden. Die Kollision riss zwar eine vielleicht bereits vorhandene Ur-Atmosphäre unseres Planeten fort, aber nach und nach bildete sich eine neue, die diesmal von der stärkeren Schwerkraft der Erde festgehalten wurde.

Und es gab andere dramatische Auswirkungen. Als der Mond sich bildete, war er zunächst viel näher an der Erde und erschien am Himmel wie ein gewaltiger Silberball, der zehnmal so groß war wie heute. Durch seine Gravitationskraft drehte sich die Erde viel schneller, sodass ein Tag nur fünf Stunden dauerte. Das wiederum verringerte die zuvor ungleichmäßige Schräglage der Erde – so, als ob man einen Kreisel schneller dreht und er dadurch weniger eiert. Gäbe es

nicht den Mond, würde die Anziehungskraft der riesigen Planeten in unserem Sonnensystem dazu führen, dass die Schiefe der Erde (der Winkel zwischen Äquator und der Ebene der Erdumlaufbahn) um bis zu 80 Grad variieren könnte. Der Planet würde sich dann periodisch so sehr neigen, dass die Pole sonniger wären als die Tropen. Solche wilden Klimaschwingungen hätten unseren Planeten ebenso unbewohnbar gemacht wie seine trudelnden Geschwister Mars und Venus. Stattdessen stabilisierte die Anziehungskraft des Mondes die unberechenbaren Exzesse der jugendlichen Erde, und es blieb nur ein leichtes Hinken übrig, das wir heute als Sommer und Winter erleben. Der Mond war zum Klimaregulator unseres Planeten geworden.

Mit einer Erde, die sich viel schneller drehte als heute, und einem näheren Mond im Schlepptau war das Rezept für monumentale Gezeiten gegeben. Die Schwerkraft des Mondes zieht das Wasser der Erde so stark an, dass sich förmlich eine Wasserbeule bildet und Ebbe und Flut bringt, während die Erde rotiert. Vor 4 Milliarden Jahren hatte der nahe und schnell kreisende Mond eine immense Gezeitenkraft. Die alle vier Stunden einsetzende Flut ließ den Meeresspiegel um rund 100 Meter steigen und übte gewaltige Kräfte tief in unserem langsam erstarrenden Planeten aus. Diese Kräfte rissen Spalten in den neu gebildeten Ozeanboden und schufen somit neue Wege, auf denen die Hitze von unten entweichen konnte. An diesen Rissen bildeten sich heiße Quellen, die vielleicht der Ort waren, an dem das Leben begann.

Das Leben hätte auf der Erde vielleicht nie entstehen können, wenn es den stabilisierenden Einfluss des Mondes und seine Gezeitenkraft nicht gegeben hätte. Doch diese Leben spendenden Effekte werden schwächer, weil unser nächster Nachbar sich seit Milliarden von Jahren von uns entfernt – gegenwärtig zieht er sich jedes Jahr rund 3,8 Zentimeter zurück. Die unregelmäßige Schieflage wird allmählich wiederkehren und für katastrophale Eiszeiten und schließlich eine trostlose Zukunft sorgen. Fürs Erste gibt es aber etwas Positives, über das wir nachdenken können. Wir leben zufällig genau an dem Punkt in der Erdgeschichte, an dem sich der Mond gerade so weit von der Erde entfernt hat, dass er für uns exakt die gleiche Größe wie die Sonne zu haben scheint – was eine totale Sonnenfinsternis so spektakulär macht.

GEGENÜBER **DIE URALTEN KRATER AUF DER OBERFLÄCHE DES MONDES SIND DIE SPUREN EINES BOMBARDEMENTS, DEM MÖGLICHERWEISE AUCH DIE ERDE AUSGESETZT WAR.**

Späte Bombardierung

Als die Menschen in die dunklen Ausläufer des Alls schauten und ihre nächsten planetarischen Nachbarn erforschten und fotografierten, tat sich ein phantastisches Spektrum von neuen exotischen Welten auf, von denen die meisten völlig anders sind als der Planet, den wir Heimat nennen. Aber etwas, was alle bisher entdeckten Planetenkörper gemeinsam haben, sind die Zeichen einer Bombardierung mit Weltraumschutt. Vom Merkur in der Nähe der Sonne bis hin zu den eisigen Satelliten des Uranus weisen alle zahlreiche Narben von Einschlägen auf. Ihre Größe variiert von winzigen Vertiefungen in Mondgesteinsproben bis hin zu gigantischen Becken mit einem Durchmesser von mehr als 1000 Kilometern. Alle sind Zeugen von Angriffen mittlerweile verschwundener Asteroiden, Kometen und Planetesimalen. Den anschaulichsten Beweis dieses endlosen Trommelfeuers liefert unser nächster Nachbar. Ohne Luft oder Wasser, um sie wegzuerodieren, konnten die Krater des Mondes Milliarden Jahre in ihrem ursprünglichen Zustand bleiben – ein perfekt erhaltener Schnappschuss von einem gefährlichen Kosmos.

Nachdem Galileo Galilei im Jahr 1609 sein Teleskop auf den Mond richtete und die auffälligen Kreise an seiner Oberfläche als Vertiefungen und nicht als Berge ansah, wurde heftig darüber debattiert, ob sich die Krater des Mondes durch Explosionen in seinem Innern oder durch Einschläge von außen gebildet hätten. Die Frage wurde erst 1970 beantwortet, als Gesteinsbrocken vom Mond, die Apollo-Astronauten zur Erde mitbrachten, allesamt Zeichen einer Kollision aufwiesen. Aber diese ersten Steine vom Mond konnten eine noch spannendere Geschichte erzählen. Sie waren alle zwischen 4 und 3,8 Milliarden Jahre alt. Der Mond hatte eine kurze Phase eines besonders heftigen Beschusses erlebt, die Fachleute den »Mondkataklysmus« nennen. Die Gesteinsbrocken stammten alle vom Äquator der uns zugewandten Seite des Mondes (wo die Kommunikation mit dem Kommandomodul für die Landefähre am ehesten sichergestellt war), daher waren die Proben vielleicht einfach zufälligerweise Relikte desselben Einschlags. Im Jahr 2000 jedoch untersuchten Wissenschaftler mehr als ein Dutzend Mondmeteoriten, die irgendwann einmal vom Mond abgesprengt worden waren, und stellten ein ähnliches Altersmuster fest. Es sieht demnach so aus, als ob der Kataklysmus, der jetzt in »spätes großes Bombardement« umbenannt wurde, tatsächlich den gesamten Mond betraf.

Und was dem Mond passierte, widerfuhr wahrscheinlich auch der Erde, denn wir sind nahe genug an unserem Begleiter, um eine ähnliche Geschichte des Beschusses hinter uns zu haben. Außer dass wir, weil unser Planet zehnmal so groß ist, wahrscheinlich auch zehnmal so viele Einschläge wie unser Nachbar abbekommen haben. Selbst mit bloßem Auge können wir die Spuren der Bombardierung auf dem Gesicht des Mondes sehen. Die dunklen Kreise, die wir Mondmeere oder Maria nennen, sind in Wirklichkeit gigantische Becken – um ein Vielfaches größer als Frankreich –, die vor 3,9 Milliarden Jahren durch gewaltige Einschläge entstanden und danach von aufsteigendem geschmolzenem Gestein geflutet wurden. Ihre glatte Oberfläche hat überraschend wenige Krater verglichen mit dem blasseren Hochland des Monds, das von uralten Einschlaglöchern übersät ist. Und das sagt uns, dass es nach der schweren Bombardierung ruhig blieb.

Alle unsere Nachbarplaneten vom Merkur bis zum Mars weisen Spuren des erneuten Gewaltausbruchs vor 4 bis 3,8 Milliarden Jahren auf. Vielleicht löste der endgültige Umzug von Uranus und Neptun in das äußere Sonnensystem einen Kometensturm aus dem Kuiper-Gürtel aus. Was auch immer der Grund war, auf den inneren Planeten herrschte Chaos. Wenn man den Mond als Maßstab nehmen kann, dann müsste die Erde mehr als 20 000 Krater von der Größe Londons oder New Yorks, ungefähr 40 Becken von der Größe kleiner Länder und mehrere Becken von der Größe ganzer Kontinente aufweisen. Größere Einschläge trafen uns wahr-

RECHTS **OBWOHL UNSER MOND LANGSAM VON UNS WEGDRIFTET, ERMÖGLICHT UNS SEINE GEGENWÄRTIGE ENTFERNUNG DEN LUXUS EINER FAST PERFEKTEN SONNENFINSTERNIS WIE DIESER.**

Meteoriten – Botschafter aus dem All

Die Nullabor-Ebene in Südaustralien ist der ideale Platz für Meteoriten-Sammler. Auf dem ausgetrockneten roten Boden des australischen Outback, der frei ist von Gestrüpp und vom Menschen ungestört, lassen sich die schwarzen, metallischen Klümpchen, deren weiß glühender Sturz durch die Atmosphäre sie glatt polierte, leicht erkennen. Nur die schneeweißen Weiten der Antarktis sind noch bessere Jagdgründe. Mehr als 1000 Meteoriten sind im Laufe der Jahre im Nullabor aufgesammelt worden, und da sie in dem Wüstenklima nur langsam verwittern, sehen sie noch Tausende von Jahren frisch aus. Selbst mehrere Millionen Jahre alte Klumpen liegen an einigen Stellen noch herum.

Meteoriten sind kostenlose Proben des Sonnensystems. Sie können uns faszinierende Geschichten über ihren Ursprung erzählen, denn sie sind der Stoff, aus dem die Planeten gemacht wurden. Einige enthalten chemische Elemente in ähnlichen Mengenverhältnissen wie die Atmosphäre der Sonne. Diese »chondritischen« Meteoriten sind das primitivste Material, das bisher im Sonnensystem gefunden wurde. Misst man den radioaktiven Zerfall ihrer chemischen Elemente,

OBEN **METEORITEN OFFENBAREN DIE GEHEIMNISSE DES UNIVERSUMS.**
UNTEN **IAIN STEWART JAGT IM AUSTRALISCHEN OUTBACK NACH METEORITEN.**
GEGENÜBER **DER IMIAC-METEORIT – AUS DER ZEIT DER GEBURT UNSERES PLANETEN VOR 4,5 MILLIARDEN JAHREN.**

kann man berechnen, wann sie sich gebildet haben. Es stellte sich heraus, dass sie 4,6 Milliarden Jahre alt sind. Andere sind genauso alt, haben aber eine andere chemische Zusammensetzung – dank der Veränderungen durch Hitze und Druck während der gewaltsamen Geburtsphase der Planeten. Diese »differenzierten« Meteoriten sind wertvolle Zeugen des Traumas, in dem unser Planet entstand.

Einige differenzierte Meteoriten sind viel, viel jünger. Sie sind Gesteinssplitter, die von einem Planeten absplitterten und nun über das Sonnensystem verstreut sind. Eine solche planetarische Diaspora kann uns nicht viel über die frühen Tage des Sonnensystems erzählen, aber Hinweise auf ein noch größeres Mysterium geben: den Ursprung des Lebens.

Am 28. Juni 1911 ging ein Hund in Nakhla/Ägypten gerade seinem Geschäft nach, als er von einem der 40 Fragmente eines großen Meteoriten erschlagen wurde, der gerade am Himmel über ihm explodiert war. Was den unglückseligsten Hund der Welt in Luft auflöste, war ein sehr seltenes Gestein: einer von nur 13 Mars-Meteoriten, die je auf der Erde gefunden wurden.

Im Jahr 2006 brachen Wissenschaftler der NASA einen der wertvollen Nakhla-Meteoriten auf und entdeckten winzige Adern, die mit kohlenstoffreichen Ablagerungen gespickt waren. Es sah aus wie das Werk von Bakterien. Die NASA hatte zehn Jahre zuvor bereits von umstrittenen Beweisen für Mars-Mikroben berichtet, als Wissenschaftler röhrenförmige Strukturen in dem ALH84001 genannten Meteoriten, der 1984 in der Antarktis gefunden worden war, entdeckt hatten. Dies fachte die Debatte wieder an, ob man nun endlich außerirdisches Leben entdeckt hatte.

Sicher ist jedoch, dass selbst die ältesten chondritischen Meteoriten komplexe organische Moleküle enthalten können, darunter mehr als 50 Aminosäuren, von denen acht verbreitete Proteine bilden können. Die Wissenschaftler glauben heute, dass der interstellare Weltraum voll ist von organischen Molekülen und dass Meteoriten diese lebenswichtigen Bausteine auf die embryonale Erde geliefert haben. Ob das Leben per Mitfahrgelegenheit hierher kam, ist immer noch fraglich, aber wenn doch, dann ist es sehr gut möglich, dass wir die Nachkommen von Marsbewohnern sind.

scheinlich in etwa jedem Jahrhundert einmal. Wie wir später entdecken werden, gibt es auf der Erde jedoch keinerlei Anzeichen für diesen heftigen Beschuss – unser Planet hat die einzigartige Fähigkeit, sein Narbengewebe zu heilen. Aber einige Wissenschaftler glauben, der Umstand, dass die ältesten bekannten Gesteinsbrocken aus dieser außergewöhnlichen Zeit stammen, zeige, dass die Bombardierung schwer genug war, um unseren gesamten Planeten zum Schmelzen zu bringen und seine Oberfläche zu erneuern – die Erde sei damals im Prinzip neu geboren worden.

Die späte schwere Bombardierung war vielleicht der traumatische Geburtsvorgang des Lebens selbst. Denn in uraltem Gestein, das aus der Zeit nach der Bombardierung stammt, gibt es Anzeichen für erste verstohlene biologische Aktivitäten. Spuren eines bestimmten Typs von Kohlenstoff sind nach Auffassung vieler Wissenschaftler der Beweis für Photosynthese – die Energie des Lebens. Es ist eines der umstrittensten Gebiete der modernen Geologie, dennoch glauben manche, die ersten Hinweise auf Leben auf dem Planeten Erde habe es bereits gegeben, als der planetarische Blitzkrieg endete. Reich an Bausteinen des Lebens, lieferten die Kometen oder Asteroiden, die auf die Erde hereinprasselten, jährlich wahrscheinlich 40 Tonnen Aminosäuren und andere organische Moleküle. Obendrein setzten die Einschläge große Mengen Hitze frei und ließen dadurch vielleicht die ersten Wärme liebenden Organismen, die Thermophilen, entstehen, von denen Biologen annehmen, sie seien die Saat für den Baum des Lebens gewesen.

Sternschnuppen

Heute – 4 Milliarden Jahre später – fällt es uns nicht schwer zu erkennen, dass wir in einer kosmischen Schießbude leben. Schauen Sie in einer wolken- und mondlosen Nacht, am besten weit weg von den Lichtern einer Stadt, einfach zum Himmel. Nach vielleicht höchstens einer halben

LINKS **TROTZ IHRES UNGEHEUREN SCHAUSPIELS SIND STERNSCHNUPPENSTÜRME WIE DIESES HIMMLISCHE FEUERWERK, DAS 2001 NÖRDLICH DES AYERS ROCK IN AUSTRALIEN FOTOGRAFIERT WURDE, MEISTENS HARMLOS. IHRE BRUCHSTÜCKE ERREICHEN DEN ERDBODEN OFT NUR ALS WELTALLSTAUB.**

Stunde werden Sie das aufregende Schauspiel einer Sternschnuppe sehen – ein plötzlicher Lichtstreif, der über den Sternenhimmel zieht. Diese Meteore erscheinen, wenn Fragmente von zerschellten Asteroiden und/oder Staubpartikel von Kometen auf die äußere Grenze unserer Atmosphäre treffen und als zischende Feuerbälle verbrennen. Nur 100 Kilometer Atmosphäre trennen die feste Erde vom Weltall, aber diese dünne Luftschicht ist genug, um als ziemlich leistungsfähiger Schutzschild gegen hereinfliegenden Weltraumschutt fungieren zu können. Bei einer Reisegeschwindigkeit von 1000 Stundenkilometern verbrennen Meteore durch die Reibung mit den Luftmolekülen und können dabei kurzzeitig heller als die Sonne aufglühen. Während dieses spektakulär weiß glühenden Sturzes zur Erde ist die Bremswirkung unserer Atmosphäre so wirksam, dass die hereinfliegenden Gesteinsbrocken schnell zerfallen und hoch oben in der Stratosphäre mikroskopisch kleine Partikel versprühen. Mehrere Zehntausend Tonnen von diesem kosmischen Regen kommen jedes Jahr auf diese Art an und erzeugen einen Staubschleier, der die Erde auf ihrer Umlaufbahn begleitet und hinter ihr herzieht. Im Laufe der Zeit setzt sich ein großer Teil des Meteorstaubs auf der Erde ab – so viel, dass wir bei jedem Schritt, den wir tun, auf ein Fragment von Weltallstaub treten.

Praktisch der gesamte Ausfall aus den Meteor-Feuerbällen ist zu klein, um die Oberfläche der Erde zu erreichen. Bei all ihrer Brillanz haben die nächtlichen Feuerwerke also kaum Auswirkungen auf die Erde. Wenn besonders große oder schnell fliegende Meteore eintreffen, kann zwar ein Regen aus Gestein und Metall den Boden erreichen, aber selbst wenn sie als Meteoriten eine Bruchlandung hinlegen, sind sie in der Regel harmlos. Bisher ist, soweit man weiß, noch niemand durch einen herabfallenden Meteoriten getötet worden. Trotzdem ist ihre Ankunft für uns etwas schockierend, wie Arthur Pettifor feststellte, als er am 5. Mai 1991 in Glatton/England sein Zwiebelfeld pflegte. Lediglich durch ein lautes Pfeifen und Heulen angekündigt, prallte ein dunkler Stein von der Größe einer Grapefruit in seinen Garten – nur 20 Meter von der Stelle entfernt, wo er gerade stand. Oder stellen Sie sich die Überraschung der Einwohner von Barwell/England vor, als am Heiligabend 1965 ein orangeroter Feuerball über den Himmel von Leicestershire heulte, bevor er über der kleinen Industriestadt auseinanderbrach und Schrapnelle auf Fabriken, Häuser, Gärten und Autos sprühte, wobei überraschenderweise niemand verletzt wurde. Überall auf der Welt treiben Meteoriten auf diese Art ihr Unwesen, wobei sie ihr zerstörerisches Potenzial verlieren, weil sie von der Luft über uns entwaffnet werden. Aber hin und wieder gelingt es etwas viel Gefährlicherem, die Luftabwehr unseres Planeten zu durchbrechen.

»Luftexplosionen« von Asteroiden

Am 1. Februar 1994, als Shoemaker-Levy 9 endgültig seinen Sturzflug zum Jupiter antrat, traf eine weit schwächere Explosion die Erdatmosphäre. Ein Militärsatellit hatte das Leuchten einer Kernexplosion über Mikronesien im Pazifischen Ozean entdeckt, und Präsident Clinton, Vizepräsident Gore und die US-Generalstabschefs wurden von Beamten des Pentagons aus dem Schlaf gerissen. Sie befürchteten, dass ein chinesisches oder russisches Atom-U-Boot versehentlich seine Atombomben gezündet haben könnte. Flugzeuge der Airforce wurden in das Gebiet geschickt, um den Schauplatz der Explosion zu erkunden, doch sie fanden keinerlei Hinweise auf Strahlung. Eine wissenschaftliche Analyse zeigte, dass der Satellit einfach die Explosion eines mehrere Dutzend Meter dicken Asteroiden beobachtet hatte. Er war tief in die Atmosphäre eingedrungen und hatte die Flughöhe der Passagierflugzeuge durchkreuzt, bevor er mitten in der Luft in einer enormen Explosion – einer »Luftexplosion« – zerbarst. Da die Welt nicht von einem Nuklearunfall bedroht war, legte sich der Präsident wieder schlafen.

Tatsächlich sind Weltraum-Eindringlinge wie diese überraschend zahlreich. Zwischen 1975 und 1992 entdeckten die Überwachungssatelliten des US-Verteidigungsministeriums 136 große Luftexplosionen in der Atmosphäre. Das sind im Schnitt acht pro Jahr, wobei das wahrscheinlich eine grobe Unterschätzung ist, denn die Aufklärungssatelliten erfassten die Lichtblitze nur durch Zufall. Bei solchen Meteor-Todeskämpfen in der Luft werden große Mengen von elektromagnetischer Energie freigesetzt, so wie im Januar 2000, als die Explosion

OBEN **DIE LUFTEXPLOSION DES TUNGUSKA-METEORS IM JAHR 1908 VERWÜSTETE UNBEVÖLKERTEN SIBIRISCHEN WALD; WÄRE ER 4 STUNDEN SPÄTER ANGEKOMMEN, HÄTTE ER SANKT PETERSBURG DEM ERDBODEN GLEICHGEMACHT.**

eines Objekts von ungefähr fünf Metern Durchmesser hoch oben am Himmel über dem Yukon in Kanada teilweise die Stromversorgung lahmlegte. Würde ein Meteor von ähnlicher Größe über London oder New York explodieren, wäre das Chaos groß. Aber was würde passieren, wenn etwas Größeres den Himmel über London oder New York erhellen würde, wie zum Beispiel eine Luftexplosion wie jene, die Bill Clinton weckte?

Der Tunguska-Meteor

Am 30. Juni 1908 um 7:17 Uhr Ortszeit erschütterte eine gewaltige Explosion Zentralsibirien. Überall auf dem Kontinent verzeichneten die Seismografen ein Zittern der Erde, während auf der Strecke der Transsibirischen Eisenbahn ein Zug anhielt, weil man fürchtete, wegen eines Erdbebens zu entgleisen. Stattdessen sahen die verwunderten Passagiere, wie der Himmel in der Morgendämmerung von einem Meteor-Feuerball erhellt wurde, der halb so groß war wie der Mond. Das Epizentrum der Explosion lag 650 Kilometer südlich des praktisch unbewohnten Gebiets am Tunguska-Fluss. Niemand kam ums Leben, aber ein Rentierhirte fand später von seiner 1500 Tiere umfassenden Herde nur noch verkohlte Körper und einen Haufen Steine, wo seine Hütte gestanden hatte. Die wenigen Einheimischen, die das Pech hatten, sich in einem Umkreis von mehreren Dutzend Kilometern von der Explosion zu befinden, erlitten Abschürfungen, Blutergüsse, Hörschäden und Verbrennungen, aber sie blieben am Leben. Erst 20 Jahre später, nachdem sich die politischen Tumulte im revolutionären Russland beruhigt hatten, wurde der ersten wissenschaftlichen Expedition gestattet, dieses Gebiet zu betreten.

Man fand 2000 Quadratkilometer sibirischen Wald, der durch die Explosion verwüstet worden war. Riesige Waldflächen

Wie alt ist die Erde?

So wie das Ticken der Uhr Sekunde um Sekunde den Takt unseres menschlichen Lebens bestimmt, ist das Knacken des Geigerzählers das Chronometer unseres Planeten. Ein Geigerzähler zeigt den radioaktiven Zerfall bestimmter natürlicher Elemente an. Diese radioaktiven Elemente sind die Wechselbälge der Natur – fähig, in verschiedenen Formen oder Isotopen zu existieren, die ihre atomare Zusammensetzung mit unfehlbarer Genauigkeit wie ein Uhrwerk transformieren, wobei sie Neutronen freisetzen. Diese atomare Alchemie zu verstehen, ist Teil der Nuklearphysik, der wir Atombomben und Kernkraft verdanken. Was sie den Geologen vermittelte, war die Lebensspanne unseres Planeten.

Radioaktive Isotope zerfallen unterschiedlich schnell, jedes hat eine andere Halbwertszeit – das ist die Zeit, welche die Hälfte eines bestimmten radioaktiven Stoffs braucht, um zu zerfallen und zu einer anderen Substanz zu werden. Einige Isotope lösen sich in einem geologischen Augenblick auf. Americium-241, das radioaktive Element, das in Rauchmeldern verwendet wird, verliert alle 458 Jahre die Hälfte seiner Atome, während das Kohlenstoff-14-Isotop, mit dem man das Alter von archäologischen Funden bestimmt, eine Halbwertszeit von 5700 Jahren hat. Andere sind erstaunlich langlebig. Das Isotop Uran-238, das in winzigen Mengen in Gestein vorkommt, hat eine Halbwertszeit von 4,5 Milliarden Jahren. Es zerfällt und bildet Blei-206, sodass man, wenn man die Menge von beiden Isotopen in einem Gesteinsbrocken misst, leicht sein Alter ausrechnen kann.

Im 19. Jahrhundert wurde das Alter der Erde lange Zeit auf rund 100 Millionen Jahre geschätzt – vor allem aufgrund der Arbeit des schottischen Physikers William Thomson (später Lord Kelvin), der seine Berechnungen auf die Zeit stützte, die die heiße flüssige Erdkugel benötigt haben mag, um sich abzukühlen. Aber in den ersten Jahren des 20. Jahrhunderts stellte der in Neuseeland geborene Physiker Ernest Rutherford eine sensationelle Behauptung auf. Er erklärte, dass eine bestimmte Probe des radioaktiven Minerals Pechblende aufgrund seiner Zerfallsrate 700 Millionen Jahre alt sei. Es war offensichtlich viel älter als die Erde selbst. Innerhalb weniger Jahre rechnete dann der britische Geologe Arthur Holmes mithilfe von Isotopen der Uran-Blei-Familie aus, wie alt die wichtigsten Gesteinsschichten unseres Planeten sind, womit er die erste geologische Zeitskala lieferte. Die Zeitangaben sind seitdem überarbeitet worden, aber Holmes lag bemerkenswert nahe an den modernen Zahlen. So nahm er beispielsweise an, dass die Kambrische Periode vor 500 Millionen Jahren begann, während wir heute davon ausgehen, dass es vor 540 Millionen Jahren war.

Die neue Wissenschaft der Nuklearphysik datierte das Alter der ältesten

UNTEN LINKS **DER GEOLOGE JAMES HUTTON.**
UNTEN RECHTS **DER SCHOTTISCHE PHYSIKER WILLIAM THOMSON (DER SPÄTERE LORD KELVIN).**

Gesteine allmählich immer weiter zurück. Bereits im Jahr 1910 bewies der britische Physiker Robert Strutt anhand des Zerfalls von Thorium, dass eine Mineralprobe aus Sri Lanka über 2400 Millionen Jahre alt war. 1948 benutzte der amerikanische Geochemiker Clair Patterson Uran- und Bleiisotope, um das Alter von Fragmenten des Barringer-Krater-Meteoriten zu bestimmen. Dieser musste sich, da er ein Relikt des frühen Sonnensystems war, ungefähr zur selben Zeit gebildet haben wie die Erde. Er kam auf überwältigende 4,55 Milliarden Jahre. Wenn man ein paar Millionen hinzurechnet, ist es das Alter, das heute noch Bestand hat.

Für Geologen bedeutete dieses Alter, dass genug Zeit gewesen war, damit sich geologische Eigenarten unseres Planeten durch die unmerklichen und langsamen Prozesse gebildet haben können, die um uns herum passieren. Damit war der alte Disput beigelegt, ob sich die Erde allmählich oder durch plötzliche Katastrophen entwickelt hat. Für den im 18. Jahrhundert lebenden Geologen James Hutton, dessen Theorie der allmählichen Entwicklung durch die Entdeckung des Alters der Erde untermauert worden war, zeigte das unendliche Reich der Zeit »keine Spur eines Anfangs – kein Anzeichen eines Endes«. Der moderne amerikanische Schriftsteller John McPhe sprach einfach von »tiefer Zeit«.

In seinem Buch »Time's Arrow, Time's Cycle« verwendete der amerikanische Paläontologe Stephen Jay Gould die vielleicht anschaulichste Metapher, indem er 4,5 Milliarden Jahre Erdgeschichte bildlich in einen 24-Stunden-Tag zwängte. Die Geburt unseres Planeten findet danach um Mitternacht statt, und die »Kambrische Explosion« – in der erstmals komplexe Tiere herumkriechen – beginnt erst um 22 Uhr abends. Dinosaurier tauchen etwa eine Stunde später auf und sterben 20 Minuten vor Mitternacht, während die modernen Menschen in den letzten zwei Sekunden des Tages auf der Bildfläche erscheinen. Die menschliche Zivilisation – rund 6000 – zwängt sich in die letzte Zehntelsekunde des Tages.

McPhee verwendete eine andere Version der Metapher. Man stelle sich die Lebensspanne der Erde als alten englischen Yard vor: der Abstand von der Nase des Königs bis zu den Fingerspitzen seiner ausgestreckten Hand. Wenn man mit einer Feile einmal am Mittelfingernagel entlangfährt, ist die Geschichte der Menschheit ausgelöscht. Der Schriftsteller Mark Twain schrieb dagegen im ersten Jahrzehnt des 20. Jahrhunderts: Wenn der Eiffelturm, seinerzeit die strahlende neue Ikone des modernen Zeitalters, das Alter der Welt repräsentieren würde, »dann wäre die Farbschicht ganz oben auf der Turmspitze der Anteil, den der Mensch an diesem Alter hat, und jeder würde sehen, dass es diese Schicht ist, für die der Turm gebaut wurde«.

UNTEN LINKS **DER AMERIKANISCHE GEOCHEMIKER CLAIR CAMERON PATTERSON.**
UNTEN RECHTS **DER BRITISCHE GEOLOGE ARTHUR HOLMES.**

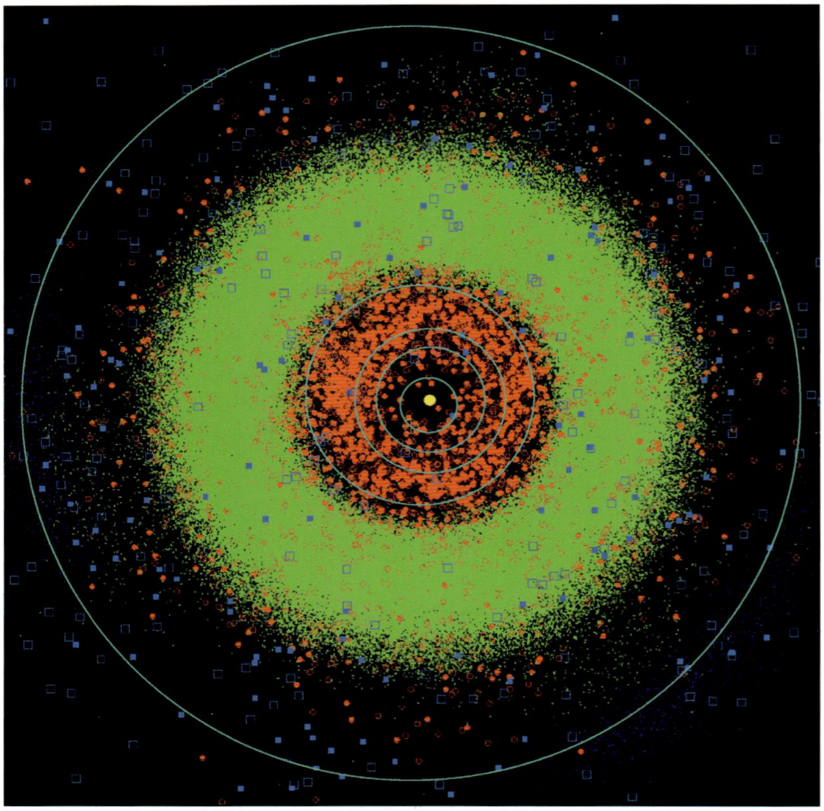

OBEN **IN DER KOSMISCHEN NACHBARSCHAFT DER ERDE WIMMELT ES VON »ERDNAHEN OBJEKTEN«, DIE BIS ZU EINIGEN KILOMETERN DURCHMESSER BESITZEN UND NAHE DER UMLAUFBAHN UNSERES PLANETEN HERUMVAGABUNDIEREN.**

waren plattgewalzt, und die umgeknickten Stämme zeigten in Richtung des Explosionspunkts, wo erstaunlicherweise die Bäume ihre Blätter verloren hatten, aber noch standen. Anscheinend war ein Meteor 6 bis 10 Kilometer über dem Boden explodiert und hatte so viel Energie wie eine Million Tonnen TNT oder 60 Hiroshima-Atombomben freigesetzt. Und all das aus etwas, dessen Durchmesser kaum 40 Meter betrug und somit nicht größer war als ein kleiner Wohnblock.

Hätte der Tunguska-Meteor 4 Stunden und 47 Minuten später die Erdatmosphäre erreicht, hätte die Erdrotation Sankt Petersburg zur Zielscheibe gemacht, wo zweifellos viele Tausend Menschen getötet und vielleicht die bolschewistische Bewegung in der Stadt gestoppt worden wäre. Die Geschichte des 20. Jahrhunderts wäre wohl anders verlaufen. Aber stattdessen war das, was im entfernten Sibirien passierte, nur eine Fußnote der Geschichte, und so konzentrierte sich die Welt in den nächsten Jahrzehnten auf die selbst gemachte Zerstörung. Erst in den 1990er Jahren begannen Wissenschaftler – teilweise alarmiert durch den heftigen Aufprall von Shoemaker-Levy 9 auf den Jupiter –, die Gefahr von oben ernst zu nehmen: Sie begannen in einer konzertierten internationalen Aktion, die Asteroide und Kometen zu katalogisieren, die auf für unseren Planeten gefährlichen Bahnen reisen. Die Jagd führte zu der Erkenntnis, dass es in unserer kosmischen Nachbarschaft von extraterrestrischen Geschossen nur so wimmelt. So wissen wir jetzt, dass jeden Tag rund 50 Objekte von der Größe des Tunguska-Meteors zwischen Erde und Mond durchfliegen, und dass ein Knall wie damals in der Tunguska alle 50 bis 100 Jahre zu erwarten ist. Alle 6000 Jahre – ungefähr die Zeit, die seit dem Beginn der Zivilisation vergangen ist – dürfte es eine Handvoll viel schwererer Kollisionen geben, die von Objekten von mehreren Hundert Metern Durchmesser verursacht werden. Die Auswirkungen solcher Megaexplosionen wären weitaus dramatischer als in Tunguska. Millionen Tonnen Meteoriten-Niederschlags würden den Globus mit einem kühlenden Staubschleier einhüllen und zu Missernten, Hunger und Seuchen führen. Es wäre wie ein nuklearer Winter.

Einige Wissenschaftler glauben, dass ein solcher »kosmischer Winter« Mitte des sechsten Jahrhunderts für ein ungewöhnliches Jahrzehnt sorgte – passenderweise im »dunklen Zeitalter« Europas. Die Jahresringe in Eichenholz aus ganz Nordeuropa weisen in den Jahren 535 bis 545 nach Christus praktisch kein Wachstum auf, was darauf hinweist, dass es sehr kalt war. Und der Sommer 536 scheint der zweitkälteste in dem 1500-jährigen Jahresring-Archiv gewesen zu sein. In dieser Periode löschte die Justinianische Pest große Teile von Konstantinopel aus, und der Schwarze Tod gab sich sein erstes Stelldichein in Europa. In chinesischen Chroniken ist verzeichnet, dass gegen Ende des Jahres 536 große Mengen von gelbem Staub fielen, und in den folgenden Jahren suchten Hunger und Seuchen China, Korea und Japan heim. Hinweise auf Kälteschneisen von der Länge Westamerikas, von Kalifornien bis Chile, sprechen für die Annahme, dass weltweit das Klima in einer Krise steckte. Einige Geologen glauben, dass die plötzliche Abkühlung durch einen gigantischen Vulkanausbruch verursacht wurde, aber niemand hat bisher einen eindeutigen Beweis liefern können. Unterdessen argumentieren Astrophysiker, dass der Kältezauber durch die Schwaden von Fallout-Staub verursacht werden konnte, die ein Komet von 600 Metern Durchmesser beim Zerbersten in die Luft spuckte.

Auch heute würden Gesteinsbrocken von einigen Hundert Metern Durchmesser erst dann entdeckt werden, wenn es zu spät ist. Obwohl Astronomen die NEOs (near-earth objects, englisch für erdnahe Objekte) aktiv verfolgen, behalten sie nur Körper mit mehr als einem Kilometer Durchmesser im Blick. Diese Giganten haben das Potenzial, mit der hundertfachen Sprengkraft des gesamten Atomwaffenarsenals der Welt zuzuschlagen und damit die Zivilisation auszulöschen. Im Jahr 2000 schätzte man, dass bis zu 1000 dieser NEOs im Hinterhof unseres Planeten herumgeistern, und bis 2006 hatte man mehr als 700 von ihnen identifiziert. Nur eine Handvoll davon kursiert jedoch auf Bahnen, wo sie mehr als nur den Hauch einer Chance haben, in diesem Jahrhundert mit der Erde zusammenzustoßen. Die Wahrscheinlichkeit eines Aufpralls, der die Zivilisation beenden würde, ist also wohl sehr gering. Dennoch kommen auf jeden Brocken Weltraumschutt, der mehr als einen Kilometer Durchmesser hat, Tausende mit einem Durchmesser von 100 Metern und Zehntausende, die mehrere Dutzend Meter dick sind – und diese tödlichen Objekte werden überhaupt nicht beobachtet.

Narben des Einschlags

Im Jahr 1911 war ein Mann namens Daniel Moreau Barringer von der ungeheuren Idee besessen, das große Loch in der Wüste im Osten von Arizona enthielte einen außerirdischen Schatz. Eiserne Meteoriten-Bruchstücke waren in einem ausgetrockneten Flussbett des Diablo Canyon entdeckt worden – in der Nähe eines rätselhaften schüsselförmigen Kraters von gut einem Kilometer Durchmesser. Für den unternehmerisch denkenden Ingenieur Barringer bedeutete dies, dass ein riesiger wertvoller Eisenbrocken im Herzen des Kraters vergraben sein musste. Aber selbst führenden Geologen der damaligen Zeit galt Barringers Theorie als Hirngespinst – die kreisrunde Vertiefung hielten sie wahrscheinlich für die Folge einer Dampfexplosion. Unbeeindruckt vom Spott der Geologen und angespornt durch die Reichtümer, die er unter dem Boden des Kraters vermutete, investierte Barringer 26 Jahre seines Lebens und 600000 Dollar, um den Ort zu vermessen und Bohrungen durchzuführen – doch vergeblich. Kurz vor seinem Tod im Jahr 1929 fanden Wissenschaftler heraus, wo das Metall abgeblieben war: Es war verdampft. Die verstreuten Metallfragmente, die Barringer auf den Krater aufmerksam gemacht hatten, waren alles, was noch übrig war. Die Entdeckung bedeutete keinen großen Trost für Barringer, der ohne einen Penny in der Tasche starb. Sein letztes Vermächtnis sollte jedoch der Krater selbst sein. Der »Barringer-Krater« wurde nach ihm benannt und gehört auch heute noch der Familie. Es war der erste wissenschaftlich akzeptierte Meteoriten-Krater auf der Erde.

Heute ist der Barringer-Krater besser unter dem Namen Meteor-Krater bekannt. Er ist eine der größten Sehenswürdigkeiten für Touristen, die über die Route 66 fahren und die ehemalige Eisenbahnstation Winslow passieren. Die Rockgruppe Eagles verewigte den Zwischenstopp in ihrem Song »Take it Easy«, aber wirklichen Ruhm erlangte das große Loch im Boden westlich der Stadt dadurch, dass die Geologen anhand der Fragmente des Canyon-Diablo-Meteoriten, wie er später genannt wurde, das wahre Alter unseres Planeten bestimmen konnten (siehe Seite 50). Was jedoch Barringers verrücktes Projekt auf Dauer berühmt machte, ist vor allem die Tatsache, dass der Krater uns die Augen für den wahren Charakter von kosmischen Kollisionen geöffnet hat. Die Touristen, die bis an den Rand des Kraters gelangt sind, blicken andächtig schweigend in ihn hinein und versuchen wahrscheinlich sich auszumalen, wie vor 50000 Jahren (ich glaube, es war ein Dienstag) ein Brocken von 30 bis 50 Metern Durchmesser aus Stein und

Metall ein 200 Meter tiefes Loch ausheben konnte. Hören Sie den Touristenführern zu, und sie werden Ihnen erzählen, dass das herabstürzende Projektil so schnell war, dass es in vier Minuten von Los Angeles nach New York hätte fliegen können – gerade genug Zeit, um ein Ei zu kochen. Die Ballistik ist wirklich atemberaubend, aber unsere Erkenntnisse darüber, was genau im Moment des Einschlags passierte, kommen nicht von Meteoritenkratern, sondern davon, dass wir jahrzehntelang Dinge in die Luft gesprengt haben.

Nuclear Intelligence

In den 1950er und 1960er Jahren konzentrierten sich die Wissenschaftler, die die Wirkung von Bomben im Zweiten Weltkrieg aus erster Hand miterlebt hatten, auf die Zerstörungskraft von Atomwaffen und Sprengungen vieler Tonnen TNT. Nur zum Vergleich: Die Atombombe, die Hiroshima traf, explodierte mit der Kraft von 15 000 Tonnen TNT, und die Wasserstoffbombe, die auf dem Bikini-Atoll getestet wurde, hatte die Sprengkraft von 10 Millionen Tonnen TNT. Mit den Daten, die aus solchen Explosionen gewonnen wurden, konnten die Wissenschaftler Computermodelle erstellen, die uns sagen, was passiert, wenn ein gigantischer Meteorit auf die Erde prallt. Fällt er mit einer typischen Geschwindigkeit von 20 Kilometern pro Sekunde (Kometen sind noch schneller), hat das Projektil eine phänomenale kinetische Energie, die bei einer verheerenden Explosion freigesetzt wird. Noch bevor das Objekt den Boden erreicht, hat sein rasanter Sturz durch die Atmosphäre ihn fast geschmolzen. Unmittelbar vor dem Projektil trifft eine Säule aus komprimierter Luft auf den Boden. Der gewaltige Druck und die enorme Hitze, die durch den Aufprall erzeugt werden, führen dazu, dass sowohl das Projektil als auch das Gestein am Auftreffpunkt auseinanderbrechen und verdampfen. Das verdampfte Gestein sprayt als Plasma in die Luft, bevor es dann als Schauer aus geschmolzenen Bruchstücken in charakteristischen konischen Glastropfen, den Tek-

LINKS **DER BARRINGER-KRATER, BESSER BEKANNT UNTER DEM NAMEN METEOR-KRATER: EIN LOCH IN DER WÜSTE VON ARIZONA, DAS KEINEN MATERIELLEN SCHATZ, SONDERN WICHTIGE ERKENNTNISSE ÜBER DAS ALTER DER ERDE BARG.**

titen, auf die Erde regnet. Schockwellen jagen durch den Boden und durchdringen den Planeten wie bei einem Erdbeben, während eine seitliche Druckwelle die angrenzenden Gesteinsschichten umwälzt. Dabei verteilen sich größere Gesteinsblöcke wie eine Geröllschürze um den Kraterrand, und feineres Material wird in die Luft geschleudert.

Der Barringer-Krater wurde der erste Ort, an dem man Auswirkungen, die man zuvor nur auf Schlachtfeldern oder Waffentestgeländen beobachtet hatte, in die Landschaft gemeißelt oder in den Fels geschrieben fand. Wie ein Hinweisschild auf der Straße stolz verkündet, war dieses Loch der Prototyp für wissenschaftliche Studien über alle Einschlagskrater in der Galaxie. Und die Person, die ihn berühmt machte, war derselbe Mann, der Jahrzehnte später der Mitentdecker des Kometen Shoemaker-Levy 9 sein sollte: Eugene Shoemaker. Bereits ein Experte für die Auswirkungen großer Explosionen, führte Shoemaker eine peinlich genaue ballistische Analyse des Barringer-Kraters durch, arbeitete unermüdlich an einer minutiösen Kartierung der merkwürdig verformten Gesteinsschichten, untersuchte Gesteinspulver unter dem Mikroskop. Zu seinen Entdeckungen zählte eine ringartige Struktur entlang des Kraterrandes, die nach dem Einschlag angeschwollen war; enorme Gesteinspakete, welche die Druckwelle einfach umgestoßen hatte; Gesteine, die durch den Einschlag komplizierte Bruchstrukturen davongetragen hatten; und »Schockquarz«-Kristalle in dem Wüstengestein, das einem plötzlichen und hohem Druck ausgesetzt gewesen war. Was bei Shoemakers bahnbrechender forensischer Untersuchung herauskam, war eine komplette Anatomie eines terrestrischen Einschlagskraters. Und als man die verräterischen Symptome eines Impacts erkannt hatte, tauchten überall Meteoritenkrater auf.

Nach der jüngsten Zählung gibt es 171 authentische Einschlagskrater auf der Erde, wovon sich die überwiegende Zahl auf dem Land befindet. Die kleineren – mit weniger als vier Kilometern Durchmesser – haben eine einfache Form wie der Barringer-Krater: Eine kreisrunde Schüssel, die leicht mit Staub überzogen ist, aber nicht durch die herabregnenden Trümmer zugedeckt wurde. Ausgerechnet die kreisrunde Form hatte die meisten Wissenschaftler lange glauben lassen, dass diese Krater nicht von Asteroiden oder Kometen herausgeschlagen worden waren; sie betonten, dass Meteoriten normalerweise auf schrägen Bahnen ankommen und deswegen elliptische Krater hinterlassen müssten. Aber Shoemaker bewies, dass kleine Geschosse, die mit hoher Geschwindigkeit aufprallen, explosionsartig verdampfen. Die dabei entstehende Druckwelle breitet sich gleichmäßig in alle Richtungen aus und verursacht somit ein kreisrundes Loch. Für Krater mit mehr als vier Kilometern Durchmesser – so zeigten Kernexplosionen – hat man einen weitaus komplexeren Aufbau zu erwarten. Vor allem haben große Krater häufig einen erhöhten Mittelpunkt, der von einem Graben umgeben ist, und einen gebrochenen Rand. Das erhöhte Zentrum bildet sich dadurch, dass der Boden nach einem Aufprall zurückfedert. Es ist vergleichbar mit dem Riffelmuster, das sich bildet, wenn ein Wassertropfen auf eine Wasserfläche fällt. Bei geschmolzenem Gestein verfestigt sich das Muster, wenn das Gestein erkaltet und erstarrt. Kolossale Beispiele für solche komplexen Krater zieren den Mond, und vergleichbare Formen fanden sich auch hier auf der Erde. Die größte ist der 300 Kilometer weite Vredefort-Krater in Südafrika und das 250 Kilometer weite Sudbury-Basin in Ontario. Anders als der Barringer-Krater sind diese wirklich uralte Narben, Relikte von Kollisionen, die vor 2 Milliarden Jahren passierten.

GEGENÜBER **EINSCHLAGSKRATER.** IM UHRZEIGERSINN VON OBEN: **GOSSES BLUFF, NORTHERN TERRITORY, AUSTRALIEN; SHOEMAKER-KRATER (EHEMALS TEAGUE-KRATER), AUSTRALIEN; AOROUNGA-KRATER, TSCHAD.**

Einschläge im Meer

In Anbetracht dessen, dass drei Viertel der Oberfläche unseres Planeten von Wasser bedeckt sind, überrascht es, dass nur 10 Prozent der bekannten Einschlagskrater der Erde im Ozean gefunden wurden. Das Problem ist, dass man die Narben im Meer aus zwei Gründen nur schwer entdecken kann. Erstens sind die Ozeanböden der Erde überraschend jung. Sie haben sich weitgehend in den letzten 200 Millionen Jahren gebildet, sodass nur die jüngeren Einschlagslöcher erhalten geblieben sein können. Zweitens sehen Krater auf dem Meeresgrund anders aus als auf dem Land und werden schnell durch Ablagerungen überdeckt.

Dennoch sind bei der immer ausgedehnteren Suche nach Öl und Mineralien in den Tiefen des Ozeans nebenbei Hinweise auf einige dramatische Einschläge gefunden worden. Und damit wächst das Bewusstsein für die tödliche Gefahr, die Meteoriteneinschläge im Wasser darstellen können.

Einschläge im Wasser unterscheiden sich von Einschlägen auf dem Land in einem wichtigen Punkt: Sie erzeugen Wellen. Sie erzeugen sogar gigantische Tsunamis. Wenn ein Objekt mehr als einen Kilometer Durchmesser hat, bremst das Wasser das Geschoss zwar ab, hält es aber nicht auf, sodass es seinen Weg zum Meeresboden fortsetzt. Das Wasser wird in der gesamten Tiefe des Einschlagskanals verdrängt, und es entsteht sofort eine Welle, deren Höhe der Tiefe des Meeres an dieser Stelle entspricht. In den meisten Fällen heißt das, dass eine drei Kilometer hohe Welle (oder eine noch höhere) erzeugt wird. Diese gigantische Wasserwand stürzt zwar schnell ein, sobald sich die Welle vom Einschlagsort entfernt, aber der Tsunami bleibt monströs. Da wir nie einen Einschlag dieser Art im Meer erlebt haben, können wir nur mutmaßen, welche Zerstörung er bringen würde. Eine Computersimulation eines dicken Felsbrockens mit etwa 5 Kilometern Durchmesser, der in der Mitte des Atlantiks einschlägt, lässt eine Monsterwelle erwarten, die den Osten der USA bis hin zu den Appalachen überschwemmt und fast ganz Florida flutet. Im Osten trifft eine 100 Meter hohe Flutwelle auf die portugiesische Küste, Südspanien und Westfrankreich und zwängt sich wie ein gigantischer Hydraulikbohrer durch die Meerenge von Gibraltar, bevor sie auf die Mittelmeerküsten von Spanien und Marokko trifft. Nordeuropa wird nicht so stark überschwemmt wie die Iberische Halbinsel, vor allem weil sein großer Kontinentalsockel die Energie des Tsunami weitgehend abfängt. Aber es wäre einem Menschen in Cork (Irland) gleichgültig, ob er von einer nur 20 Meter hohen Welle mitgerissen würde anstatt von der gewaltigen Wasserwand, die Lissabon oder Cadiz überfluten würde. Und die Welle rollt noch weiter. Vom Atlantik ausgehend dehnt sie sich aus und

RECHTS **DER MANICOUAGAN-KRATER IN QUEBEC, KANADA, IST EINER DER GRÖSSTEN UND ÄLTESTEN BEKANNTEN EINSCHLAGSKRATER DER WELT.**

OBEN **SO KÖNNTE EINSCHLAG AUF DER ERDE VIELLEICHT AUSGESEHEN HABEN.**

erreicht praktisch jeden Küstenabschnitt der Welt. Das ist das Besondere an Einschlägen im Ozean – die Reichweite ihrer Zerstörung ist wahrhaft global. Und nichts zeigt das besser als der riesige Einschlag, der sich vor 65 Millionen Jahren in Chicxulub an der Küste der mexikanischen Halbinsel Yucatán ereignete.

Das Ende der Dinosaurier

Der auf Mexiko zufliegende Asteroid wäre von der Erde aus erst sichtbar gewesen, als er in die Atmosphäre eindrang und sich zu erhitzen begann. Mit kosmischer Geschwindigkeit reisend prallte er eine Sekunde später auf die Erde, wobei er die Luft unter sich mit einer solchen Wucht komprimierte, dass die Temperatur auf 6000 °C anstieg – so heiß wie die Oberfläche der Sonne. Der schätzungsweise 10 Kilometer dicke Gesteinsbrocken prallte mit der Energie von 100 Millionen Tonnen TNT auf und verdampfte sofort. Man müsste für jeden Menschen auf der Erde je eine Hiroshima-Bombe detonieren lassen, um eine vergleichbare Explosion zu erzeugen. Jedes Lebewesen im Umkreis von 250 Kilometern, das nicht verbrannte, wurde wahrscheinlich durch die Druckwelle getötet. Vom Epizentrum ging eine Schockwelle aus, die sich fast mit Lichtgeschwindigkeit ausbreitete. Sie fegte alles aus dem Weg und vernichtete jede Pflanze und alle Tiere, Letztere dadurch, dass sie Blutungen und Ödeme in den Lungen verursachte. Wälder in einem Umkreis von 2000 Kilometern wurden plattgewalzt – vom zentralmexikanischen Hochland bis hin zu den Golfstaaten der USA. Fast jedes Lebewesen in einem Umkreis von 1600 Kilometern wurde wahrscheinlich zu Boden geworfen oder verbrannte. Enorme Tsunamis pflügten den Ozean um und mehrere Hundert Meter hohe Wellen rollten weit nach Texas hinein und rissen die Trümmer des Waldes mit sich aufs Meer hinaus. Die ganze Region wurde durch gewaltige Erdbeben und »Hypercanes« – Super-Hurrikane mit einer Windgeschwindigkeit von 800 Stundenkilometern, die von der auf 120 °C erhitzten See gespeist wurden – verwüstet. Nach der blendend hellen Explosion jagte ein Schleier der Dunkelheit schneller als Schallgeschwindigkeit lautlos über den Himmel und ein dichter Teppich aus Trümmern begrub alles in einem Umkreis von einigen Hundert Kilometern vom Einschlagspunkt.

Die Explosion hinterließ ein Loch von 100 Kilometern Durchmesser und pustete 1000 Kubikkilometer schwefelhaltiges Gestein, Erde und superheißes Gas in die Luft. Innerhalb einer Stunde hatte die Trümmerwolke den Globus eingehüllt, brennendes Gestein regnete herab und setzte einen großen Teil des Planeten in Brand. Uralte Luftblasen in Bernsteinfossilien aus dieser Periode zeigen, dass der Sauerstoffgehalt in der Atmosphäre viel höher war als heute. Die Brände waren also wahrscheinlich umso heftiger und der Himmel von Rauch verdunkelt. Kohle- und Rußablagerungen in aller Welt zeugen von dem Inferno, das weite Landstriche entwaldete, Millionen Tiere tötete und noch mehr Tiere ihrer Nahrungsquellen beraubte. Der Rauch und die Einschlagstrümmer müssen die Sonne monatelang verdunkelt, pflanzliches Leben vernichtet und die Nahrungsketten auf dem Land und in den Ozeanen unterbrochen haben. In den Monaten nach dem Einschlag fielen etwa 600 Milliarden Tonnen Schwefelsäure in Form von saurem Regen, der so ätzend war, dass er Verbrennungen auf der Haut hervorrief und Pflanzen entlaubte. Ebenso schädlicher Salpetersäureregen erstickte Tiere und vergiftete Seen und flache Gewässer. Der kalte, dunkle kosmische Winter dauerte wahrscheinlich nur einige Jahre, aber die großen Mengen von freigesetzten Treibhausgasen aus den verdampften Sedimenten haben möglicherweise zu einem langfristigen Anstieg der globalen Temperatur geführt. Vergrößert wurde das Umweltchaos durch erhebliche Chlorgas-Emissionen aus verdampftem Gestein, die wahrscheinlich die schützende Ozonschicht der Erde zerfraßen.

Biologische Apokalypse

Nach dem Einschlag kam die Katastrophe. Die biologischen Folgen waren apokalyptischer Art: Ganze Ökosysteme brachen zusammen, und eine Kettenreaktion wurde ausgelöst, die vielleicht 65 Prozent aller Spezies weltweit ausrottete. In den Ozeanen verschwanden gleichzeitig Muscheln, Korallenriffe, Ammoniten und Plankton. Einige Seebewohner kamen jedoch davon. Wirbellose Tiere in flachen Gewässern, Kreaturen in den dunklen Tiefen des Ozeans und Organismen, die sich von Zerfallsprodukten ernährten, überlebten in ausreichender Zahl, um sich schnell zu regenerieren. Auf dem Land eroberten die Farne, Spezialisten im Überleben von Waldbränden, schnell die verbrannten Regionen und bildeten eine neue Vegetationsdecke. Aber die heute berühmtesten Landtiere, die von dem Einschlag betroffen waren, waren natürlich die Dinosaurier. Ihre Vormachtstellung basierte auf einem früheren Einschlag, der vor 251 Millionen Jahren die Evolution quasi neu gestartet hatte. Dieses Mal waren sie die Opfer und unsere Säugetier-Vorfahren die Nutznießer.

Seit der Entdeckung des Chicxulub-Kraters in Mexiko wurde auch bei anderen Kratern festgestellt, dass sie aus derselben Zeit stammen, so der Boltysh-Krater in der Ukraine, der Eagle-Butte-Krater in Kanada und der Silverpit-Krater in der Nordsee und vielleicht sogar der gewaltige Shiva-Krater im Indischen Ozean. Eine Serie von Kollisionen hatte als sehr unwahrscheinlich gegolten, bis man beobachtete, wie Shoemaker-Levy 9 dem Jupiter einen Schlag nach dem anderen versetzte. Hatte die Erde ein ähnliches Schicksal erlitten?

Doch was wäre, wenn es eine Ursache weltweiter Zerstörung gäbe, für die der Himmel nicht verantwortlich ist? Schließlich hatte es vor dem Massenaussterben, dem auch die Dinosaurier zum Opfer fielen, mindestens vier weitere gegeben – und keine konnte nachweislich mit einem Einschlag in Verbindung gebracht werden. Tatsächlich sind einige der größten Einschlagskrater der Erde entstanden, ohne nennenswerte biologische Schäden zu verursachen. In Anbetracht der Anzahl der Krater auf der Erde und der Häufigkeit, mit der große Einschläge zu erwarten sind, hat sich das Leben auf dem Planeten von extraterrestrischen Einschlägen erstaunlich wenig aus der Bahn werfen lassen. Aber es gibt ein anderes Phänomen, das fast perfekt mit dem Massenaussterben korreliert und ebenso globales Chaos zu verursachen kann. Als der Asteroid vor 65 Millionen Jahren in Mexiko zerschellte, spuckten Spalten auf der anderen Seite der Erde enorme Lavamengen aus. Das große Lavafeld im indischen Hochland von Dekkan ist ein beeindruckendes Beispiel für die Kraft tief im Innern der Erde, die für sehr viele ihrer Merkmale verantwortlich ist – der Hitzemotor, der unseren Planeten antreibt.

KAPITEL ZWEI

HITZE

ERTA ALE IST KEIN GEWÖHNLICHER VULKAN. MITTEN IN DER BRENNENDEN WÜSTE VON Äthiopiens Afar-Senke – eine der tiefstgelegenen und heißesten Gegenden der Welt – blubbert ein natürlicher Pool permanent Magma aus dem Inneren der Erde. Der Lavasee von Erta Ale zählt zu den am wenigsten besuchten Vulkanen in der Welt, muss man doch erst drei mörderische Tage mit dem Lkw, danach einen Tag auf einem Kamel überstehen, wobei die letzte Strecke durch Banditenland führt. Nur die Reise zum ewigen Feuer des Mount Erebus in der Antarktis ist noch weiter, und nur die zu den aktiven Lavakratern des von Kriegen geschüttelten Kongo noch gefährlicher. Die einzig sichere Art, den Erta Ale zu erreichen, ist, von einem äthiopischen Militärhubschrauber mitgenommen zu werden, doch diese sind in diesem Krisengebiet an der Grenze zu Eritrea oft anderweitig im Einsatz. Der Flug ist spektakulär, erst geht es über die grünen Felder des äthiopischen Hochlands, dann über tiefe Schluchten, die langsam in die Sandebenen und ausgetrockneten Seen der Afar-Senke übergehen. Es ist kaum vorstellbar, dass dieses heiße und verarmte Land eine der Wiegen der Menschheit war, die Heimat der ältesten Steinwerkzeuge und der Knochen einiger unserer frühesten menschlichen Vorfahren. Schließlich weicht die wenig einladende Wüste einem vulkanischen Wunderland. Dunkle Zungen aus erstarrter Lava, die sich von den kegelförmigen Vulkanbergen hinabschlängeln, bezeugen, dass wir uns mitten im Großen Afrikanischen Grabenbruch (Great Rift Valley) befinden, wo der Kontinent seit ein paar Millionen Jahren auseinanderreißt.

GEGENÜBER **DAS BRODELNDE INNERE EINES AKTIVEN VULKANS (WIE DIESER HIER AUF HAWAII) IST WIE EIN GUCKLOCH, DURCH DAS WIR DEN VERSTECKTEN HITZEMOTOR UNSERES PLANETEN SEHEN KÖNNEN.**

In einer Kette von Vulkanen, die sich hier bildeten, liegt der riesige Schild des Erta Ale, der am Horizont als nur 600 Meter hohe, aber 50 Kilometer breite Aufwölbung sichtbar ist. Aus der Nähe erkennt man die beiden feurigen Krater und den Qualm, den sie ausspucken. In der regionalen Sprache, dem Afar, bedeutet Erta »rauchender Berg«, und die Glocke aus Dunst und Rauch lässt die Gegend wie ein Kriegsgebiet erscheinen.

Der Boden, der aus der Luft seidenglatt aussah, ist wie ein zerklüfteter Panzer aus erstarrter Lava. Die ersten unsicheren Schritte auf dem scharfkantigen Gestein sind nicht ungefährlich. Den Boden bedeckt zum größten Teil loses und zersplittertes Lavagestein, das häufig aus der oberen Schicht von fließenden Lavaströmen entstand und mit dem hawaiischen Begriff »Aa« bezeichnet wird. Aber in diesem Minenfeld gibt es auch wunderschöne Strickmuster von »Pahoehoe«, deren glattes, gewelltes und manchmal wie Seile geformtes Gestein sich aus sehr dünnflüssiger Lava gebildet hat. Wenn man vorsichtig über die Formenvielfalt von erstarrtem Magma balanciert, hat man man nach wenigen Hundert Metern den Rand des großen nördlichen Kraters erreicht, wo es noch einige gähnende Spalten und Risse zu überwinden gilt. Vom gefährlichen Rand einer brüchigen, 30 Meter hohen Klippe schaut man in die blubbernde und zischende Lavagrube.

Tagsüber ist die Lava im hellen Sonnenlicht schwer zu erkennen, zumal sie oft von den Gasen verschleiert wird, die im Krater wabern und auch über seinen Rand hinausquellen. Wasserdampf, Kohlendioxid und Schwefeldioxid sind die Hauptzutaten des giftigen Qualmcocktails. Die Dämpfe kommen und gehen fast wie Atemzüge in warmen, beißenden Böen – eine Gasmaske ist ein Muss. Nachts, beim unheimlichen orangeroten Glühen des Kraters, liegen die Gasmasken griffbereit, denn die Schwaden können den Abhang hinunterwehen und in die Zelte kriechen. Hat man tagelang in dieser beißenden Szenerie gelebt, ist es leicht, sich vorzustellen, man sei in eine frühere Zeit zurückversetzt – in die allerersten Tage unseres Planeten.

RECHTS **DER MAGMA-SEE IM ABGELEGENEN VULKAN ERTA ALE IN ÄTHIOPIEN – EINER DER SPEKTAKULÄRSTEN DER WELT.**

Die Erde erwärmt sich

Um zu verstehen, woher die innere Hitze unseres Planeten kommt, müssen wir 4,5 Milliarden Jahre zurückgehen – in die Zeit der Geburt der Erde. Die Geologen nennen die frühen Jahre der Erde das Hadaikum, nach dem griechischen Wort für Hades, Hölle. Und das aus gutem Grund, denn die neu geborene Erde war grausam und feindlich, eine Welt aus Feuer und Schwefel. Aber während das uranfängliche Szenario landläufig als Welt immer aktiver Vulkane, rot glühender Magmameere und eines schwefelerfüllten, von Meteoriten erhellten Himmels beschrieben wird, war es vielleicht doch nicht die Hölle, als die man sie sich vorstellt. Zwar donnerten Asteroiden und Kometen aus dem All auf die Erde herab und erzeugten gewaltige Energieblitze, aber nur ein kleiner Teil der Wärme, die sie freisetzten, hielt sich auf der Oberfläche des Planeten. Eigentlich war die junge Erde zwischen den Einschlägen zumeist eine nordische Eishölle, eine kalte Welt und nur gelegentlich von Intervallen wahrer Infernos unterbrochen. Tief in ihrem Innern jedoch erwärmte sich die Erde.

Geschürt durch die enorme Hitze, die bei Schlägen und Stößen aus dem All produziert wurde, und die Wärmeenergie, die von radioaktiven Elementen freigesetzt wurde, stiegen die Temperaturen im Inneren der jungen Erde viel schneller, als sie durch die – nur langsame – Wärmeableitung sinken konnten. Rund 10 Millionen Jahre nach der Geburt der Erde war die Temperatur im Innern auf rund 2000 °C angestiegen – heiß genug, um praktisch den gesamten Planeten zu schmelzen. Bei einem zum großen Teil geschmolzenen Planeten trennt die Schwerkraft die dichteren Elemente von den leichteren. Eines der dichtesten Elemente im Inneren der Erde war Eisen, es war auch mit Abstand am reichlichsten vorhanden. Da es schwerer als das Material in der Umgebung war, bildete das geschmolzene Eisen Tröpfchen, die langsam in Richtung Erdinneres sanken. Während sie sanken, wurde Gravitationsenergie in Hitzeenergie verwandelt, die das Innere des neuen Planeten anfeuerten. Allmählich entwickelte die Erde ihren Hitzemotor.

In den ersten paar Hundert Millionen Jahren ihrer Existenz wurde die Erde von einem Ort, an dem zu leben die Hölle war, zu einem, an dem es einfach nur lausig war. An der Oberfläche gaben, wie wir in späteren Kapiteln entdecken werden, die Ozeane und die Atmosphäre dem Planeten nach und nach ein komplett neues Gesicht. Im Untergrund fanden ebenso dramatische Veränderungen statt. Wie ein riesiges Glas zu schnell eingeschenktes Bier, in dem sich unten die Flüssigkeit absetzt und oben eine weiße Schaumkrone bildet, verteilte sich die Erde auf einen inneren Metallkern und eine Gesteinskruste. Und, erhitzt durch ihr heißes metallisches Herz, hatte die

OBEN **VERSTEINERTE SPIRALEN, QUIRLE UND FALTEN EINER EHEMALS FLÜSSIGEN LAVA ERLAUBEN ES VULKANOLOGEN, DIE DYNAMIK VERGANGENER ERUPTIONEN ZU REKONSTRUIEREN.**

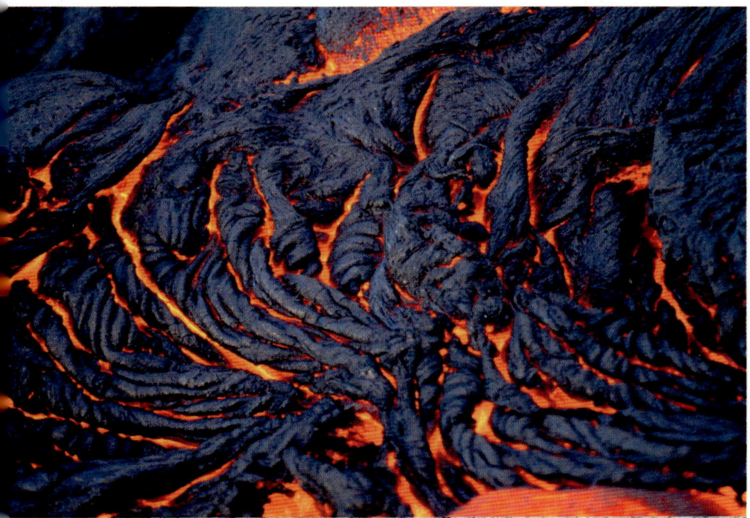

Erde nun ein Kreislaufsystem, das die Wärme in ihrem Körper verteilte.

In jedem flüssigen Körper, der unten wärmer ist als oben, dehnt sich das wärmere Material aus, steigt nach oben, wo es auf dichterem, kälterem Material schwimmt, kühlt dadurch selbst ab, wird dichter und sinkt wieder ab. Dieses einfache Wärme-Jojo, das Konvektion genannt wird, ist der Mechanismus, der den Wärmemotor der Erde antreibt.

Da die Temperatur der Erde durch die Konvektionsströme gesteuert wurde, kühlte die Erde bald so weit ab, dass ihre äußeren Schichten erstarrten. Dasselbe passierte mit dem inneren Kern. Über Hunderte Millionen von Jahren wurde das Innere des Kerns durch den Druck, der 3,5 Millionen Mal größer war als an der Oberfläche, zu einem festen Metallklumpen zusammengepresst. Die Temperaturen da unten im Maschinenraum, rund 6000 Kilometer unter unseren Füßen, sind vielleicht so hoch wie auf der glühenden Oberfläche der Sonne: unglaubliche 5000 bis 6000 °C. Die Energie ist zum größten Teil einfach von der Erdentstehung übrig gebliebene Hitze, die sich seither gehalten hat, obwohl auch eine leichte Erwärmung auf die natürliche Radioaktivität zurückgeht. Diese Ur-Hitze des Kerns ist die Zentralheizung unseres Planeten.

Sie mögen denken, dass das Innenleben unseres Planeten uns nicht zu kümmern braucht. Aber da irren Sie sich, denn der kochend heiße Kern der Erde ist unsere beste Verteidigung gegen Angriffe aus dem All. Der Kern erstarrte nach seiner Bildung nicht völlig: Weil mit Entfernung vom Zentrum der Druck geringer wird, ist der äußere Bereich immer noch flüssig. Glücklicherweise, denn der flüssige äußere Kern erzeugt das Magnetfeld, das tödliche kosmische Strahlen abwehrt (siehe Seite 68).

Reise ins Innere der Erde

Wenn wir den brennenden Hochofen tief im Innersten unseres Planeten so nah wie möglich in Augenschein nehmen wollen, können wir einen Blick auf die brodelnde Schmelzmasse werfen. Vom Rand von Erta Ale aus kann man gleichsam ins Herz unseres Planeten schauen – bis in seinen innersten Kern hinein. Aber um wirklich zu verstehen, was dort vor sich geht, und um zu sehen, wie die Konvektion funktioniert, muss man noch näher an das Magma heran.

Der Lavasee des Erta Ale war im letzten Jahrhundert permanent aktiv, doch der Pegel des Magmas steigt und sinkt im Laufe der Zeit. Manchmal zieht er sich bis zur unterirdischen Magmaquelle zurück, die den See speist, manchmal steigt der Spiegel an und das Magma schwappt über den Rand. Die oberste Schicht des Kraterrandes bildete sich vor 30 Jahren bei einem gewaltigen Erguss, der praktisch den gesamten Gipfel umgestaltete, und rund 30 Meter unterhalb des Rands liegt ein Vorsprung aus erstarrter Lava, der sich bildete, als der See 2004 überlief. Die Oberfläche des Sees

Eine magnetische Anziehungkraft

Zweimal im Jahr, normalerweise im Februar und Oktober, wird die lange dunkle Nacht des arktischen Winters von einer spektakulären »Lightshow« erhellt. Die berühmten Nordlichter, die Aurora borealis, lassen sich auf den hohen Breitengraden des »Aurorarings«, der sich durch Sibirien, Alaska und Skandinavien zieht, am besten beobachten. Aber auch auf niedrigeren Breitengraden sind sie nicht ungewöhnlich, gelegentlich sieht man sie sogar am Äquator. Das Zwillingsphänomen, die Aurora australis, erhellt den südlichen Himmel innerhalb des antarktischen Zirkels. Obwohl die Lichtshow in der Nähe der Pole am hellsten ist, können die Auroras den ganzen Planeten umhüllen, weil sie durch einen gigantischen Zusammenprall der Energie des flüssigen Erdinneren mit der Kraft der Sonne entstehen.

Die stürmische Oberfläche der Sonne schleudert regelmäßig gewaltige Ströme von Sonnenpartikeln oder Plasma ins All. Bei einer Geschwindigkeit von 1000 Kilometern pro Sekunde brauchen sie nur zwei oder drei Tage, um unseren Planeten zu erreichen. Rund 60 000 Kilometer von der Erde entfernt trifft der Strom von geladenen Teilchen auf das Magnetfeld der Erde. Dieses lenkt das Plasma zu den magnetischen Polen. Beim Näherkommen dringen die Sonnenpartikel in die Erdatmosphäre ein, wo sie mit Luftmolekülen kollidieren und ihre Energie als Lichtteilchen, Photonen, freisetzten. Es sind rund 100 Millionen Photonen nötig, um eine sichtbare Aurora zu bilden, die meist in Form eines schimmernden Lichtvorhangs über den Nachthimmel tanzt. Wenn der Sonnenwind besonders stark ist, durchbrechen genug Sonnenpartikel den magnetischen Schutzschild der Erde und erhellen auch den Nachthimmel über den gemäßigten und sogar über den tropischen Gebieten. Sonnenstürme können die elektrischen Systeme auf der

OBEN **DIE AURORA AUSTRALIS VOM ALL AUS BETRACHTET.**
GEGENÜBER **DIE AURORA BOREALIS VON KANADA AUS GESEHEN.**

Erde durcheinanderbringen. Im März 1989 legte beispielsweise eine magnetische Störung die Stromversorgung für 6 Millionen Menschen in Quebec lahm und setzte ein Atomkraftwerk für fast zwei Tage außer Betrieb, während hoch oben am Himmel vier US-Navigationssatelliten abgeschaltet werden mussten. Doch ohne das schützende Magnetfeld der Erde würden wir permanent mit so viel tödlicher kosmischer Strahlung beschossen, dass wir Bleianzüge tragen oder in Höhlen leben müssten.

Es ist verführerisch, sich vorzustellen, der eiserne Kern der Erde würde dieses Magnetfeld auf ähnliche Art erzeugen wie ein Stabmagnet, aber Eisen verliert seinen Magnetismus, wenn es sich erwärmt, und der Kern ist äußerst heiß. Stattdessen nimmt man an, dass die Verwirbelungen des flüssigen äußeren Kerns, die durch die Erdrotation angeregt werden, dieses Magnetfeld erzeugen. Danach passierten die langsamen Strömun-gen im Erdkern sehr früh in der Geschichte unseres Planeten unsichtbare Kraftlinien des Magnetfeldes der Sonne und aktivier-ten dabei Elektronen. Dadurch wurde elektrischer Strom erzeugt, der wiederum ein lokales Magnetfeld um die Erde herum entstehen ließ. Die mechanische Strömungsenergie interagierte nun mit ihren eigenen magnetischen Kraftlinien und produzierte permanent elektromagnetische Energie.

Man könnte denken, das Erdmagnetfeld sei besonders stark, aber selbst ein kleiner Hufeisenmagnet erzeugt eine mehrere Hundert Mal stärkere magnetische Kraft als das Feld, in dem wir leben – und die Instrumente, mit denen man den Erdmagnetismus messen kann, sind so sensibel, dass eine tickende Armbanduhr sie durcheinanderbringt.

Das Magnetfeld der Erde ist so geformt, als hätte der Planet einen gigantischen Stabmagneten, der mit einer Neigung von 11 Grad von der Rotationsachse abweicht. Die magnetischen Pole haben keinen festen Platz, sondern wandern im Laufe des Jahres. Rund alle 500 000 Jahre machen sie jedoch etwas viel Dramatischeres: Sie tauschen die Plätze, der magnetische Norden wird zum magnetischen Süden. Diese Umpolungen müssen auf Veränderungen in den Strömungen im äußeren Kern zurückzuführen sein, aber worin genau diese Veränderungen bestehen ist nicht klar. Es gibt einige Hinweise darauf, dass dieser Salto einige Jahrzehnte dauert. Würde eine Umpolung zu unseren Lebzeiten passieren, ließe die Stärke des magnetischen Nordpols langsam nach und es würden Magnetwirbel in verschiedenen Teilen der Welt entstehen. Die magnetische Kraft würde dann wieder an Stärke gewinnen, dieses Mal im Süden. Der Nachteil eines magnetischen Saltos ist, dass wir vorübergehend den Schutzschild gegen die Sonnenstürme verlieren würden, der Vorteil, auf der ganzen Welt wären vielleicht besonders filigrane und schöne Auroras zu sehen.

liegt einige Meter unterhalb des Vorsprungs, sodass man auf diese Plattform hinabsteigen und direkt an das Ufer des aktiven Sees gehen kann.

Unser mit Seilen gesicherter Abstieg in den Krater zeigt, dass Geologen oft vor nichts zurückschrecken, um das Innenleben unseres Planeten zu erforschen. Heutzutage können Vulkane von allen möglichen Hightech-Kameras aus dem All beobachtet werden, und auf dem Boden können eine Reihe von Präzisionsinstrumenten Temperatur, Gasgehalt, Bodenbewegungen und so weiter messen. Aber sich eine Lavaprobe zu schnappen, um sie später im Labor zu analysieren, oder sich einen Klecks fast noch flüssigen Magmas zu löffeln, um vor Ort seine Temperatur zu messen, ist immer noch das tägliche Brot der modernen Vulkanforscher.

Wir wissen mehr darüber, was im All passiert, als darüber, was tief unter unseren Füßen vor sich geht. Raumsonden sind bis ans Ende unseres Sonnensystems ausgeschwärmt (Voyager 1 hat bei seinen Reisen bisher das 80-Fache der Entfernung zwischen Sonne und Erde zurückgelegt), und 1996 tauchte die Galileo-Sonde 600 Meter tief in die äußere Atmosphäre des Jupiters ein. Aber mehr als 12 Kilometer ist bisher niemand in die Erde vorgedrungen. Die Länge des Bohrlochs auf der Kola-Halbinsel in Russland beträgt nur 0,2 Prozent der Gesamtdistanz zum Mittelpunkt. Kein Wunder also, dass es jede Menge Spekulationen darüber gibt, was da unten eigentlich genau passiert. In seinem Buch »At the Earth's Core« stellte sich der Autor Edgar Rice Burroughs (besser bekannt als der Erfinder von Tarzan) vor, die Kruste sei nur 800 Kilometer dick und darunter befinde sich ein riesiger Hohlraum, den man durch eine Öffnung nahe des Nordpols erreichen könne und in dem sich Dinosaurier und große Säugetiere tummeln. Eine ähnliche Unterwelt voller Höhlen, Seen und Kreaturen kartierte Professor Lindenbrock in Jules Vernes Klassiker »Reise zum Mittelpunkt der Erde«. Lindenbrock und sein Neffe Axel stiegen durch das Auge des Vulkans Snaefell in Island ins Erdinnere herab und wurden dank einer Eruption des Stromboli in Italien wieder an die Oberfläche befördert. Noch heute kursieren mangels Berichten über das Innenleben unseres Planeten unzählige Theorien über die »Hohle Erde« im Internet.

Nur ein Bruchteil der enormen Summen, die für die Erforschung der zumeist leeren, unergründlichen Weiten des Kosmos ausgegeben werden, wird in die Erforschung des Innern unseres Planeten investiert, obwohl es wahrscheinlich voller interessanter Dinge ist. Dieses Missverhältnis veranlasste einen führenden Geologen unlängst zu einem gewagten Vorschlag. Mit ein wenig Kleingeld – im Vergleich zu dem Budget, das für eine Weltraummission notwendig ist – könnte man eine Million Tonnen flüssiges Eisen in eine künstliche Fraktur an der Erdoberfläche gießen. Die Dichte des Eisens würde einen nachhaltigen Riss erzeugen, der sich langsam, aber unaufhaltsam bis zum Erdmittelpunkt fortsetzen würde. Dabei würde eine Sonde von der Größe einer Grapefruit nach unten transportiert, die Original-Daten aus dem Bauch unseres Planeten senden würde. Was könnten wir wohl erfahren?

Die Innenwelt

Das Innere des Planeten Erde kann man sich ganz unterschiedlich vorstellen. Einige Geologen vergleichen es mit einem Pfirsich – ein harter Kern in der Mitte, umgeben von einem fleischigen Mantel und bedeckt mit einer dünnen Haut, der Kruste. Manche finden den Vergleich mit einer Avocado treffender – wegen des Größenverhältnisses von Kern und Mantel, aber das Bild ist das gleiche. Andere vergleichen es mit einer Zwiebel, denn je tiefer wir in den Planeten vordringen, desto mehr Schichten entdecken wir. Einfach ausgedrückt gibt es nur drei Schichten: Einen Metallkern, einen Mantel aus plastischem Gestein und eine spröde Gesteinskruste. Wie wir wissen, hat sich der Kern, der in 2900 Kilometern Tiefe beginnt und bis zum Mittelpunkt reicht, in zwei Schichten geteilt: einen festen inneren Kern und einen flüssigen äußeren Kern. Der ihn umgebende Mantel macht den Großteil des Planeten aus und besteht weitgehend aus Verbindungen jener Elemente, die auf der Erde am reichlichsten vorhanden sind: Silizium und Sauerstoff. Auch diese sogenannten Silikatgesteine wurden durch die Konvektion in Schichten verschiedener Dichte aufgeteilt. Der leichteste und am ehesten schmelzende Mantelbestandteil wurde zur Kruste, als er wie eine Art Schaum aufstieg, dann abkühlte und erstarrte.

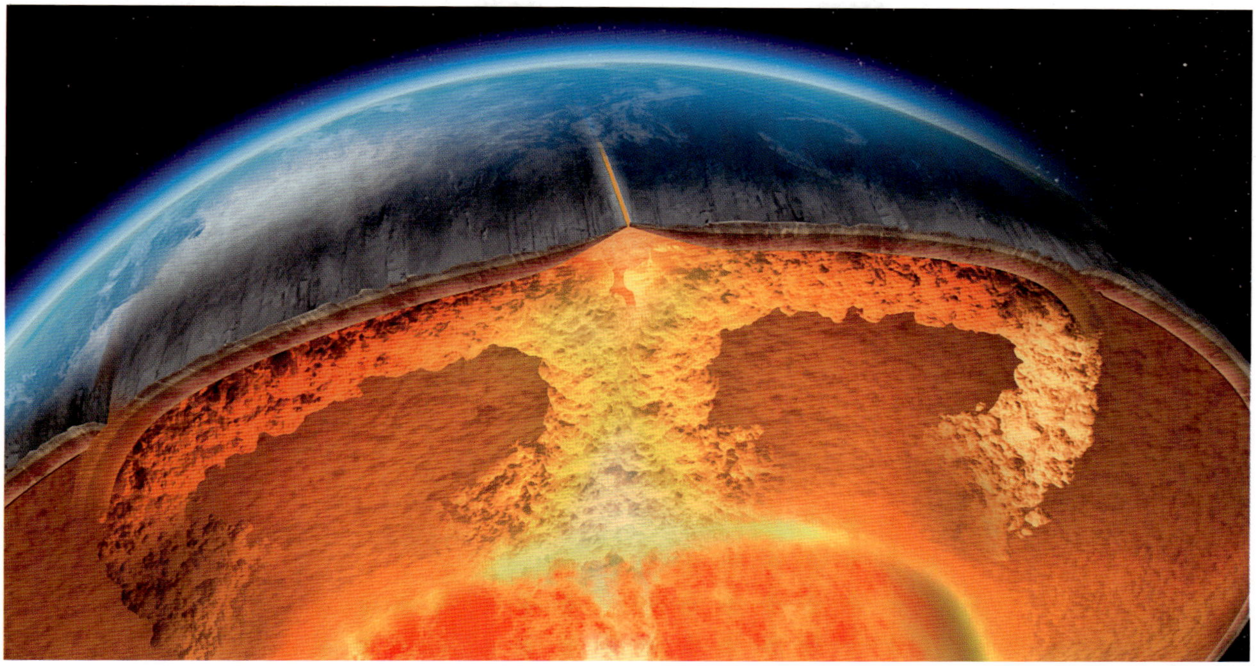

OBEN **DIE PERMANENTEN KONVEKTIONSSTRÖME HEISSER »PLUMES«, DIE VOM ERDKERN ZUR KRUSTE AUFSTEIGEN, SIND DER HITZEMOTOR, DER DIE RUHELOSE OBERFLÄCHE UNSERES PLANETEN ANTREIBT.** – NÄCHSTE SEITE **IM LAVASEE DES VULKANS ERTA ALE (ÄTHIOPIEN) DURCHZIEHEN GLÜHEND ROTE RISSE DIE DUNKLE KRUSTE – EINE MINIATURVERSION DER TIEFEN GRÄBEN IN DER STARREN AUSSENHAUT DER ERDE, WELCHE DIE TEKTONISCHEN PLATTEN UNSERES PLANETEN UMGRENZEN.**

Mit dem Krustenmaterial stiegen auch leichte radioaktive Isotope wie Kalium, Uran und Thorium nach oben und versorgten die äußersten Schichten mit einer weiteren Wärmequelle. Diese Oberflächenwärme erklärt, warum es schnell drückend heiß wird, wenn man mehrere Kilometer in eine tiefe Goldmine hinabsteigt. Würde der Planet über die gesamte Distanz zum Mittelpunkt im gleichen Maße wärmer werden, dann wäre sein gesamtes Inneres flüssig.

Man kann sich den Mantel der Erde wie eine gigantische Lavalampe vorstellen, die von einer Glühbirne, dem Kern, erhitzt wird. In einer Lavalampe führt die Hitze der Glühbirne an der Basis dazu, dass sich die wachsartige Substanz ausdehnt, dadurch leichter wird als die viskose Flüssigkeit über ihr und nach oben steigt. Während die Wachswolke aufsteigt, kühlt sie ab und wird nach und nach dichter als die sie umgebende Flüssigkeit. Dadurch fällt sie wieder nach unten, wo sie erneut erhitzt wird, und der Zyklus sich wiederholt. Auf dieselbe Art gelangt die Hitze, die die Glühbirne der Erde, der heiße Kern, verliert, nach außen in den Mantel, wo sie die untersten Schichten erwärmt, die dadurch an Dichte verlieren. Säulen aus heißem, festem, aber plastischem Gestein, die man auch im Deutschen als »mantle plumes« bezeichnet, treiben langsam nach oben – pro Jahr rund 2 Meter – bis sie die Unterseite der Kruste erreichen. Hier entweicht schließlich ein Teil der Hitze und des Magmas durch vulkanische Aktivitäten, doch der Großteil des Gesteins kühlt sich ab, sinkt erneut in die Tiefen des Mantels hinab und wartet darauf, dass er in der Konvektionskette wieder an der Reihe ist. Dieser unaufhörliche Aufstieg und Fall transportiert die Hitze vom Kern an die Oberfläche und zwingt die starre äußere Kruste dazu, sich zu bewegen.

Die Welt in Bewegung

Mehr Menschen sind auf dem Mond herumspaziert als auf dem brüchigen Boden des Gipfelkraters von Erta Ale. Die

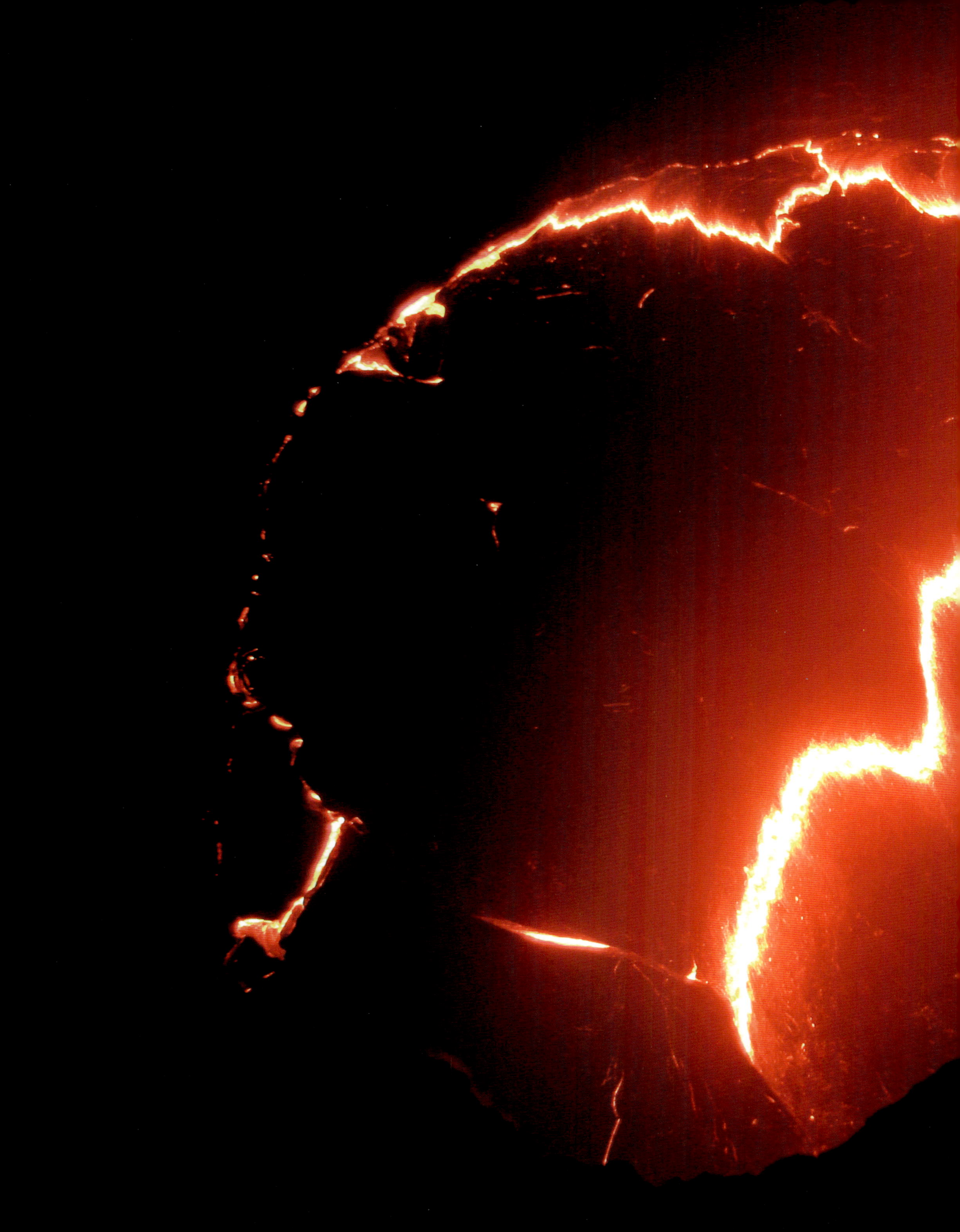

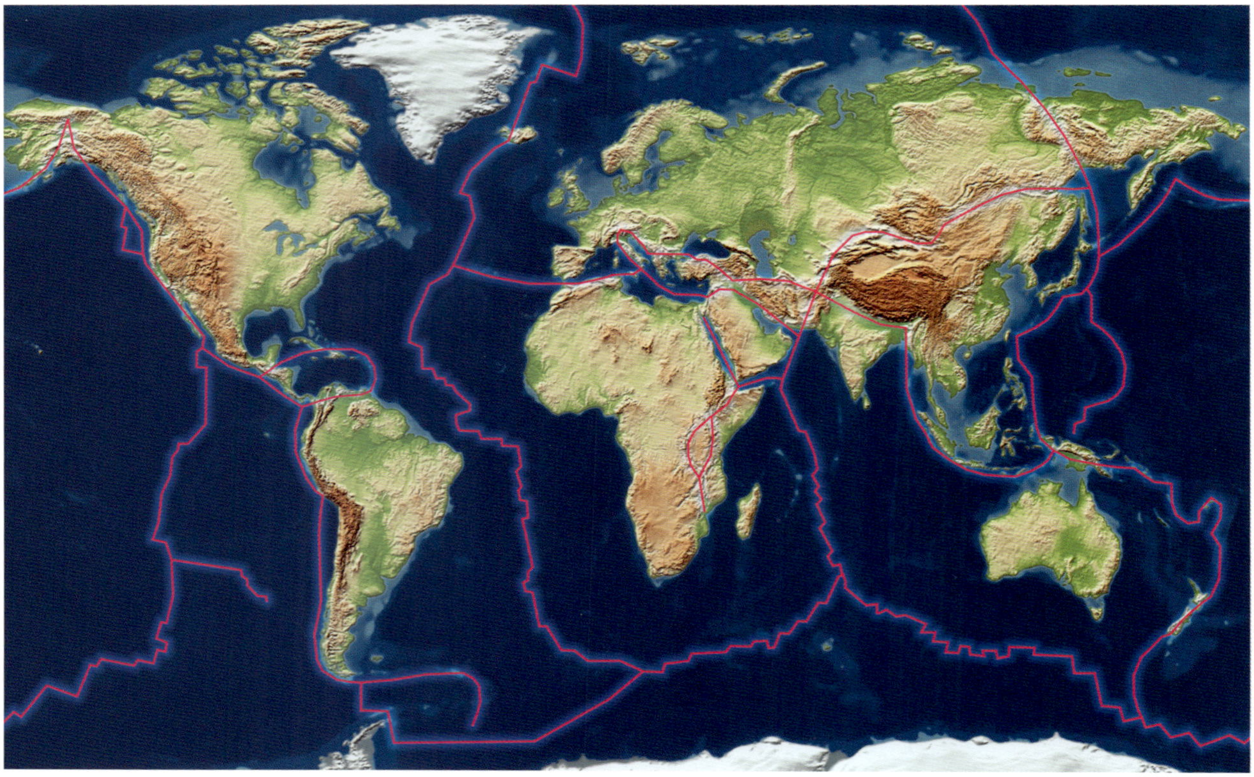

OBEN **WIE NÄHTE EINES GIGANTISCHEN BASEBALLS ÜBERZIEHEN DIE FUGEN DER TEKTONISCHEN PLATTEN DEN GLOBUS. DIESE LINIEN SIND DIE GEOLOGISCH AKTIVSTEN AUF UNSEREM PLANETEN – SCHNEISEN VON ERDBEBEN, VULKANEN UND JUNGEN GEBIRGSKETTEN.**

dünne Decke aus erstarrter Lava, erst zwei Jahre alt, kann beim Betreten leicht brechen, und nahe am Rand der glühenden Grube besteht zusätzlich die Gefahr, dass der Boden plötzlich in den blubbernden Pool abrutscht. Aber die Gefahr ist schnell vergessen, wenn man die außergewöhnliche Vorstellung da unten beobachtet. Etwa alle 15 Minuten entfaltet sich an der Oberfläche des Sees langsam ein feuriges Ballett. Anfangs hat die Oberfläche eine dünne Kruste aus erstarrter Lava von schwarzroter Farbe, die eine Temperatur von 350 bis 450 °C hat. Sie ähnelt einer Miniaturversion der starren Kruste der Erde – komplett mit einem Netzwerk aus feinen Rissen, wie die Haarrisse in dem Firnis eines alten Gemäldes. Durch das aufsteigende Material reißt diese verkrustete Oberfläche auf, und die dunklen Spalten speien leuchtend orangefarbenes Magma aus dem noch flüssigen Material unter der Oberfläche hervor. Das geschmolzene Gestein ist wahrscheinlich heißer als 1100 °C, was etwa der Hitze entspricht, die wir in den großen Tiefen der Erde antreffen würden. Getragen von den Konvektionsströmen schiebt die aufstrebende Lava ein Stück Kruste über die Oberfläche des Sees, bis sie am Rand des Sees versinkt, wo sie sofort wieder schmilzt und von der Lava geschluckt wird – der »Mantel« des Sees sie sich wieder einverleibt. Während die alte Haut verschwindet, bildet sich an der Oberfläche eine neue, frische Lava-Haut. Dann zeigen sich plötzlich weiß glühende Risse in der festen Haut, ein riesiges Lava-Furunkel platzt auf und der Tanz geht von Neuem los – aber immer auf etwas andere Art. Trotz der enormen Hitze, die der sich umwälzende See abgibt, ist es ein hypnotisierendes, berückendes Erlebnis.

Was wir im turbulenten Rhythmus eines Lavasees von nur 150 Metern Durchmesser beobachten, ist derselbe Kreislauf von Zerstörung und Erneuerung, der auch bei ganzen Ozeanen und Kontinenten zu beobachten ist. Das ist Plattentektonik. Angeregt durch die Konvektionsströme der urzeitlichen Hitze aus der Tiefe und angefacht durch die zusätzliche Wärme der Radioaktivität in der Kruste, treibt der Hitzemotor der Erde ein bewegliches Mosaik aus rund 20 festen Schollen, den Platten, an. An einigen Stellen schieben sich die Platten einfach ruhig aneinander vorbei. An anderen Stellen, vor allem auf dem Meeresboden, verursachen die aufsteigenden Magmasäulen, die auch als »Plumes« bezeichnet werden, Risse in den Platten und lassen sie auseinanderbrechen. Heißes Gestein aus dem Mantel dringt durch die Spalten und bildet eine neue Kruste, wodurch sich der Meeresboden weitet und Kontinente auseinandergeschoben werden. Und wenn einige Stellen der Erdhülle auseinanderdriften, müssen andere zusammengeschoben werden. Wenn eine Platte aus dichtem Meeresboden gegen eine schwimmende Kontinentalplatte gedrückt wird, kann es nur einen Sieger geben. Der dichte, dünne Meeresboden wird meistens unter die leichtere Kontinentalmasse geschoben und sein Gestein muss in den Erdmantel abtauchen. Er wird in eine Tiefe von mehreren Hundert Kilometern befördert – mit einem Fahrstuhl, der nur in eine Richtung fährt, einer sogenannten Subduktionszone. Wenn das kalte ozeanische Gestein in das heiße plastische Innere abtaucht und dabei noch mehr Ozeanboden mit sich in die Tiefe zieht, kann der gesamte Ozean schmaler werden, bis er sich schließlich ganz zusammenzieht. Wenn das Wasser weg ist, kollidieren zuvor weit voneinander entfernte Kontinente. Nun etwa gleich schwer, drücken sie mit aller Kraft gegeneinander. Die Platten werden gequetscht und gestaucht und ihre Ränder türmen sich zu hohen Bergketten auf.

Die Platten bewegen sich so langsam, dass es kaum wahrnehmbar ist – bis zu 12 Zentimeter pro Jahr. In der Zeit eines Menschenlebens sind das vielleicht nur wenige Schritte, die sich in der Menschheitsgeschichte zu mehreren Dutzend von Metern summieren. Doch im Laufe von Millionen Jahren wird das ganze Gesicht des Planeten eine ruhelose Ansammlung von sich anrempelnden, sich verschiebenden, auseinanderbrechenden und kollidierenden Teilen. Dabei scheinen wie in einem Kreislauf erst Bruchstücke von Kontinenten über den Globus verteilt und dann wieder zu einer einzigen Landmasse, einem Superkontinent, der von einem globalen Ozean umgeben ist, zusammengeschoben zu werden. Vor rund 500 Millionen Jahren strebten weit auseinanderliegende kontinentale Landmassen einander zu. Ein Verband von Landmassen driftete von seinem Liegeplatz am Südpol nach Norden und brachte so das Land heran, das später zu Südamerika, Afrika, Australien, Indien und der Antarktis werden sollte. In der nördlichen Hemisphäre näherten sich zwei gewaltige Landmassen, wobei sich Fragmente verbanden, die später zu Europa, Grönland und Nordamerika werden sollten. Dann bewegten

OBEN **SO SAH DIE ERDE MÖGLICHERWEISE VOR 250 MILLIONEN JAHREN AUS. DIE GESAMTE LANDMASSE WAR ZU EINEM EINZIGEN SUPERKONTINENT, PANGÄA, VEREINIGT.**

OBEN **EIN LAND REISST AN DEN NAHTSTELLEN AUSEINANDER: DIE AFAR-SENKE IN ÄTHIOPIEN WURDE ENDE DES JAHRES 2006 PLÖTZLICH GRÖSSER, ALS DIESE 8 METER BREITE ERDBEBENFURCHE DIE WÜSTE AUFRISS.**

sich auch die nördlichen und südlichen Landmassen aufeinander zu und ließen den prähistorischen Ozean zu einem schmalen tropischen Seeweg schrumpfen. Vor 250 Millionen Jahren schloss sich auch dieser Seeweg. Alle Kontinente der Welt waren nun verschmolzen zu einem einzigen kontinentalen Konglomerat, der sogenannten Pangäa – einer riesigen Landmasse, durch die in der Mitte der Äquator lief.

Pangäa war jedoch nur eine von vielleicht sechs vergangenen Welten, die mit der Ebbe und Flut der Plattenbewegungen kamen und gingen. Ihrem Zusammenschluss ging offenbar der Superkontinent Pannotia voraus, der vor 650 bis 550 Millionen Jahren existierte, und vor 1,8 Milliarden Jahren gab es Rhodinia. Davor bildeten und trennten sich in Abständen von rund 500 Millionen Jahren die mythisch klingenden Länder Nuna, Kenorland und Ur, die nur blasse Spuren ihres flüchtigen Daseins hinterließen. Die Geologen glauben, dass Superkontinente ebenso wie politische Supermächte immer dazu bestimmt sind, auseinanderzubrechen. Denn unter ihrer enormen Fläche staut sich die Hitze des Erdmantels, und wenn der Mantel sich überhitzt, bilden sich Risse in der Kruste und es tritt Magma aus, sodass die Landmasse nach und nach aufreißt.

Wie ein Kontinent auseinanderfällt, können wir heute beobachten. Im September 2006 erschütterten Hunderte von Erdbeben die Afar-Senke südlich des Erta Ale, verursachten einen kleinen Vulkanausbruch (auch der Erta Ale soll aktiv gewesen sein) und ließen die Erde über eine Länge von 60 Kilometern bis zu 8 Meter weit aufreißen. Einige Kilometer unter der Wüste spritzten 2,5 Kubikkilometer Magma mit der anderthalbfachen Fließgeschwindigkeit der Niagara-Fälle vertikal in die äthiopische Kruste ein. Im Nu wurde die Afar-Senke 2 bis 4 Meter breiter. Ein weiterer Schritt war getan in einem Prozess, der eines Tages – in mehreren Millionen Jahren – den Ostteil Afrikas vom Rest des

Land Ahoi!

Im Juli 1831 passiert etwas Merkwürdiges vor der Südküste Siziliens. Das Mittelmeer sprudelte und kochte und spuckte Fontänen von Dampf und Asche aus, dann spie es unter lautem Donnern Flammen und glühende Schlacke aus. Der Gestank von Schwefel hing in der Luft, und im ganzen Umkreis trieben tote Fische auf dem Meer. Tief unten drückten unterirdische Vulkanausbrüche so lange gegen ein Stück Meeresboden, bis es sich seinen Weg durch die Wellen bahnte und zur jüngsten Mittelmeerinsel sowie zur Quelle allgemeiner Verwunderung wurde. Es dauerte nicht lange, bis diese knapp 2 Kilometer breite und rund 60 Meter hohe Insel zum internationalen politischen Zankapfel wurde. Die Briten erkannten ihren strategischen Wert durch ihre Nähe zu wichtigen Schifffahrtslinien, errichteten auf ihr prompt eine Flagge und tauften sie Graham's Island nach Sir James Graham, dem Ersten Lord der Admiralität. Kaum waren die Briten weg, schnappte sich Ferdinand IV., König beider Sizilien (Italien war noch nicht vereint), die Insel und benannte sie in Ferdinandea um. Auch die Franzosen und Spanier zeigten Interesse. Der diplomatische Hickhack endete, als die Beteiligten merkten, dass die Insel in den Monaten, in denen sie um ihre Hoheitsgewalt gekämpft hatten, still und heimlich bis unterhalb der Wellen abgesunken war. Im Dezember war sie völlig verschwunden.

In jüngster Zeit trieb Ferdinandea wieder Unfug. 1987 war sie so nahe an der Ober-fläche, dass sie von einem amerikanischen Flugzeug für ein libysches U-Boot gehalten und ohne viel Federlesens bombardiert wurde. Im Februar 2000 war der Gipfel des Vulkans durch neue Ausbrüche so weit gewachsen, dass er 8 Meter unter der Oberfläche lag – eine Gefahr für die Schifffahrt. Als ein Jahr später neue vulkanische Aktivitäten beobachtet wurden, glaubten die Geologen, die nächsten Eruptionen würden die Insel zurück an die Oberfläche befördern, wodurch die alten diplomatischen Wunden wieder aufrissen. Unterdessen ließen die Italiener Berichten zufolge einen Taucher eine Flagge auf ihr unterirdisches Territorium stecken, damit ihre Rivalen daran erinnert würden, wem es gehört. Wir müssen einfach nur warten, bis die Insel wieder aufsteigt.

UNTEN **NACH DEN JÜNGSTEN AKTIVITÄTEN DES UNTERWASSERVULKANS FERDINANDEA KÖNNTE DIESES AUFSTREBENDE STÜCK MITTELMEERBODEN BALD ZU EINER NEUEN INSEL WERDEN. WENN DAS DER FALL SEIN SOLLTE, WEM WIRD SIE GEHÖREN?**

OBEN **IN DEN HEISSEN QUELLEN ISLANDS KANN MAN SICH WUNDERBAR ENTSPANNEN, SOLANGE MAN NICHTS GEGEN GESELLSCHAFT HAT UND SICH NICHT DARUM SCHERT, WAS UNTER EINEM LOS IST.**
GEGENÜBER **DIE REGELMÄSSIGEN AUSBRÜCHE DES STROKKUR-GEYSIRS IN ISLAND WERDEN VON DER KRAFT DER KONVEKTIONSSTRÖME ANGEREGT, DIE AUCH DEN PLANETEN ANTREIBEN.**

Kontinentes abspalten wird. Dann wird das Meer in den afrikanischen Grabenbruch fluten und die Wüste und das Grasland mit Schlick und Schlamm bedecken. Auf der ganzen Welt wandern, kollidieren und brechen die Kontinente, und die Ozeane werden breiter oder schmaler. Mit den Beweisen, die in die Steine unter unseren Füßen geschrieben sind, können wir rekonstruieren, wie das Gesicht der Erde sich im Laufe der Zeit gewandelt hat, aber wir können auch vorhersagen, was in Zukunft passieren wird. Im Mittelmeerraum wird der bunte Haufen Länder, der in der Schraubzwinge zwischen Afrika und Europa gefangen ist, zerknautscht und nach oben gepresst werden und schließlich so hoch sein wie der Himalaya. Australien ist auf Kollisionskurs mit Asien. Es pflügt auf seinem Weg nach Norden bereits durch die südostasiatischen Inseln. In einigen Dutzenden von Jahrmillionen wird seine linke Schulter hängen bleiben und es wird sich entgegen dem Uhrzeigersinn drehen und sich an Borneo und Südchina festsetzen, ähnlich wie Indien, als es vor 50 Millionen Jahren mit Asien kollidierte. Unterdessen wird Amerika weiter von Afrika und Europa wegdriften und der Atlantik wird immer breiter werden, aber schließlich wird auf einer Seite des Ozeans eine Subduktionszone entstehen, und der Ozeanboden wird wieder in den Mantel abtauchen. Die Ausdehnung wird aufhören, das Atlantikbecken wird schrumpfen und Amerika zurückdriftend »Euro-Afrika« rammen. Und so wird in 250 Millionen Jahren ein neuer Superkontinent geboren sein – eine weitere Etappe in einem fortwährenden Kreislauf planetarischer Gesichtserneuerung, der vom Hitzemotor der Erde angetrieben wird.

Feuer und Eis

Alle fünf bis zehn Minuten schießt ein Strahl kochenden Wassers 20 Meter hoch in die Luft. Nach ein paar Sekunden sinkt die Fontäne zusammen, das Wasser um sie herum beruhigt sich, und der Pool liegt wieder ruhig und unschuldig da. Dann schießt der nächste Strahl in die Höhe. Das ist Strokkur, einer der stärksten Geysire der Welt und ein Muss für Touristen am Rande der isländischen Hauptstadt Rejkjavik. Er liegt nur einige Meter vom Großen Geysir entfernt, der nur noch selten in Aktion tritt und manchmal jahrelang schläft. Nun ist der Strokkur der Besuchermagnet, und ein endloser Zuschauerstrom zieht an ihm vorbei, um seine regelmäßigen Ausbrüche zu beobachten. Aber nur wenige Touristen sind sich bewusst, dass die Kraft, die hinter diesem Geysir und dem ebenso berühmten »Old Faithful« im Yellowstone National Park in den USA steckt, auch den Planeten antreibt.

Die Isländer sind mit der kapriziösen Natur der vulkanischen Aktivität der Erde nur allzu gut vertraut. Es gibt keinen Ort, der die Unbeständigkeit unseres Planeten besser veranschaulicht. Erdbeben, Fluten, Gletscherabbrüche, Sturmfluten und Klimachaos beeinflussen diesen kleinen Flecken Land, und seit mehr als 1000 Jahren leben Isländer mit regelmäßigen Vulkanausbrüchen, von denen einige besonders schwer und einige sogar tödlich waren.

In vielen Häusern gibt es Heizungen, die mit dem unter der Erde zirkulierenden heißen Wasser betrieben werden, und in den heißen Quellen kann man wunderbar entspannen, vorausgesetzt, man hat nichts dagegen, sich das Bad mit Hunderten von Touristen zu teilen. Sie kommen hierher, weil das mineralhaltige Wasser eine therapeutische Wirkung haben soll.

Island sitzt auf einem »Hotspot« – einer gigantischen Säule aus aufsteigendem heißem Gestein, die bis zu 100 Kilometer Durchmesser hat und wie ein riesiger Bunsenbrenner tief im Innern des Erdmantels wirkt. Ungefähr 200 Kilometer unter der Insel breitet sich der aufstrebende Magmastrom aus und sucht nach Wegen, um die Oberfläche zu durchbrechen. Flüssiges Gestein dringt durch ein Netz von Haarrissen nach oben, wo, ähnlich wie in der Afar-Senke, das Land durch das Tauziehen zwischen den tektonischen Platten Europas und Nordamerikas aufgebrochen und abgesunken ist und die Hitze durch Vulkane, Geysire und blubbernde Schlammlöcher austritt. Die Wirkungen der tektonischen Bewegung sind im Norden Islands, in der Nähe des Krafla-Vulkans, gut zu beobachten. Alle paar Monate weiten sich hier die Risse im Boden und neue tauchen auf. Manchmal steigt der Boden um ein oder zwei Meter an, bevor er abrupt einsinkt und damit einen bevorstehenden Vulkanausbruch signalisiert. Zwischen 1975 und 1985 wurde dieser Teil des nordöstlichen Islands um 7 Meter breiter und schob dadurch New York und London ein bisschen weiter auseinander. Das tektonische Schisma zwischen Ost und West hat sogar die Geschichte des Landes

geprägt. Im Jahr 930 n. Chr. versammelte sich eine Gruppe von isländischen Stammesführern in Thingvellir im Südwesten Islands, um ihre Streitigkeiten beizulegen. Sie trafen sich vor einer hoch aufragenden Felswand, die ein natürliches Amphitheater mit einer phantastischen Akustik bildet. In den nächsten acht Jahrhunderten war hier der Sitz der isländischen Regierung. Was diese frühen Pioniere der Demokratie nicht wussten, war, dass sie ihr Parlament mitten auf dem Graben zwischen der nordamerikanischen und der europäischen Platte gebaut hatten – ein vielversprechender Ort für das erste Parlament der Welt.

OBEN **DAS ERSTE DEMOKRATISCHE PARLAMENT DER WELT TAGTE HIER UNTER FREIEM HIMMEL IM ISLÄNDISCHEN THINGVELLIR, EINEM NATÜRLICHEN VULKANISCHEN RISS, WO DIE AMERIKANISCHE UND EUROPÄISCHE PLATTE AUFEINANDERTREFFEN.**

Islands gigantische Magma-Plume liefert der Insel nicht nur Hitze – sie hat sie auch erschaffen. Flüssige Lava wurde hier über Millionen von Jahren auf den Boden des Atlantiks gespuckt, deswegen sollte es keine Überraschung gewesen sein, als 1963 der Ozean anfing zu kochen und glühend rote Lava in der Dünung rund 100 Kilometer südöstlich von Rejkjavik auftauchte. Die frische Lava zischte dreieinhalb Jahre lang in den Ozean und ließ Schicht um Schicht eine Insel heranwachsen, die bald die zweitgrößte in einer Inselgruppe

OBEN **DER BLICK VON EINEM SATELLITEN AUF DEN VULKAN ANAK KRAKATAU.**
GEGENÜBER **DIE FEURIGE LANDSCHAFT DES MOUNT KILAUEA AUF HAWAIIS »GROSSER INSEL«.**
NÄCHSTE SEITE **AUS DEM KILAUEA ERGIESSEN SICH REGELMÄSSIG STRÖME VON GLÜHEND ROTER LAVA IN DEN OZEAN.**

wurde, die man insgesamt als Westmännerinseln (isländisch Vestmannaeyjar) bezeichnet. Ein Jahrzehnt später wurde der Vulkanismus erneut aktiv. Diesmal war die bewohnte Insel Heimaey betroffen, die größte in der Vestmannaeyjar-Kette. Heimaey ist einen Bruchteil so groß wie Manhattan, aber ein 1,5 Kilometer langer Riss spuckte genug Lava aus, um das gesamte Finanzviertel New Yorks so tief zu begraben, dass nur noch die Spitzen von ein paar Wolkenkratzern herausgeragt hätten. Und der Ausbruch ereignete sich direkt vor der Stadt Heimaey und seinem Hafen, wo sich auch das wichtigste Fischereizentrum der Insel befand, das rund ein Zwölftel des Exporteinkommens des Landes erwirtschaftete. Die Stadt wurde in der Nacht von Fischerbooten evakuiert, aber mehrere Hundert Einwohner kehrten zurück, um mit Pumpen und Bulldozern gegen die Lava anzukämpfen. Monatelang arbeiteten sie in 48-Stunden-Schichten, um die vordringende Lavafront aufzuhalten und ihren Sturmangriff auf die Stadt zu stoppen. Am 3. Juli 1973 endete der Ausbruch und die Stadt war gerettet. Ihr wertvoller Hafen blieb intakt.

Angetrieben von Magma-Plumes haben Vulkane überall auf der Welt Inseln erschaffen. Während Island rittlings auf einer Plattengrenze sitzt, treten andere Hotspots dort auf, wo sich die Plumes durch Ozeanplatten gebohrt haben. Einer der bekanntesten Hotspots liegt mitten im Pazifischen Ozean, wo sich eine riesige Säule aus heißem Gestein immer wieder von unten durch die bewegliche Platte geboxt hat. Heute steht der Aufwärtsstrom unter Hawaii und facht den Mount Kilauea, den aktivsten Vulkan der Welt, an. Nordwestlich von ihm erstreckt sich eine Kette von erloschenen

OBEN **FÜR DIE MENSCHHEIT SIND ERDBEBEN ZERSTÖRERISCHE KRÄFTE (WIE HIER IN KOBE, JAPAN, IM JANUAR 1995), FÜR DEN PLANETEN ABER BEDEUTEN SIE SCHÖPFUNG UND ERNEUERUNG.**

Vulkanen, die in vergangenen Zeiten über der Säule lagen. Die größten ragen noch aus dem Wasser heraus und bilden die Inselgruppe Hawaii, aber Dutzende andere, die mit wachsendem Alter immer stärker erodiert wurden, sind heute nicht mehr zu sehen – sie bilden eine große Kette von Unterwasser-Vulkanen: die Emperor Seamounts. Aber das Geschehen konzentriert sich jetzt auf die Insel Hawaii. Von ihren Wurzeln am Meeresboden aus gemessen, sind die hawaiischen Vulkane Mauna Loa und Mauna Kea die ausgedehntesten und höchsten Berge der Erde, einige sind an ihrem Fuß rund 200 Kilometer weit und mehr als 12 000 Meter hoch. Und da Mount Kilauea weiter ständig neue Lava ausspuckt, wächst die »Große Insel« Hawaiis noch. Aber es gibt einen neuen Anwärter. Im Südosten ist ein junger Unterwasser-Vulkan, Loihi genannt, im Begriff, sich zur nächsten Hawaii-Insel zu entwickeln.

Der weitaus größte Teil aller Vulkane der Erde befindet sich an den Platten-Grenzen, die sich kreuz und quer über den Planeten ziehen. Viele Tausende blubbern leise auf dem Meeresboden vor sich hin, sie säumen die Nahtstellen, an denen die Platten auseinanderreißen, und machen nur selten von sich reden. Die Mehrheit der größten und aktivsten Vulkane allerdings befindet sich auf dem Land, und vor allem dort, wo Platten gegeneinander drücken. Wenn eine Platte unter eine andere gepresst wird, lassen Hitze und Druck im Untergrund das Gestein schmelzen, und ein Teil des geschmolzenen Gesteins bahnt sich seinen Weg an die Oberfläche, wo aktive Vulkane neu entstehen wie am sogenannten Pazifischen Feuerring. Vulkane in Japan, Indonesien, auf den Philippinen, den Aleuten und an der Westküste von Nord-, Mittel- und Südamerika gehören zu den aktivsten und bekanntesten der Welt.

Mondbeben und Marsbeben

Erdbeben ereignen sich nicht nur auf der Erde: Die Apollo-Astronauten, die den Mond in den frühen 1970er Jahren besuchten, installierten dort Seismometer; vier davon zeichneten bis in die späten 1970er Jahre erfolgreich Mondbeben auf. Anders als die Erde, hat unser Mond keine tektonischen Platten. Trotzdem erleidet er leichtere Beben, die von der Erhitzung und Abkühlung seiner Oberfläche herrühren, und schwerere Erschütterungen 700 bis 1200 Kilometer unter der Oberfläche, welche die Gezeitenkraft der Erde verursacht. Ebenso wie die Schwerkraft des Mondes unsere Gezeiten in den Ozeanen hervorruft, zerrt die viel stärkere Anziehungskraft der Erde an der Kruste des Mondes.

An anderen Stellen des Sonnensystems ist die Situation nicht so klar. Die Viking-Raumsonde brachte ein Seismometer zum Mars, das mehr als fünf Monate in Betrieb war. Es zeichnete verschiedene mögliche »Marsbeben« auf; vielleicht hat aber auch nur der Wind an der Landevorrichtung der Viking gerüttelt. Möglicherweise besaß der Mars in der Vergangenheit bewegliche tektonische Platten, aber heute gibt es keine Hinweise darauf. Stattdessen hat er vermutlich eine feste, unbewegte Oberfläche (»stagnant lid«) – eine starke Schale, die so viel Hitze im Innern zu konservieren vermag, dass es keine Plattentektonik geben kann, die aber gelegentlich auch Magma durchlässt, sodass das Gesicht des Mars mit Vulkanpusteln übersät ist.

Auf der Venus ähneln einige der Oberflächenmerkmale Erdbebenverwerfungen auf der Erde, aber wegen des Wassermangels in der Kruste der Venus ist Plattentektonik auch dort nicht möglich. Kraterzählungen weisen darauf hin, dass die Oberfläche der Venus vor 300 bis 600 Millionen Jahren komplett erneuert wurde, doch seitdem gibt es keine Hinweise auf Bewegungen mehr. Noch weiter draußen im All sehen die Jupitermonde Io und Europa so aus, als würden sie unter seismischen Schocks leiden, für die wahrscheinlich Jupiter verantwortlich ist. Seine enorme Masse muss Gezeitenkräfte erzeugen, die viel stärker sind als die Kräfte, die die Erde auf unseren Mond ausübt. Aber vorerst haben wir keine Seismometer, um das zu beweisen.

UNTEN **MÖGLICHERWEISE BESASS DER MARS IN FERNER VERGANGENHEIT EINE BEWEGLICHE KRUSTE. DER MANGEL AN MARSBEBEN LÄSST JEDOCH VERMUTEN, DASS DIE OBERFLÄCHE DES PLANETEN KAUM BEWEGLICH IST.**

Der Erdbebenzyklus

Im Jahr 1835 hatte der britische Naturwissenschaftler Charles Darwin gerade die Hälfte seiner fünfjährigen Reise auf dem Zweimastsegler *Beagle* absolviert, die ihn zu den Galapagosinseln führte und zur Evolutionstheorie inspirierte. Aber was Darwin während eines großen Teils seiner Reise entlang der zerklüfteten chilenischen Küste beschäftigte, war nicht der Ursprung der Arten, sondern der Ursprung der spektakulären Landschaft, die ihn umgab. Es heißt, ein richtiger Geologe müsse im Leben dreierlei Dinge erreichen: einen Gletscher sehen, einen Vulkanausbruch miterleben und ein Erdbeben spüren. Als Darwin den vulkanischen Hotspot der Galapagosinseln erreicht hatte, war er ein wahrer Geologe, denn er hatte gerade eben diese drei Ziele erreicht.

Nachdem er die Eisfelder Patagoniens hinter sich gelassen hatte, wo er zwischen Gletschern herumgewandert war, deren Zungen bis auf Meeresniveau hinabreichten, kam Darwin in Zentralchile an, um an der Küste eine Gebirgskette vorzufinden, die von seismischen und vulkanischen Unruhen heimgesucht war. Am 19. Januar, als sein Schiff in einer ruhigen Bucht der Insel Chiloé vor Anker lag, beobachtete er ein großartiges mitternächtliches Feuerwerk, das der Festlandvulkan Osorno veranstaltete. Es war eine lebhafte Nacht in der gesamten Region: Die Erde bebte stark und zwei weitere Vulkane brachen aus – der Aconcagua, 770 Kilometer weiter nördlich, und Coseguina, 4300 Kilometer entfernt in Nicaragua. Wegen der großen Distanzen, schrieb Darwin, war es wie der gleichzeitige Ausbruch der italienischen Vulkane Vesuv und Ätna und des isländischen Hekla. Einen Monat später folgte das größte Erdbeben seit Generationen. An der ganzen Küste, an der er entlanggereist war, wurden die Hafenstädte erschüttert, in einigen blieb nicht ein einziges Haus stehen. Und weitere mysteriöse Ereignisse sollten folgen. Vor der Küste tauchte eine große Welle – ein Tsunami – auf, die noch aus mehreren Kilometern Entfernung als Furcht erregende Linie von weißen Brechern zu sehen war. Sie rollte mit unwiderstehlicher Kraft auf die Küste zu, überbot die höchste Flutmarke um 7 Meter und riss die Menschen mit sich, die das Erdbeben überlebt hatten. Und wieder brachen in der gesamten Region Vulkane aus. Das Ausmaß des geologischen Chaos war erstaunlich, aber ebenso bemerkenswert war seine enorme Reichweite. Um die Größenordnung des Phänomens zu verdeutlichen, stellte sich Darwin vor, dasselbe wäre in Europa passiert:

Dann wäre das Land von der Nordsee bis zum Mittelmeer schwer erschüttert worden, und gleichzeitig hätten sich ein großer Abschnitt der Ostküste Englands und ein paar Inseln für immer angehoben, eine Reihe von Vulkanen an der Küste Hollands wären ausgebrochen und an der Nordküste Irlands hätte eine Eruption am Meeresboden stattgefunden – und schließlich hätten die uralten Vulkane von Auvergne, Cantal und Mont d'Or dunkle Rauchfahnen in den Himmel geschickt und lange gewütet. Zweidreiviertel Jahre später wäre Frankreich von seiner Mitte bis hin zum Ärmelkanal wieder von einem Erdbeben verwüstet worden und eine Insel hätte sich für immer aus dem Mittelmeer erhoben.

Darwin erlebte die erstaunlichen Auswirkungen des Erdbebens im Januar aus nächster Nähe. Das Land um die Bucht herum, wo die *Beagle* vor Anker lag, wurde rund einen Meter angehoben, während weiter entfernte Inseln 2 bis 3 Meter hochsprangen, sodass ihre Muschelbänke auf dem Trockenen lagen. Bei seinen zahlreichen Spaziergängen an der Küste fand Darwin identische Muschelbänke mehrere Hundert Meter über dem Meeresspiegel. Für ihn war die Sache klar: Die große Höhe der Anden war das Ergebnis einer Reihe kleiner Hebungen, hervorgerufen durch Tausende von ruckartigen Bewegungen der Küste – ähnlich der, die er gerade erlebt hatte. Charles Darwin, der Naturforscher, hatte soeben den »Erdbeben-Zyklus« entdeckt.

Nach der Erdbebenzyklus-Theorie treten gewaltige Beben auf, wenn plötzlich gespeicherte Energie an

GEGENÜBER **DIE GEFÄLTELTE SPUR DER SAN-ANDREAS-VERWERFUNG, EIN TIEFES, TEKTONISCH ENTSTANDENES SCHISMA, DAS DIE ZAUBERHAFTE KÜSTE KALIFORNIENS VOM REST NORDAMERIKAS TRENNT.**

Verwerfungen – den feinen Haarrissen in der Erdkruste – freigesetzt wird. Die Theorie hatte sich am Beispiel der schwelenden Ruinen von San Francisco entwickelt, nachdem 1906 ein gigantischer Erdstoß die Stadt in Brand gesetzt und die gesamte kalifornische Pazifikküste gegenüber mit dem Rest von Amerika mehrere Meter nach Norden geschoben hatte. Die Spur der Verwüstung des Bebens – Abbrüche, Risse im Boden, geborstene Bäume sowie zerstörte Häuser und Straßen – offenbarte einen zuvor versteckten, 100 Kilometer langen Riss in der Kruste. Damals glaubten nur wenige Geologen, dass Verwerfungen Erdbeben verursachen, die meisten machten unterirdische Explosionen von angestautem Gas dafür verantwortlich, und einige hielten sie für den Zorn Gottes. Aber nach dem »Brand« von 1906, wie das Erdbeben von offizieller Seite genannt wurde (man wollte den Aufschwung der Goldgräberstadt nicht durch Angst vor Erdbeben gefährden), wurden die Verwerfungen als wahre Schuldige entlarvt. Heute erscheint es nahe liegend, wo doch die San-Andreas-Verwerfung eines der markantesten natürlichen Wahrzeichen Kaliforniens ist. Aus der Luft ist ihr Verlauf gut zu erkennen – an einem klaren Tag kann ein Pilot ohne Funk oder GPS den ganzen Bundesstaat überfliegen und sich an der charakteristischen Furche orientieren, und selbst aus dem All gesehen scheint sie Kalifornien zusammenzuheften wie eine Operationsnaht.

Gemäß der Plattentektonik befinden sich Verwerfungen dort, wo die langsam und stetig driftenden Platten – angetrieben von dem ebenso stetig kriechenden heißen Gestein im Untergrund – sich verhaken. Durch die Reibungskraft der gewaltigen Gesteinsplatten, die sich aneinanderwetzen, kommt die Bewegung an einer Verwerfung zum Stehen. Obwohl sich die Spannung weiter aufbaut, bleibt die Verwerfung eine Weile in Ruhe. Der Druck wird immer stärker, bis die Widerstandskraft des Gesteins zusammenbricht und die Verwerfung schließlich ruckartig nachgibt. Das Land öffnet sich wie ein Reißverschluss, und die Verwerfung reißt den Boden der Länge nach auf. Dabei setzt sie seismische Energie in Form von Erschütterungswellen frei, die sich radial vom Bruchpunkt aus verbreiten. Dann wird alles wieder ruhig, und die Verwerfung gerät in Vergessenheit – bis sie gezwungen wird, sich weiterzubewegen.

Erdbebenzonen ziehen sich um den gesamten Globus, sie markieren die tektonischen Grenzen, wo die Platten brechen und auseinanderdriften, sich aneinanderreiben oder aufeinander zu bewegen. Das große Erdbeben, das Darwin in Chile beobachtete, war nur eines von vielen, die die Westküste Südamerikas erschüttern, wo sich der Ozeanboden des Pazifiks unter die Kontinentalplatte schiebt. Von Südamerika aus folgen Erdbebengebiete der Kette von Vulkanen am Pazifischen Feuerring entlang bis hin nach Südostasien, Mikronesien und Neuseeland. Von Südostasien aus erstreckt sich ein weiterer großer seismischer Gürtel nach Westen durch China, den Himalaya, den Nahen Osten, Südeuropa und durch die Meerenge von Gibraltar. All diese Gebiete waren Schauplätze großer Erdbeben – wie beispielsweise die Katastrophe von 1755, die Lissabon dem Erdboden gleichmachte, das Erdbeben von 1999, das einen Warnschuss auf Istanbul abfeuerte, und das verheerende Beben am 1. Weihnachtstag 2004 vor der Küste Sumatras, das einen Tsunami auslöste, der Zerstörungen im gesamten Indischen Ozean verursachte. Zerstörung ist normalerweise das Wort, an das wir im Zusammenhang mit Erdbeben denken, aber das beruht auf unserer begrenzten menschlichen Perspektive. Wie Charles Darwin vor anderthalb Jahrhunderten betonte, sind Erdbeben auch eine Kraft der Schöpfung und Erneuerung.

Wie die Erosion Berge entstehen lässt

»Berge«, sinnierte der viktorianische Künstler und Schriftsteller John Ruskin, »sind für den Körper der Erde das, was heftige Muskelbewegungen für den Körper des Menschen sind«. Mitte des 19. Jahrhunderts, als Ruskin das schrieb, dachte man, Berge entstünden dadurch, dass die äußere Haut der Erde sich zusammenzieht, wobei das Land Falten wirft wie ein schrumpelnder Apfel. Mitte des 20. Jahrhunderts nahm man an, dass Gebirgsketten ihre herausragende Stellung dem Umstand verdanken, dass lang gestreckte Senkungsräume gefüllt mit Sediment (»Geosynklinalen«) zusammengedrückt und nach oben gefaltet würden. Für die modernen Geologen sind die Berge die spektakulärste Auswirkung der kriechenden Platten, die unermüdlich Gestein

Der Regen als Bildhauer

Kalkstein ist eine der am meisten verbreiteten Gesteinsarten an der Oberfläche des Planeten. Er bildet sich zumeist in flachen Gewässern infolge des unaufhörlichen Absterbens und der Ablagerung von Organismen, die reich an bodennahem Kohlenstoff sind. Im Laufe von Millionen Jahren bilden ihre fossilen Körper Schichten von Kalkstein, die kilometerdick sein können – ein riesiges, submarines Reservoir an Kohlenstoff, der einst die Atmosphäre erwärmte, aber jetzt in festem Gestein eingesperrt ist. An einigen Stellen hoben die driftenden Platten der Erde die Meeresböden aus Kalkstein so weit an, dass sie zu Land wurden und das Gestein wieder der Verwitterung durch die Atmosphäre ausgesetzt wurde. Der Regen zerfrisst Kalkstein wesentlich leichter als andere Gesteinsarten und formt ihn oft zu außergewöhnlichen, spektakulären Landschaften.

Eine der eindrucksvollsten Kalkstein-Landschaften liegt im Norden Madagaskars, wo sich Türme und Zinnen aus uraltem Kalziumkarbonat über die Wipfel der Urwaldbäume erheben. Diese Skulpturen heißen »Tsingys«, was in der Landessprache »Zehenspitzen« heißt: Die geriffelten Ränder der Felsen wurden vom aggressiven tropischen Regen geschliffen und sind scharf wie Rasierklingen. Ob man die muschelreiche Oberfläche mit der Lupe untersucht oder von einem Hubschrauber aus hinunterschaut – man sieht hellgrauen gewachsenen Felsen, durchzogen von Furchen und Rinnen, Brüchen und Rissen. Und alle zeugen vom langsamen und unermüdlichen Nagen des Regens an diesem uralten Stück Meeresboden.

UNTEN **IAIN STEWART LÄUFT AUF ZEHENSPITZEN DURCH DIE SCHARFKANTIGEN KALKSTEINFELSEN EINES »TSINGY« VON MADAGASKAR.**

zerquetschen, verbiegen, verschieben und nach oben verfrachten. Die drei größten Gebirgsketten der Erde zeichnen alle klar die Grenzen größerer Platten nach: Die Alpen und der Himalaya bilden die zerknautschte Südgrenze von Europa und Asien, die Gebirge am Pazifik folgen den Subduktionszonen des Feuerrings und die zerknitterte Schulter Ostafrikas säumt den langsam aufreißenden Afrikanischen Grabenbruch. Aber: Einige der größten Berge des Planeten befinden sich gar nicht auf dem Land.

Unterwasser-Berge

Wenn wir aus dem Ozean den Stöpsel ziehen und das Wasser ablaufen lassen könnten, würde sich uns ein überwältigender Anblick bieten. Von seinem unterirdischen Magma-Plume getragen, würde Island als höchster Gipfel aus der längsten Gebirgskette der Welt herausragen. Das ist der Mittelatlantische Rücken, eine 15 000 Kilometer lange Gebirgskette auf dem Boden des Atlantiks, die bis zu 4000 Meter über die Tiefseeebenen aufragt. Ähnliche Unterwasser-Höhenrücken ziehen sich vom Atlantik in den Indischen Ozean und durch den Pazifik. Sie alle markieren Stellen, an denen Platten sich voneinander entfernen und sich eine neue Kruste bildet. Das Ergebnis ist eine 60 000 Kilometer lange, mehr oder weniger zusammenhängende Gebirgskette. Kein anderer Planet im Sonnensystem besitzt diese Eigentümlichkeit; linienförmige Gebirgszüge wie diese gibt es allein auf der Erde.

Selbst die uralten Gebirgsketten, die jetzt im Inneren der seither umgestalteten Kontinente liegen – Tausende von Kilometern von dem nächsten mittelozeanischen Rücken oder einer Subduktionszone entfernt – sind Überreste von Platten, die früher einmal zusammengestoßen sind. So sind beispielsweise die Appalachen im Osten von Nordamerika, die Kaledonischen Berge Schottlands, Grönland und Svalbard sowie der Ural in Russland tektonische Gürtel im Ruhestand, die uns zeigen, wo früher Bewegung war. Aber diese Berge sind Hunderte von Jahrmillionen alt, warum stehen sie also noch? Hätten sie nicht eigentlich längst der Erosion zum Opfer fallen müssen? Doch es ist nicht nur ungeheurer Druck erforderlich, damit Berge entstehen, sondern man braucht ebenso starke Kräfte, um sie wieder loszuwerden.

Felsen und Berge sehen zwar robust und standhaft aus, aber laufen Sie nur einmal über einen alten Friedhof, und Sie werden Grabsteine mit brüchigen Rändern und unleserlichen Inschriften sehen, die Regen, Sonne und Wind in nur 100 Jahren zerstört haben. Dem Planeten steht nicht nur ein Jahrhundert zur Verfügung, er hat Hunderte von Jahrmillionen – in dieser Zeitspanne sollten ganze Gebirgszüge verschwinden können. Außerdem beginnen Berge bereits bei ihrer Bildung sich wieder aufzulösen – sie zerfallen von ihren Außenrändern her, sobald darüberliegende Gesteinsschichten entfernt werden und es dadurch zur Druckentlastung kommt. Schwachstellen im Gestein öffnen sich, dadurch können Luft und Wasser eindringen, und es beginnt der Prozess der Verwitterung. Diese kann mechanisch erfolgen, wenn der Fels auseinanderbricht, oder durch chemische Prozesse, bei denen Luft und Regen mit den Mineralien im Gestein reagieren und weiche Abfallprodukte entstehen, die leicht abgetragen werden können. Es passiert unmerklich langsam und häufig im Verborgenen, aber es ist der erste Schritt der Natur beim Abtragen eines Berges. Der nächste Schritt ist besser zu erkennen: Die Erosion räumt mit den verwitterten Überbleibseln auf, spült sie aus den Bergen hinaus und ins Meer. Schließlich nahmen Geologen an, dass auch dieses ein langsamer und allmählicher Prozess sei, aber im Gebirge kann er mit brutaler Schnelligkeit vonstatten gehen.

Am 14. Dezember 1991 wurden die Kletterer, die in einer Hütte unterhalb der Ostflanke des Mount Cook, Neuseelands höchstem Berg, schliefen, durch ein leises Rumpeln geweckt, das schnell zu einem lauten Grollen wurde. Als sie aufschauten, sahen sie orangefarbene Funken am dunklen Himmel, dann stürzten auch schon Gesteinsbrocken herab. Wenige Sekunden später schoss ein wässriger, brodelnder Mahlstrom aus Eis und Gestein mit mehreren Hundert Stundenkilometern an ihnen vorbei.

GEGENÜBER **DAS 2700 KILOMETER LANGE MASSIV DES HIMALAYAS ENTSTAND, ALS INDIEN MIT EURASIEN KOLLIDIERTE. AUF DIESER FALSCHFARBEN-SATELLITENAUFNAHME KENNZEICHNEN DIE ROTEN BEREICHE GEBIETE MIT VEGETATION.**

OBEN **DIE ZACKIGEN GIPFEL DER SÜDLICHEN ALPEN NEUSEELANDS WACHSEN DANK DER EROSIONSKRÄFTE GEWALTIGER BERGSTÜRZE, KRIECHENDER GLETSCHER UND TOSENDER FLÜSSE.**

In der Morgendämmerung wurde das Ausmaß des nächtlichen Ereignisses sichtbar: Rund 18 Millionen Kubikmeter Gestein vom Gipfel des Berges lagen als Schutt und Staub verstreut auf dem Tasmanischen Gletscher und im angrenzenden Flusstal. Im Handumdrehen war der Gipfel der größten nationalen Ikone um 10 Meter kürzer gemacht geworden. Ein Relief, das Tausende von Jahren gebraucht hatte, sich zu bilden, war innerhalb von wenigen Minuten zerstört worden.

Geologen haben ein Wort für die zerklüftete Skyline des neuseeländischen Rückgrats, der Südlichen Alpen: Sie nennen sie spitzig. Diese Alpen, die jedes Jahr bis zu einem Zentimeter wachsen, bilden eine 2000 bis 4000 Meter hohe Barriere gegen den feuchten Wind von der Tasmanischen See. 15 Meter Regen fallen jedes Jahr auf seine steile Westseite, wo das Wasser in den Boden sickert und am Felsen nagt. Das Gestein – vor langer Zeit ein sandiger Meeresboden, der durch Hitze und Druck umgewandelt wurde und dabei senkrecht stehende Schieferschichten bildete – ist weich und brüchig. Es wurde von Erdbeben erschüttert, durch Frieren und Auftauen aufgebrochen und von Regen und Luft zerfressen. Es bricht leicht, was die zerklüfteten, steil abfallenden Gipfel für Bergsteiger gefährlich macht. Kletterer witzeln: Wenn man diese bröseligen Hänge erklimmen will, sollte man einen Kieselstein in der Tasche haben – dann hätte man wenigstens immer etwas, woran man sich festhalten könne. Auf der ganzen Länge der Südhalbinsel brechen der Gebirgskette die Zacken aus der Krone. Bergstürze allein sind in der Lage, die Gipfel ebenso schnell abzutragen, wie unterirdische Kräfte sie in den Himmel schieben können. Den Großteil dieser Zerstörungsarbeit leisten gewaltige Steinlawinen – wie jene, die den Mount Cook verunstaltete. Aber auch Berggletscher nagen hartnäckig am Gestein und schleifen die Gipfel oberhalb der

Schneelinie ab. Weit unten schießen Wildwasserflüsse durch tiefe, V-förmige Schluchten und befördern die Kanus von quietschvergnügten Rucksacktouristen ebenso bereitwillig wie Geröll aus den Bergen.

Erdrutsche, Gletscher und Flüsse nagen unaufhörlich an den Knochen der Südlichen Alpen. Da die Erosion ihr Fleisch abgeschnitten hat, und sie durch das Entfernen eines Teils ihrer Masse leichter wurden, kann das frei präparierte Skelett aufsteigen. Berge sind wie Eisberge: Ihre starre Kruste treibt auf dem warmen, nachgiebigen Mantel, wobei der Großteil ihrer Masse unter der Oberfläche liegt und nur ihre Spitze aus dem Wasser ragt. Wird die Spitze eines Eisbergs weggefressen, taucht er weiter aus dem Wasser auf und positioniert sich so, dass neun Zehntel seiner Masse unter dem Meeresspiegel liegen. Geologen nennen diese Bestrebung »Isostasie«. Durch diese isostatische Aufwärtsbewegung behalten Gebirgsketten ihr Relief. Berge werden nicht als Ganzes erschaffen, um dann allmählich abgetragen zu werden – sie vergehen, während sie entstehen, steigen ständig auf und werfen gleichzeitig Ballast ab.

Der Himalaya

Nichts zeigt das besser als der majestätischste Gebirgszug der Welt: der Himalaya. Sein Herzstück, der 8848 Meter hohe Mount Everest, liegt inmitten der 100 höchsten Berge der Welt, die eine 2700 Kilometer lange Kette bilden und Indien und Nepal durch eine der monumentalsten Barrieren der Erde von Tibet trennen. Jedes Jahr wehen feuchte Monsunwinde vom Indischen Ozean nach Norden über den indischen Subkontinent und den Golf von Bengalen, um auf das Bollwerk des Himalaya zu treffen. Beim Monsun fällt so viel Regen auf die Berghänge in Nordindien und Nepal wie im Amazonasbecken im ganzen Jahr. Gewitterwolken versuchen vergeblich, die Hänge des Himalaya hochzukriechen, aber ein wenig Regen oder Schnee schafft es über das »Dach der Welt« und bis zum Tibetischen Hochplateau. Der daraus entstehende Regenschatten erzeugt einen der stärksten Klimakontraste auf dem Globus: von den grünen tropischen Wäldern an der Südflanke über schwindelerregende alpine Gipfel bis hin zur Hochgebirgswüste – alles innerhalb nur weniger Kilometer.

Südlich des Regenschattens sorgt der sintflutartige Monsunregen für eine der höchsten Erosionsraten auf dem Planeten. Der starke Regen löst Schnee und Eis von den Gipfeln, und donnernde Lawinen befördern Gletscherschutt direkt in die anschwellenden, milchig-weißen Quellwässer, die sich durch Stromschnellen und über Wasserfälle hinabstürzen und sich tief in die umgebenden Berge graben, bevor ihnen schließlich eine gemächlichere Reise den Ganges oder den Brahmaputra hinab zum Ozean vergönnt ist. Im zerklüfteten Hinterland lösten die reißenden Ströme im Laufe von mehreren Millionen Jahren gewaltige Mengen an Gestein heraus. Die Folge war, dass die Berggipfel allmählich isostatisch aufstiegen und das tiefer liegende Gestein näher an die Oberfläche kam. Langsam, aber sicher tauchten die Wurzeln der Gebirgskette, die mehrere Dutzend Kilometer unter der Oberfläche lagen, an der Achse der stärksten Erosion auf.

Andere junge Gebirgszüge wie die Anden, die Cascade Range im Westen Nordamerikas und das Küstengebirge Taiwans folgen den Beispielen von Himalaya und Neuseelands Südalpen und steigen auf und erodieren in etwa gleicher Gangart. Selbst uralte Gebirge sind nicht immun dagegen. Nach Hunderten von Jahrmillionen wachsen die sanften Hügel der Appalachen im Osten der USA jedes Jahr um einige Millimeter – dank der Flüsse, die sich in sie hineinfressen – und andere alte Gebirgszüge tun es ihnen gleich. Dieses isostatische Auf und Ab sorgt dafür, dass Berge erstaunlich lange bestehen bleiben können, und zwar durch genau die Vorgänge, die sie zerfressen. Aber erstaunlicher noch ist vielleicht die Entdeckung, dass der Regen, der auf die Oberfläche der Berge trommelt, ein wichtiger Teil des Mechanismus ist, der das Klima unseres Planeten bestimmt.

Globaler Thermostat

Es ist ein Regentropfen, der den erstaunlichen Temperaturregler der Erde in Gang setzt. Wenn Regen fällt, absorbiert er Kohlendioxid aus der Luft – eine winzig kleine Menge des Gases ist in jedem Tropfen Regenwasser gelöst. Die beiden verbinden sich chemisch und bilden eine schwache Säure: Kohlensäure – der Stoff, der kohlensäurehaltigen Getränken

Supervulkane

Sie haben so viel Schlagkraft wie ein Asteroid von 1000 Metern Durchmesser, aber sie treffen die Erde viel häufiger: Supervulkane. Erst in den letzten zehn Jahren trat das Schreckgespenst ans Tageslicht, teilweise wohl weil die ungeheuren Ausbrüche, die sie erzeugen können, sich niemals in der dokumentierten Geschichte ereignet haben, und teilweise weil diese Ungeheuer sich meistens im Untergrund verstecken. Supervulkane sind über dem ganzen Globus verteilt, doch glücklicherweise gibt es nur wenige von ihnen. Die größten lauern unter dem Yellowstone National Park in Wyoming, dem Long Valley in Kalifornien, dem Lake Toba in Sumatra und der Taupo-Region von Neuseeland.

Man geht davon aus, dass sie sich dort bilden, wo ein riesiger angeschwollener Pool heißen Mantelgesteins von unten mit solcher Kraft in die Kruste hineinboxt, dass sich Risse auftun und das Magma durch ein Netzwerk von Abzugsöffnungen austreten kann. Die Öffnungen verbinden sich zu einem Ring, sodass die in der Mitte liegende Kruste ihre Festigkeit verliert und einstürzt. Der Einbruch bewirkt in der darunterliegenden Magmakammer einen Druckabfall – das Ergebnis ist das gleiche, als würde ein Korken aus einer Sektflasche gezogen: Mit einem Mal schießt das gesamte Magmareservoir in einer katastrophalen Explosion nach draußen. Heiße vulkanische Gase und Asche werden in Überschallgeschwindigkeit in die Stratosphäre gejagt, wobei Milliarden von Tonnen Schutt ins All schießen. Ein Schleier aus Smog legt sich um den Planeten, und es beginnt ein vulkanischer Winter, der massenhaft Leben auslöschen kann. Langfristig verursachen die vulkanischen Gase, wie Schwefeldioxid und Kohlendioxid, eine globale Erwärmung, und jüngsten Studien zufolge durchlöchern die Giftgase auch die Ozonschicht, sodass tödliche Mengen ultravioletter Strahlung bis zur Erdoberfläche dringen können. Nur Vulkane, die enorme Mengen Magma speichern können, verdienen das Prädikat Supervulkan. Sie müssen in der Lage sein, mindestens 300 Kubikkilometer Magma auszuspucken – genug Material, um den Großraum London 200 Meter tief zu begraben. Und das wäre nur eine winzige Supereruption. Vor rund 35000 Jahren bedeckte ein Ausbruch dieser Größenordnung in der Bucht von Neapel die Region Campania meterhoch mit Asche. Einige Wissenschaftler meinen, die anschließende globale Klimaverschlechterung habe den Neandertalern – die bereits durch den Vormarsch des modernen Menschen existenziell bedroht waren – den entscheidenden Schlag versetzt.

Unsere eigene Spezies wäre vielleicht beinahe einem ähnlichen Schicksal zum Opfer gefallen. Vor rund 74000 Jahren brach ein Supervulkan am Lake Toba in Sumatra aus. Bei der Eruption, die zehnmal so stark wie die in Neapel war, wurden 3000 Kubikkilometer Magma in die Luft geschleudert, und es entstand eine Tausende von Kilometern breite Zone von Tod und Vernichtung. Hinweise in Eiskernen lassen vermuten, der anschließende vulkanische Winter habe viele Jahre gedauert und eine ökologische Krise ausgelöst. Einige vertreten die Auffassung, die modernen Menschen, die Afrika nur 30000 Jahre zuvor verlassen hatten, seien beinahe ausgelöscht worden: Genetische Untersuchungen weisen darauf hin, es habe einen Bevölkerungsengpass gegeben, bei dem unsere gesamte Art auf 10000 Individuen ausgedünnt wurde. Für einige Anthropologen waren die sozialen Strategien, mit denen die Menschen die Eiszeit überlebten und sich vielleicht gegen die Neandertaler durchsetzten, Überlebensmechanismen, die sie in diesem globalen vulkanischen Winter entwickelt hatten. Danach wären wir alle Nachfahren der wenigen kleinen Gruppen tropischer Afrikaner, die in der Not zusammenhielten.

UNTEN **DER TOBA-SEE IN INDONESIEN IST DER GRÖSSTE SEE SÜDOSTASIENS. MAN DARF SICH NICHT VON SEINEM HEITEREN AUSSEHEN TÄUSCHEN LASSEN – UNTER IHM LAUERT EINER DER GRÖSSTEN SUPERVULKANE DER ERDE.**
GEGENÜBER **EIN SCHÄUMENDES SCHLAMMLOCH BEI ROTORUA IN NEUSEELAND.**

ihren säuerlichen Geschmack gibt und sie sprudeln lässt. Kohlendioxid löst sich ohne Druck nur zögernd auf, deswegen enthält Regen viel weniger davon als sprudelnde Getränke und ist viel weniger sauer. Trotzdem hat er genug Biss, um über viele Jahre hinweg die Silikatminerale in festem Gestein zu lösen, sodass sie zu weichem und brüchigem Ton werden. Diese chemische Reaktion bildet die Grundlage der Verwitterung und hat zwei wichtige Folgen: Sie zerstört Stein und sie entfernt Kohlendioxid aus der Atmosphäre.

Das Kohlendioxid wird im Wasser chemisch als Bikarbonat gespeichert, das im Regen, in Strömen und Flüssen weggespült wird und schließlich im Meer landet. Und hier kommt Leben in die Sache: Unter Wasser kombinieren Millionen von kleinen Meerestieren, wie Plankton, aber auch größere Meeresorganismen, wie Korallen, das Bikarbonat mit Kalzium zu Kalziumkarbonat – ein hartes Mineral, das perfekt für Muschelschalen und Knochen ist. Wenn sie sterben, sinken sie als Schlamm auf den Meeresboden und nehmen den Kohlenstoff mit. Im Laufe der Zeit wird der Schlamm hart, weil er durch die frischen Schichten, die von oben auf ihn herabfallen, zusammengepresst und durch die Mineralien, die in ihm kristallisieren, verkittet wird. Und so wird er langsam zu Karbonatgestein: Kalkstein. Sicher darin eingesperrt ist der Kohlenstoff, der einst mit dem Regen auf die Erde fiel.

Wo sich Ozeanböden unter dem Druck der von den Seiten wirkenden tektonischen Kräfte ausbeulen, kann Kalkstein vom Meeresgrund angehoben werden und Land oder sogar Berge bilden (siehe »Der Regen als Bildhauer«, Seite 91). Der Großteil davon wird jedoch auf dem tektonischen Förderband in eine Subduktionszone unter der Küste eines der Kontinente transportiert. Hier verschwindet die Ozeankruste durch die Bodenluke und taucht in den heißen Mantel ab. Dutzende von Kilometern unter der Oberfläche geht eine bemerkenswerte Transformation vonstatten.

Die Massen von Meeresfossilien werden so sehr zusammengepresst und erhitzt, dass der Kalkstein schmilzt und sein Kohlenstoff freigesetzt wird, der sich im entstehenden Magma wieder zu Kohlendioxid verbindet. Durch seine Gase erhält das geschmolzene Gestein Auftrieb und dringt langsam durch Risse und Brüche nach oben, bis es schließlich wieder die Oberfläche erreicht. Und hier schießt es mit voller Wucht aus den Vulkanen heraus.

Vulkane, diese brodelnden Dampfdrucktöpfe, pumpen permanent Treibhausgase in die Atmosphäre, wodurch sich ein Schleier um die Erde legt, der die Hitze der Sonne einfängt. Heute halten wir Treibhausgase für etwas Schlechtes, das durch Klimawandel Chaos verursacht, aber diese isolierenden Gase sind lebenswichtig für unseren Planeten – ohne sie hätte die Erde eine Durchschnittstemperatur von minus 20 °C. Aber wenn die Vulkane sich frei entfalten könnten, würden die kontinuierlich freigesetzten Treibhausgase zu einer Überhitzung der Erde führen. Es ist die gute alte Verwitterung, die uns vor diesem Schicksal bewahrt, indem sie Kohlendioxid aus der Atmosphäre entfernt und es wieder an den moderigen Meeresboden befördert, von wo es erneut dem Vulkankreislauf zugeführt wird.

Darüber hinaus funktioniert das System wie ein Thermostat, der die Temperaturen auf der Erde in einem angenehmen Rahmen hält. Wird das Klima wärmer, nimmt die Verwitterungsrate zu und es gelangt mehr Kohlendioxid in die Meere. Dadurch verringert sich der Treibhauseffekt und das Klima wird kühler. Diese Abkühlung verringert die Verwitterungsrate, sodass sich das Kohlendioxyd aus den Vulkanen anreichert und das Klima wieder wärmer wird. Es ist ein bemerkenswerter Balanceakt der Natur, dessen Herzstück der innere Hitzemotor der Erde ist. Die Hitze aus dem Inneren ist es, die unendlich die Bewegung der Platten antreibt und kalksteinhaltige Meeresböden zu den Vulkanen transportiert, wo der gespeicherte Kohlenstoff freigesetzt und wieder in die Luft befördert wird. Und dieselben Bewegungen erschufen die Bergketten, die einen endlosen Vorrat an frischem Gestein liefern, das verwittern kann. Es ist das ultimative Recyclingprogramm – ein erstaunlicher, globaler Thermostat, der auf elegante Weise Atmosphäre, Ozeane und heißes Erdinneres miteinander verbindet und dadurch auf der Erdoberfläche die perfekte Temperatur zum Leben aufrechterhält.

Vulkane und Massenaussterben

Die Vorstellung, dass Vulkane das Leben fördern und schützen, erscheint merkwürdig, wenn man bedenkt, welche Zerstörung

OBEN **DER GIANT'S CAUSEWAY IN ANTRIM, NORDIRLAND – EIN VERMÄCHTNIS DES LETZTEN GEWALTIGEN VULKANAUSBRUCHS AUF UNSEREM PLANETEN VOR 55 MILLIONEN JAHREN.**

sie anrichten können. Tatsächlich scheinen Vulkane mehrmals in der Geschichte unseres Planeten den globalen Thermostaten und die Belastbarkeit des Lebens bis an die Grenzen getestet zu haben (siehe Seite 96).

Immer wieder kann die Erde in kurzer Zeit kolossale Mengen Lava ausspucken und das erschaffen, was Geologen auch im Deutschen eine »Large Igneous Province« (bedeutet etwa »Große Lavaprovinz«) oder kurz LIP nennen. Durch mehrere gigantische Lavaströme entstanden, bestehen LIPs aus übereinanderliegenden Schichten vulkanischer Basalte und können enorme Flächen einnehmen. Das Dekkan-Plateau in Indien beispielsweise besteht aus bis zu 2 Kilometer dickem Flutbasalt, der eine Fläche von der Größe Spaniens bedeckt. Und diese großen Lavafelder können sich in nur wenigen hunderttausend Jahren bilden – ein geologischer Wimpernschlag.

Warum so gewaltige Lavamengen austreten, ist nicht klar, aber es kann mit einem gigantischen Räuspern der Magma-Plumes im Erdmantel zu tun haben. 1994 schrieb der französische Geologe Vincent Courtillot in seinem Buch »Evolutionary Catastrophes«, dass diese außergewöhnlichen Ereignisse Auslöser für ein Massensterben seien – Geschehnisse, durch die viele Spezies der Erde plötzlich aus dem fossilen Archiv verschwanden. In den letzten 500 Millionen Jahren hat es möglicherweise bis zu 15 dieser Episoden gegeben. Fünf von ihnen vernichteten mehr als die Hälfte der Spezies, von denen man weiß, dass sie damals den Planeten bewohnten. Mitte der 1990er Jahre waren Theorien über Einschläge von Asteroiden groß in Mode, aber ein Jahrzehnt später zeigte die genaue Datierung von LIP-Ereignissen, dass deren zeitliche Verteilung viel genauer mit der von

Massenaussterben übereinstimmt. Während des größten Massenaussterbens vor 250 Millionen Jahren war der Planet damit beschäftigt, die größte »Lavaprovinz« zu erschaffen, die es derzeit auf dem Land gibt: Die Sibirischen Traps (vom schwedischen Wort für Treppen, weil bei der Erosion von Basaltschichten treppenartige Hänge entstehen). Und während die Dinosaurier vor 65 Millionen Jahren ausgelöscht wurden, erschufen enorme Lavaströme die Dekkan-Traps in Indien – der Einschlag des Asteroiden an der Küste von Yucatán in Mexiko scheint die Lage nur noch verschlimmert zu haben. Der jüngste Flutbasalt-Vorfall ereignete sich vor 55 Millionen Jahren, als ein riesiger Hotspot den Meeresgrund im Nordatlantik aufriss und die Ozeane um 5 °C erwärmte, wodurch viele Meerestiere ausstarben. Heute gehören die westlichen Highlands von Schottland zu dem vulkanischen Vermächtnis dieser Katastrophe.

Also fallen seltene und außergewöhnliche Vulkanausbrüche mit seltenen und außergewöhnlichen biologischen Veränderungen zusammen. Kein anderes Phänomen – vor allem nicht der so oft dafür verantwortlich gemachte Asteroiden- und Kometeneinschlag – hat einen so engen Zusammenhang mit den ungewöhnlichen Fällen von Umweltvernichtung. Aber wie konnten massenhafte Lava-Ausbrüche in einer Ecke des Planeten zu einem tief greifenden Ausmerzen von Leben in einer anderen Ecke führen – sowohl auf dem Land als auch im Wasser? Die meisten Geologen glauben, die Antwort liege in der unglaublichen Menge von Kohlendioxid, die bei solchen Ausbrüchen freigesetzt wird. Hat das Gas nicht nur den Planeten aufgewärmt, sondern möglicherweise auch die Ozeane erstickt, weil es zu einem massiven Sauerstoffabbau im Wasser führte – einem sogenannten »anoxischen Ereignis«. Die Theorie ist immer noch umstritten, nicht zuletzt deswegen, weil der daran beteiligte Mechanismus nicht klar ist. Klar ist aber, dass die Vergiftung der Atmosphäre oder der Meere katastrophale Folgen haben kann – wie wir in den nächsten beiden Kapiteln entdecken werden.

RECHTS **WETTLAUF MIT DER WOLKE – EIN AUTO IST AUF DER FLUCHT VOR DEM ENORMEN ASCHEREGEN BEIM AUSBRUCH DES MOUNT PINATUBO AUF DEN PHILIPPINEN 1991.**

KAPITEL DREI

Atmosphäre

Im Jahre 1955, auf dem Höhepunkt des Kalten Krieges, startete die US Air Force das Projekt »Manhigh« – ein Forschungsprogramm, mit dem man herausfinden wollte, ob Menschen physisch in der Lage wären, ins All zu fliegen. Das Projekt umfasste eine Reihe von Ballonflügen in sehr große Höhe, zu deren erster Mission der junge Pilot Joe Kittinger antrat, der in einer siebenstündigen Reise eine Höhe von 29500 Metern erreichte, bevor er wieder unversehrt auf der Erde landete. Es war eine außergewöhnliche Leistung, aber für Kittinger war es nur eine Aufwärmübung zu einer Mission, die ihm einen Platz in der Geschichte sichern sollte.

Um 2.00 Uhr nachts am 16. August 1960 begann eine Bodencrew auf einer stillgelegten Startbahn in der Wüste von New Mexico, einen riesigen Ballon mit Helium zu füllen. Um 4.00 Uhr morgens zog sich Joe Kittinger warme Kleidung und einen Druckanzug an und begann, seine Atmung auf reinen Sauerstoff einzustellen und somit Stickstoff aus seinem Blut zu entfernen. Dadurch wollte er das Risiko minimieren, Opfer der tödlichen Dekompressionskrankheit, der Taucherkrankheit, zu werden, falls der Druck auf seinen Körper zu schnell nachließe. Damit er an dem warmen Morgen nicht schwitzte – feuchte Kleidung würde während des Flugs steif frieren –, wurde er mit kühler Luft versorgt. Um 5.29 Uhr schließlich kletterte er in die nicht druckgeregelte Gondel unter dem Ballon und stieg innerhalb von 100 Minuten bis zu einer Höhe von 31300 Metern auf – ein Weltrekord, der außerhalb der Raumfahrt immer noch Bestand hat.

GEGENÜBER **DER DÜNNE DUNSTSCHLEIER DER ATMOSPHÄRE: OHNE IHN WÄRE DIE ERDE EIN TOTER PLANET.**

Als er eine Höhe von 13 Kilometern erreichte, merkte Kittinger, dass der Druckhandschuh an seiner rechten Hand nicht funktionierte. Aber er stieg weiter auf. Er fürchtete, das Experiment würde abgebrochen, wenn er der Bodencrew davon berichtete, und beobachtete, wie seine Hand auf die doppelte Größe anschwoll, sodass er sie während der restlichen Mission nicht mehr einsetzen konnte. Hoch über der Erde war Kittinger bei einer Temperatur von – 70 °C in einer Welt ohne Sauerstoff, und 99 Prozent der Atmosphäre des Planeten lagen unter ihm. Vor sich konnte er die Krümmung der Erde sehen und über ihm war nichts als Dunkelheit. Er blieb 11 Minuten in dieser Höhe, koppelte sich dann, vorsichtig mit der linken Hand arbeitend, von der Stromversorgung in der Gondel ab, überprüfte seine Luftvorräte und sah sich ein letztes Mal um. Dann schritt er zur Tür, drückte den Startknopf an den Kameras, die an seinem Körper befestigt waren, sprach ein kurzes Gebet – und sprang.

OBEN **JOE KITTINGER SPRINGT VON DER GRENZE DES WELTALLS ZUR ERDE.** ÜBERNÄCHSTE SEITEN **DIE ATMOSPHÄRE WIRKT GRAU UND UNSICHTBAR, ABER IM FREIEN FALL KANN MAN DARAUF SURFEN WIE AUF EINER WELLE IM MEER.**

Er erinnert sich, dass er sich auf den Rücken drehte und den Ballon in die Dunkelheit hinaufschießen sah, obwohl es natürlich Kittinger selbst war, der in Richtung Erde schoss – am Anfang des höchsten und längsten Sprungs aus dem Himmel, der je unternommen wurde. Nach 13 Sekunden öffnete sich ein kleiner stabilisierender Fallschirm, der verhindern sollte, dass er ins Trudeln geriete, der aber seinen Fall nicht bremste. Nach einem Fall von 4 Kilometern hatte er eine Geschwindigkeit von 988 Stundenkilometer oder Mach 0,9, also fast Schallgeschwindigkeit, erreicht. Aber Joe Kittinger empfand keine Geschwindigkeit und hörte kein Geräusch, denn er fiel durch die Stratosphäre, diesen dünnen Schleier über der Erde, der eine der äußeren Schichten unserer Atmosphäre bildet.

Uns erscheinen die Wolken und der Himmel, als seien sie weit über uns und eine enorme Fülle von Luft, die wir und die meisten anderen Lebewesen auf der Erde zum Leben brauchen. Aber in Wirklichkeit ist die Atmosphäre überraschend dünn, sie beträgt 1 Prozent vom Erddurchmesser – vergleichbar mit der Haut eines Apfels. Sie besteht aus unterschiedlichen Schichten: In der unteren, der Troposphäre, findet unser Wetter statt – Wolken, Wind und Regen sind auf die Troposphäre begrenzt. Dennoch ist dieser Teil der Atmosphäre im Schnitt nur 10 Kilometer dick, und Flugzeuge können über ihr fliegen und einen eindrucksvollen Blick auf die Wolken ermöglichen.

Danach kommt die Stratosphäre, in der Kittinger aus der Gondel sprang. Diese Schicht ist 50 Kilometer dick und enthält das wertvolle Ozon, das, wie wir heute wissen, das Leben vor ultravioletten Sonnenstrahlen schützt. Die Temperaturen fallen, je höher man in die Troposphäre vordringt, aber in der Stratosphäre steigen sie wieder – angeheizt durch die intensive Sonnenstrahlung. Über der Stratosphäre ist die Mesosphäre, wo Sternschnuppen entstehen, und darüber folgt die Thermosphäre. In der Thermosphäre liegt die »Kármán-Linie«, die Grenze zwischen der Atmosphäre und dem Weltall, die willkürlich für eine Höhe von 100 Kilometern definiert wurde. In Wirklichkeit gibt es keine Grenze, die Atmosphäre schwindet allmählich über Hunderte von Kilometern. Die wenigen Gasmoleküle in der Thermosphäre werden von der Sonnenenergie leicht gespalten, es bilden sich geladene Partikel, die man »Ionen« nennt. In dieser »Ionosphäre« können Funkwellen abgelenkt werden und die spektakulären Nord- und Südlichter kommen der Erde am nächsten. In einer Höhe von 700 Kilometern liegt schließlich die sehr dünne Exosphäre, die nur aus Wasserstoff und Helium besteht – Gase, die so leicht sind, dass sie ins All entweichen können.

Lebe hoch!

Je nachdem, wie man ihre Grenze definiert, ist die Atmosphäre der Erde zwischen 100 und Tausenden von Kilometern dick. Wegen der Schwerkraft ist unten jedoch am meisten Luft, aber die Zone reicher, angenehmer Luft ist überraschend klein. Rund drei Viertel der gesamten Luftmasse befinden sich in den unteren 11 Kilometern der Atmosphäre, von denen nur die untere Hälfte ausreichend dichte Atemluft enthält. Mit zunehmender Höhe über dem Meeresspiegel wird die Luft dünner, und mit jedem Atemzug wird weniger Sauerstoff ins Blut befördert.

Auf 5000 Metern Höhe enthält eine Lungenfüllung Luft nur halb so viel Sauerstoff wie auf Meeresspiegelhöhe, und die Menschen riskieren, einer akuten Höhenkrankheit zum Opfer zu fallen, dennoch passen Menschen sich an. Bergsteiger bewältigen Aufstiege in große Höhe, indem sie einige Tage in mittlerer Höhe verbringen, um ihrem Körper die Zeit zu geben, mehr rote Blutkörperchen zu produzieren, die mehr Sauerstoff transportieren können. Über lange Zeiträume hinweg entwickelten jedoch ganze Bevölkerungsgruppen eine Höhentoleranz. La Rinconada in den peruanischen Anden ist vielleicht die höchstgelegene Stadt der Erde – 7000 Einwohner leben hier das ganze Jahr auf einer Höhe von 5100 Metern. Die indianische Bevölkerung hat ihre Fähigkeit, die Höhe zu ertragen, wahrscheinlich von ihren seit Generationen in den Anden lebenden Vorfahren geerbt, aber ihre Babys sind meist ungewöhnlich klein – vielleicht, weil wegen des knappen Sauerstoffs während der Schwangerschaft weniger Nährstoffe zum Fötus gelangen. Als die spanischen Eroberer auf ihrer Suche nach Silber und Gold in die Anden kamen, zeigten sie sich weniger anpassungsfähig. Sie bauten eine große Goldgräberstadt, Potosí, auf rund 4000 Metern Höhe. Im Jahr 1639 schrieb der Gelehrte und Mönch Antonio de la Calancha, dass 53 Jahre lang jedes von einer Spanierin geborene Kind bei der Geburt oder kurz danach starb.

UNTEN **DIE URBEVÖLKERUNG DER PERUANISCHEN ANDEN VERMAG AN ORTEN ZU ÜBERLEBEN, WO DER LUFTDRUCK NUR HALB SO HOCH IST WIE AUF MEERESSPIEGELHÖHE.**

OBEN **STELLT MAN DIE 5140 TRILLIONEN TONNEN LUFT DER ERDATMOSPHÄRE ALS KUGEL DAR, DIE IM ORBIT NEBEN DEM PLANETEN SCHWEBT, OFFENBAREN SIE SICH ALS WINZIGE MENGE.**

Kittinger befand sich 4 1/2 Minuten lang im freien Fall. Nachdem er in der Stratosphäre seine Höchstgeschwindigkeit erreicht hatte, begann die allmählich dicker werdende Luft ihn zu bremsen. Rund 21 Kilometer unter der Gondel erreichte er schließlich die Troposphäre und war wieder in der Welt des Wetters. Mit dem ohrenbetäubenden, aber vertrauten Geräusch des Windes spürte er seine Geschwindigkeit sehr intensiv, als er weitere 5 Kilometer fiel, bevor sich sein Hauptfallschirm auf einer Höhe von 5,5 Kilometern öffnete. Von da an war sein Flug langsamer und kontrollierter, und er hatte kurz Zeit, über die Rekorde nachzudenken, die er aufgestellt hatte, und sich daran zu erinnern, was ihm während seines Falls aufgefallen war: die Feindseligkeit der äußeren Atmosphäre und wie dünn die Luftschicht ist, von der unser aller Leben abhängt.

Ein Gedanke, der Joe Kittinger vielleicht nicht kam, als er sich dem Boden näherte, war, wie eng verwoben Atmosphäre und Leben der Erde sind, denn die Luft, die wir atmen, erhält nicht nur das Leben, sondern es wurde von ihr erschaffen. Von Anfang an hat das Leben den Planeten verändert – manchmal fast unmerklich, manchmal dramatisch. Die Entwicklung unserer Atmosphäre ist vielleicht das beste Beispiel für die Macht, mit der Lebewesen unsere Welt formen. Daran dachte Joe Kittinger sicherlich nicht, denn er absolvierte seinen gewagten Sprung lange vor der Diskussion um globale Erwärmung und Ozonloch und lange vor der berühmten Gaia-Theorie, die der britische Wissenschaftler James Lovelock entwickelte. Erst in den letzten zwei oder drei Jahrzehnten ist den Wissenschaftlern klar geworden, wie fein ausbalanciert die lebenserhaltenden Mechanismen der Erde sind und welche zentrale Rolle vor allem die Atmosphäre in dem komplexen Netz von Beziehungen spielt, durch das unser Planet bewohnbar bleibt. Das Gleichgewicht beruht auf komplizierten Verbindungen von Luft, Land, Meer und Leben, wobei es Rückkopplungsschleifen und Kreisläufe gibt, die kommen und gehen. Es ist ein

System, das sich seit 4 Milliarden Jahren entwickelt hat, sodass wir zu den Anfängen zurückgehen müssen, um es wirklich zu verstehen.

Der erste Atemzug

Die Geschichte unserer Atmosphäre ist in gewisser Weise die Geschichte eines ewigen Kampfes zweier starker Komponenten, die beide lebenswichtig sind: Kohlendioxid und Sauerstoff. Ihre jeweilige Zu- oder Abnahme in der Atmosphäre markiert wichtige Stationen in der Geschichte des Planeten und grundlegende Schritte in der Evolution des Lebens.

Spuren des Beginns dieses epischen Duells können am westlichsten Punkt Australiens gefunden werden, eine Eintagesfahrt nördlich von Perth. Die Reise führt durch eine der schönsten Wildblumenlandschaften des Kontinents, und man begegnet wahrscheinlich ein paar Schafen, die ihre nicht eingezäunten Wiesen verlassen haben. Die Küste hier war einmal eine Perlenfischergegend, und in der Stadt Denham fährt man auf einer Straße, die mit Austernschalen gepflastert ist. Aber das Reiseziel ist die Shark Bay, ein herrlicher Küstenabschnitt mit seichtem Wasser, in dem sich Herden von Dugongs tummeln. Diese Seekühe sind Pflanzen fressende Meeressäuger, die auf der weltgrößten Seegrasweide ihre Nahrung suchen. Rund 10 000 Dugongs schwimmen in der Shark Bay neben Schildkröten, Seeschlangen, Mantarochen und Buckelwalen. Aber noch bemerkenswerter ist der Teil der Bucht, in den sich die Seekühe nicht vorwagen: der Hamelin Pool, ein großes, flaches Becken mit ruhigem, kristallklarem Wasser. Merkwürdige kniehohe Knollen, die aussehen und sich anfühlen wie

UNTEN **EIN INFRAROTBILD DER ATMOSPHÄRE ZEIGT DIE KOMPLIZIERTEN STRÖMUNGEN, DURCH DIE WÄRME RUND UM DEN GLOBUS TRANSPORTIERT WIRD.**

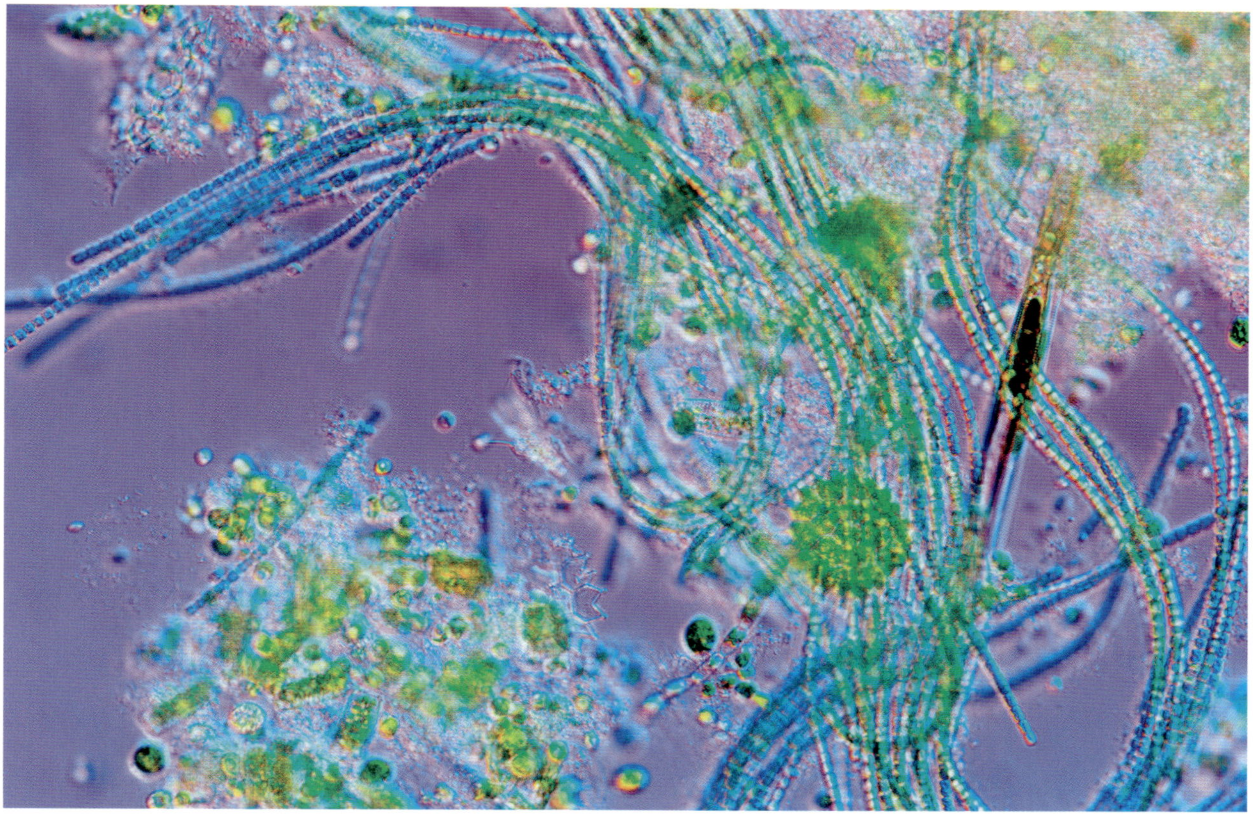

OBEN **MIKROSKOPISCHE AUFNAHME FÄDIG WACHSENDER, MODERNER CYANOBAKTERIEN. ORGANISMEN, DIE DIESEN SEHR ÄHNLICH WAREN, ZÄHLTEN ZU DEN FRÜHESTEN LEBENSFORMEN AUF DER ERDE.**
GEGENÜBER **LEBENDE STROMATOLITHEN IN DER SHARK BAY, AUSTRALIEN. DIE CYANOBAKTERIEN, DIE DIESE STRUKTUREN GEBILDET HABEN, SIND DIREKTE NACHKOMMEN DER ERSTEN ORGANISMEN AUF DEM PLANETEN, DIE PHOTOSYNTHESE BETRIEBEN.**

Stein, ragen hier massenhaft aus dem Wasser oder schimmern unter der Wasseroberfläche. Sie sind ähnlich geformt wie Poller, an denen man Schiffe vertäut, aber nicht aus Stein. Die Knollen, die unter der Oberfläche liegen, fühlen sich schleimig an. Bei näherer Betrachtung kann man vielleicht Blasen aufsteigen sehen. Denn sie leben, oder zumindest lebt die oberste Schicht von ihnen. Diese Gebilde heißen Stromatolithen – von den griechischen Wörtern *stroma* (Decke) und *lithos* (Stein) – und sind Schicht für Schicht in Tausenden von Jahren gewachsen. Sie werden von mikroskopisch kleinen Organismen, den Cyanobakterien (irreführend auch Blaualgen genannt, obwohl sie keine Algen sind) gebildet, die in »mikrobiellen Matten« wachsen, wobei jede neue Schicht sich auf den toten Überresten von Tausenden von vorausgehenden Generationen bildet. Es dauert Jahrhunderte, bis die Knollen entstehen, denn sie wachsen weniger als einen Millimeter pro Jahr, und sie hören auf zu wachsen, sobald sie aus dem Wasser ragen. Eine Sandbank behindert den Zufluss von Meerwasser in den Hamelin Pool, wodurch sich sein Salzgehalt gegenüber normalem Meerwasser verdoppelt hat. Da nur wenige Lebewesen, die sich von Mikroben ernähren, bei einer solchen Salzkonzentration überleben, konnten die Stromatolithen gedeihen.

Die Entdeckung von Stromatolithen in der Shark Bay Mitte der 1950er Jahre überraschte die Wissenschaftler, denn bis dahin waren die Stromatolithen nur als Fossilien bekannt, noch dazu als sehr alte Fossilien. Denn die mit einem Alter

Blauer Himmel, roter Sonnenuntergang

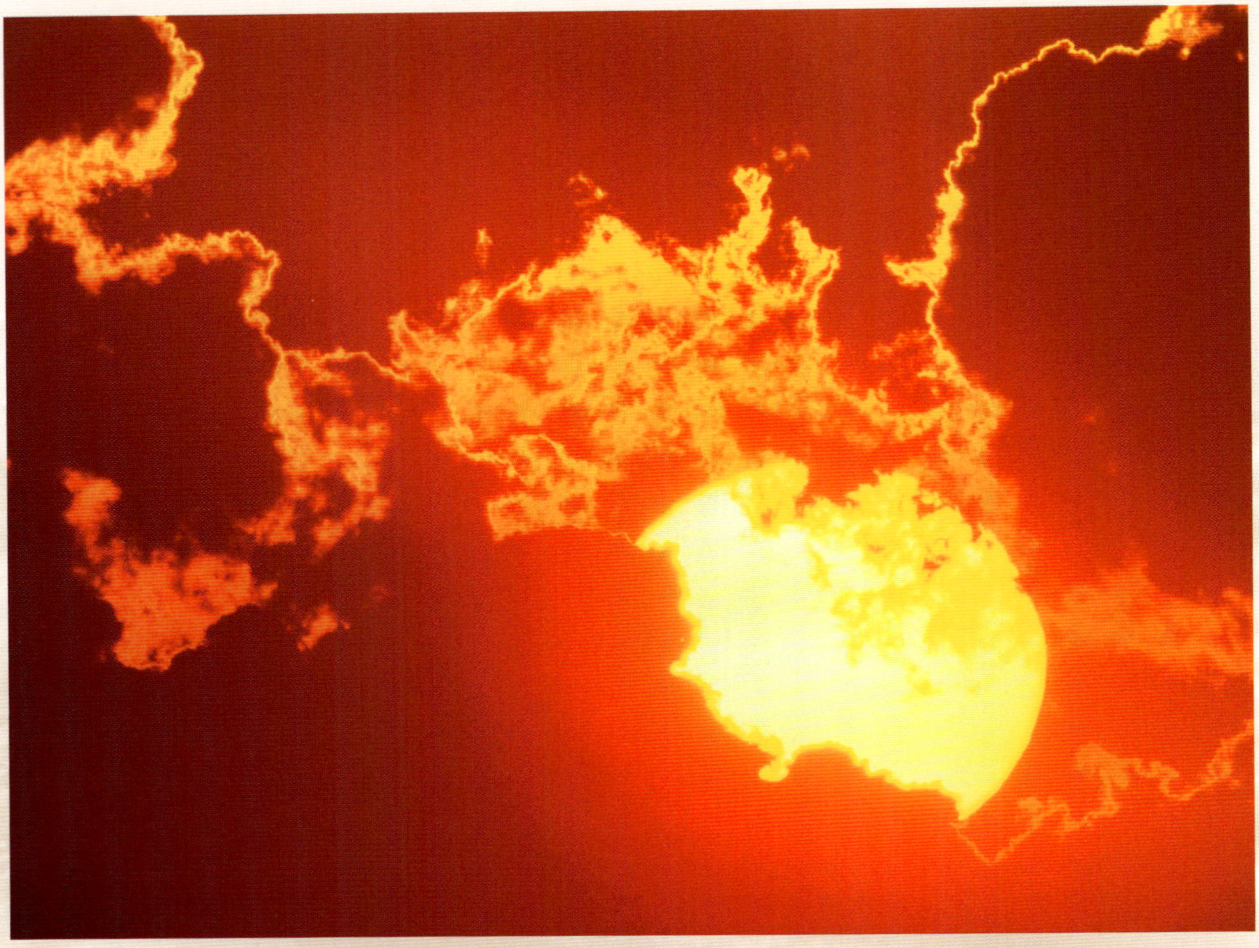

OBEN **DAS LICHT DER NIEDRIG STEHENDEN SONNE MUSS SO VIEL ATMOSPHÄRE DURCHQUEREN, DASS DER GESAMTE BLAUE LICHTANTEIL ZERSTREUT WIRD UND DIE UNTERGEHENDE SONNE ROT ERSCHEINT.**

Das sichtbare Sonnenlicht setzt sich aus einer Reihe von Farben zusammen, die man in ein Spektrum zerlegen kann, das wir als Regenbogen kennen. Das Licht bewegt sich in Wellen, und jede Farbe hat eine andere Wellenlänge – die Wellen bewegen sich bei jeder Farbe mit einer leicht unterschiedlichen Frequenz. Das rote Licht auf der einen Seite des Spektrums bewegt sich mit der niedrigsten Frequenz, hat also die längsten Wellen. Das Blaulicht, das sich nahe dem gegenüberliegenden Ende befindet, bewegt sich mit einer höheren Frequenz und hat fast die kürzesten Wellen. Zufällig sind die Stickstoff- und Sauerstoffatome in der Luft so groß, dass sie in ungefähr derselben Frequenz schwingen wie blaues Licht. Wenn Sonnenlicht auf die Atmosphäre trifft, kollidiert das blaue Licht mit den Atomen dieser beiden Gase, lässt sie schwingen und prallt dann in alle Richtungen ab. Das gestreute blaue Licht, das wir aus jeder Richtung kommen sehen, gibt dem Himmel seine Farbe. Dagegen bewegt sich das rote Licht mit seiner längeren Wellenlänge auf direktem Wege durch die Luft. Wenn die Sonne jedoch tief steht, trifft ihr Licht die Atmosphäre in einem flachen Winkel und muss mehr Luft durchqueren, um unsere Augen zu erreichen. Das blaue Licht wird zerstreut und nur die langen Wellenlängen wie Rot und Orange dringen durch. Daher ist der Himmel bei Sonnenaufgang und -untergang rot. Die Uratmosphäre der Erde hatte viel weniger Sauerstoff als heute und muss deswegen weniger blaues Licht zerstreut haben und vor allem gelb und rot gewesen sein – ein Effekt, der durch Staub, der um den jungen Planeten wirbelte, noch verstärkt wurde.

von 3,5 Milliarden Jahren ältesten bekannten Fossilien der Welt sind Stromatolithen, von denen viele schöne Exemplare in der einsamen Landschaft Westaustraliens gefunden wurden – nicht weit weg von ihren lebenden Nachkommen in der Shark Bay. Wenn man am Rand des Hamelin Pools steht und auf den Pazifischen Ozean schaut, hat man das Gefühl, weit in die Vergangenheit zu schauen. Man bekommt einen flüchtigen Eindruck davon, wie die Erde vor 3,5 Milliarden Jahren aussah, als Bakterien das Leben auf der Erde dominierten und Stromatolithenriffe bildeten, die sich an den Küsten der Welt entlangzogen. Der einzige Unterschied ist, dass der Himmel damals orangefarben und nicht blau war, denn die erst eine Milliarde Jahre alte Sonne schien nicht so hell wie heute und die Atmosphäre der jungen Erde war voller Staub und Kohlendioxid.

Was die Stromatolithen für unsere Welt getan haben, verdient besondere Sympathie. Die Gasbläschen, die von ihrer grünen, schleimigen Oberfläche aufsteigen, verraten, warum: Es ist Sauerstoff, denn die Stromatolithen betreiben Photosynthese, durch die sich die riesige Vielfalt an pflanzlichem Leben auf der Erde von Sonnenenergie ernähren kann. Cyanobakterien und Pflanzen ziehen Kohlendioxid aus der Luft, verbinden es mithilfe des Sonnenlichts und Wasser zu Zuckermolekülen und scheiden dabei Sauerstoff als Abfallprodukt aus. Und wie jedes Schulkind lernt, machen Tiere es umgekehrt: Sie nutzen Sauerstoff aus der Luft, um die in Zuckermolekülen enthaltene Energie freizusetzen, und scheiden dabei Kohlendioxid als Abfallprodukt aus. Dieses wiederum ernährt die Pflanzen und der Kreislauf kann weitergehen. Es besteht also eine perfekte harmonische Beziehung zwischen Pflanze, Tier und Atmosphäre – aber das war nicht immer so.

Nur wenig oder kein Sauerstoff befand sich in der Luft, welche die junge Erde umgab. Die Uratmosphäre entstand durch das »Ausgasen« von Material, das im Zentrum des entstehenden Planeten gefangen war, während dieser weitere Materie einsammelte. Schweres Material wie Eisen oder Nickel sank in den Kern der Erde, leichtere Verbindungen sprudelten in Richtung Oberfläche. Im jungen Planeten waren große Mengen Wasser gefangen, die kochten, als Dampf zur Oberfläche aufstiegen und hier durch die Millionen von Vulkanen, die überall auf der Welt ausbrachen, zusammen mit Schwefel, Kohlendioxid, Stickstoff, Methan und Edelgasen (wie Neon) austraten. Das war die Zusammensetzung der jungen Atmosphäre, die für uns pures Gift gewesen wäre.

Das erste flüssige Wasser begann wahrscheinlich vor 4,4 Milliarden Jahren an der Oberfläche zu kondensieren – anfangs in Form von Tümpeln und Seen. Als der Planet sich abkühlte, wuchsen sie und wurden schließlich zu Ozeanen. Erstaunlich kurze Zeit danach tauchte Leben auf. Wie und wo das Leben begann, zählt noch immer zu den großen unbeantworteten Fragen der Wissenschaft (siehe Seite 114). Seit der Entdeckung der »Extremophilen«, Bakterien, die in einer lebensfeindlichen Umgebung, wie einer kochend heißen Vulkanquelle, existieren können, gilt es in den letzten zwei Jahrzehnten als wahrscheinlicher, dass der Meeresboden der Geburtsort des Lebens war. Wo auch immer das Leben begann, es scheint einen schnellen Start hingelegt zu haben. Seine Spuren – ein bestimmtes Verhältnis der Isotope Kohlenstoff-12 zu Kohlenstoff-13 – finden sich in Gesteinen, die man auf der Insel Isua in Grönland fand und die vor 3,8 bis 3,9 Milliarden Jahren entstanden sein müssen – also ungefähr zu der Zeit, als der letzte schwere Beschuss mit Asteroiden und Kometen endete.

Die allerersten Lebensformen waren wahrscheinlich einfache kohlenstoffhaltige Moleküle mit der glücklichen Eigenschaft, sich reproduzieren zu können. Sie vermehrten und entwickelten sich und wurden komplexer, und schließlich entstanden einzellige Mikroben wie Bakterien. Diese mikroskopisch kleinen Organismen beherrschten den Planeten mehr als 3 Milliarden Jahre. Ihre frühesten Vertreter bezogen ihre Energie wahrscheinlich aus chemischen Verbindungen (Chemosynthese). Als aber der Beschuss endete und die Oberfläche der Erde sicherer wurde, stellten sich einige von ihnen auf Sonnenlicht um und betrieben Photosynthese. Sie gediehen in flachen, sonnenbeschienenen Gewässern und entwickelten sich zu Stromatolithen. So wie die heutigen Pflanzen absorbierten auch die prähistorischen Stromatolithen Kohlendioxid aus der Atmosphäre und

Das erste Leben

Wir wissen nicht genau, wie, wann und wo das Leben auf dem Planeten Erde entstand, aber an Theorien herrscht kein Mangel. Einige Wissenschaftler glauben, dass es an Bord von Meteoriten ankam, die vom Mars oder sogar von der Venus abgesprengt wurden, deren frühe Lebensbedingungen weniger feindlich waren als die der Erde. Gefroren ins Weltall geschickt, hätten die »Marsianer« und »Venusianer« , abgeschirmt von der tödlichen Strahlung der Sonne, in winzigen Gesteinsspalten geschlafen, bis sie auf der Erde eine Bruchlandung hinlegten. Andere Wissenschaftler glauben, das Leben habe sich in den seichten Gewässern der frühen Ozeane gebildet, obwohl es schwer vorstellbar ist, dass irgendetwas überlebt hat, als die Oberfläche des Planeten mit Asteroiden beschossen und mit ungefiltertem Sonnenlicht bestrahlt wurde. Deswegen ist für viele der wahrscheinlichste Ort für den Ursprung des Lebens die relative Sicherheit und Dunkelheit des tiefen Ozeangrundes.

Die Tiefen des Ozeans trockneten nie aus, wurden nie zu heiß oder zu kalt und wurden nie zu sauer oder zu basisch. Es stimmt zwar, dass die ersten Ozeane steril, stark verdünnt und arm an wichtigen Mineralien waren. Aber von unten drang ein warmer Eintopf von Nährstoffen in die Meere ein, der sich gebildet hatte, weil Seewasser durch heißes vulkanisches Gestein gesickert und durch »hydrothermale Vents« wieder ausgetreten war. Diese heißen Quellen transportierten Stickstoff (in Form von Ammoniak), Schwefel- und Phoshorverbindungen sowie winzige Mengen an Eisen, Nickel, Mangan, Kobalt und Zink – eine ideale Kombination chemischer Bausteine für junge Mikroben.

Heute finden sich hydrothermale Vents vor allem am mittelozeanischen Rücken, wo sich eine neue Kruste bildet. Manchmal auch »schwarze Raucher« genannt, spucken sie Wolken dunkler Metallpartikel in 400 °C heißem Wasser aus. Aus einigen steigt heißes Wasser 1400 Meter in die Höhe, bevor es sich einen Kilometer weit ausbreitet und über Dutzende von Kilometern langsam absinkt. Aber es ist unwahrscheinlich, dass das Leben in den Vents entstanden ist, da sie extrem saures Material fördern, das noch dazu heiß

UNTEN **IN DIESEM KOCHEND HEISSEN, TOXISCHEN WASSER EINES GEOTHERMALEN TÜMPELS IN NEUSEELAND GEDEIHT EINE POPULATION VON THERMOPHILEN.**

genug ist, um Blei zu schmelzen. Weiter entfernt vom mittelozeanischen Rücken existieren kühlere, aber ebenso viele Nährstoffe enthaltende Ergüsse. Im Jahr 2000 entdeckten Geologen eine spektakuläre Ansammlung solcher Quellen auf dem Boden des Atlantiks.

Man entdeckte fast kochendes, leicht metallhaltiges, basisches Wasser, das aus wundersamen Spitzen und Türmen aufstieg, die dem Ort seinen Namen einbrachten: »Lost City«, Verlorene Stadt.

Um zu sehen, welche Organismen die fremdartigen Ökosysteme der jungen Erde bewohnt haben mögen, muss man eine der lebensfeindlichsten Umgebungen auf dem Land besuchen. Rotorua im Norden Neuseelands ist ein vulkanischer Hotspot. Obwohl er nur ein paar Millionen Jahre alt ist, hat er gewisse Ähnlichkeiten mit der jungen Erde. Ständige vulkanische Aktivität macht das Land unwirtlich, giftige Gase treten durch dampfende Schlammlöcher aus und chemische Flecken dekorieren den Boden in grellen Farben. In Waitapu, südlich von Rotorua, liegt der berühmte Champagne Pool – ein vielfarbiger Chemikalienkessel. Sein Wasser ist 75 °C warm und enthält faulig riechenden Schwefelwasserstoff und tödliche Mengen Arsen. Und trotzdem gedeihen Milliarden von Organismen in dieser toxischen Suppe. Es sind »Thermophile«, Hitze liebende Bakterien, die ihren ungewöhnlichen Stoffwechsel betreiben. Anders als Cyanobakterien, die Sonnenlicht nutzen, um mittels Photosynthese Nährstoffe zu produzieren, verwenden Thermophile für ihre »Chemosynthese« chemische Stoffe. Im Champagne Pool ertragen sie Temperaturen, die mit denen der Tiefseevents vergleichbar sind, und bedecken die Felsen wie ein Pelz aus orangefarbenen Fasern. Dieses chemische Hexengebräu ist für Menschen tödlich, für die hier lebenden Bakterien jedoch ein Paradies. Es ist wahrscheinlich, dass die frühen Organismen der Erde von Chemosynthese lebten und es in extremen Umgebungen aushielten. Tatsächlich finden wir moderne Extremophile an den unmöglichsten Orten – von dampfenden vulkanischen Wunderländern wie Rotorua bis hin zu den eiskalten Wüsten der Antarktis. Lebende Bakterien fand man auf Gestein in den tiefsten Minen und im Ozeanschlamm Hunderte Meter unter dem Meeresboden. Einige wurden in Jahrmillionen alten Tiefseesedimenten gefunden – noch lebend, aber im »Tiefschlaf«. Selbst in Tausenden von Metern tiefen Bohrlöchern, die das Grundgebirge der Erde durchdringen, ist intaktes intraterrestrisches Leben gefunden worden. Der obere Teil der Erdkruste bildet gar einen riesigen Lebensbereich, den man als »tiefe Biosphäre« bezeichnet.

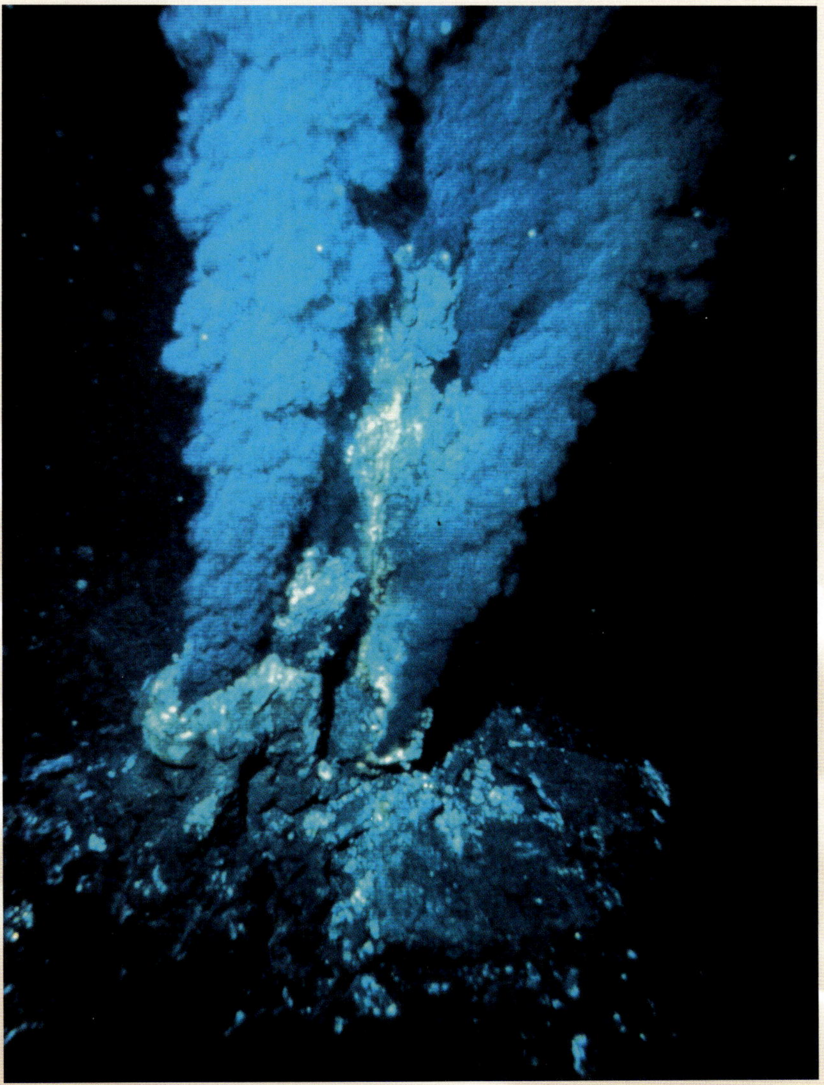

OBEN **KOCHEND HEISSES WASSER, ANGEREICHERT MIT CHEMISCHEN STOFFEN, SCHIESST AUS EINEM HYDROTHERMALEN SCHLOT.**

schieden Sauerstoffbläschen als Abfallprodukt aus. Und so begann die giftige Atmosphäre der jungen Erde, sich langsam zu ändern. Aber es sollte sehr lange dauern, bis die Stromatolithen etwas bewirken konnten, denn in der nächsten Milliarde von Jahren kam ihnen etwas in die Quere.

Das Zeitalter des Rosts

Jedes Jahr werden dem Boden rund 1,3 Milliarden Tonnen Eisenerz entnommen, um den wachsenden Bedarf an Stahl zu decken. Das Erz kommt aus ausgedehnten Tagebauen, die wie Narben die Landschaft durchziehen. Einer der größten findet sich im Hamersley Basin in Westaustralien, wo jedes Jahr 80 Millionen Tonnen Eisenerz ausgegraben werden. Der Boden wird unermüdlich aufgebohrt und gesprengt, und riesige Traktoren schaufeln das rostbraune Erz auf riesige Lastwagen, die 240 Tonnen auf einmal transportieren können. Der vom Menschen erschaffene Canyon ist 5 Kilometer lang, seine Hänge sind terrassiert durch die gewundenen Bahnen, die in eine Gesteinsschicht nach der anderen gehauen wurden. Vom Flugzeug aus sieht das enorme Loch im Boden wie der Fingerabdruck eines Riesen aus.

Das Eisen wird aus einer alten Gesteinsart extrahiert, die sich heute auf der Erde nicht mehr bildet und deren Entstehung begann, als sich vor Jahrmilliarden Sediment auf dem Ozeanboden ablagerte. Das Gestein ist schön gemustert, Geologen bezeichnen es als »Bändererz«. Dünne Streifen von rötlichem Eisenoxid – eine chemische Substanz, die wir als Rost kennen – wechseln sich mit grauen Hornsteinlagen und Schiefer ab, wobei die parallelen Schichten in geschmeidigen Wellen verlaufen. Fast das gesamte Eisen der Welt stammt aus diesen Bändererzen, die sich in einigen der ältesten Gesteine des Planeten finden. Aber noch bemerkenswerter ist, dass der in ihnen eingeschlossene Sauerstoff, der den »Rost« verursacht, von den frühesten Stromatolithen produziert wurde.

Der in den Urozeanen von den Stromatolithen produzierte Sauerstoff konnte nicht leicht in die Atmosphäre

RECHTS **DIESE SCHICHTEN ROSTIGEN GESTEINS BILDEN EINE »GEBÄNDERTE EISENFORMATION«.**

Das Ozonloch

Es sei Ihnen verziehen, wenn Sie noch nie etwas von Thomas Midgley Jr. gehört haben. Er war ein amerikanischer Maschinenbauingenieur und Chemiker, der im Jahr 1944 auf tragische Weise starb – erwürgt in den Kabeln einer Hebevorrichtung, die er selbst entwickelt hatte, nachdem er mit 51 Jahren an Kinderlähmung erkrankt war. Vor seinem Tod wurden Midgley wegen seiner Beiträge zur Chemie zwei hohe Auszeichnungen verliehen. Vielleicht hatte er Glück, dass er nicht lange genug lebte, um die verheerenden Folgen seiner Erfindungen zu erkennen. Denn eine davon war das Antiklopfmittel Blei für Benzin, das heute als gefährlicher Schadstoff bekannt ist, und die andere das Kühlmittel »Freon«, der erste Fluorchlorkohlenwasserstoff (FCKW). Bisherige Kühlmittel waren toxisch und explosiv gewesen, aber FCKWs schienen völlig reaktionsträge zu sein. Dann erwiesen sie sich als perfekter Treibstoff für Spraydosen, und rund 30 Jahre nach Midgleys Tod wurden die wahren Folgen seiner Erfindungen klar. Zu Lebzeiten wurde er gefeiert, heute heißt es, dass er »mehr Schaden in der Atmosphäre verursacht hat als irgendein anderer einzelner Organismus in der Geschichte der Erde«. Denn lautlos und unsichtbar richteten die FCKWs in der Atmosphäre verheerenden Schaden an, weil sie ein immer größer werdendes Loch in die Ozonschutzschicht unseres Planeten fraßen.

Im Jahr 1971 nahm der britische Wissenschaftler James Lovelock (Vater der Gaia-Theorie) an einer Forschungsreise in den Südatlantik teil, um die Atmosphäre zu untersuchen. Seine Messungen führten zu einer alarmierenden Entdeckung: Sämtliche jemals frei-gesetzten FCKWs verweilten offenbar in der Atmosphäre, wenngleich Lovelock zu dem Zeitpunkt nicht erkannte, welchen Schaden sie anrichteten – abgesehen davon, dass sie zum Dunstschleier beitrugen. 1974 fanden der US-Chemiker Frank Sherwood Rowland und sein mexikanischer Kollege Mario Molina heraus, dass FCKWs keineswegs so reaktionsträge sind. Hoch oben in der Atmosphäre wurden sie durch ultraviolette Strahlung aufgebrochen und setzten hoch reaktive Chloratome frei, die das Ozon attackierten. Heute steht der Name Molina auf derselben Liste der Chemiepreisträger, auf der auch Midgley zu finden ist.

Messungen, die in den frühen 1980er Jahren in der Antarktis gemacht wurden, führten zu der erschreckenden Erkenntnis, dass das Ozon viel schneller verschwand, als irgendjemand für möglich gehalten hatte. Heute tut sich jeden Winter über den Polen ein klaffendes Ozonloch auf, das die Menschen darunter den gefährlichsten Arten von UV-Strahlung aussetzt. Doch lässt sich aus der Geschichte auch eine positive Lehre ziehen: Als die Tragweite des Problems erkannt war, reagierte die internationale Gemeinschaft schnell und verhängte ein weltweites FCKW-Verbot. Zwar geht das Ozonloch immer noch auf, aber es hat sich stabilisiert und wird sich in den kommenden Jahrzehnten langsam schließen. Es zeigt, dass Regierungen, sind sie sich einmal einer Umweltgefährdung bewusst, etwas dagegen unternehmen können. Das lässt eine ähnliche Reaktion auf die globale Erwärmung erhoffen.

UNTEN: **EIN VON EINEM SATELLITEN AUFGENOMMENES FALSCHFARBENBILD DES OZONLOCHS, DAS SICH JEDEN WINTER ÜBER DER ANTARKTIS ÖFFNET.**

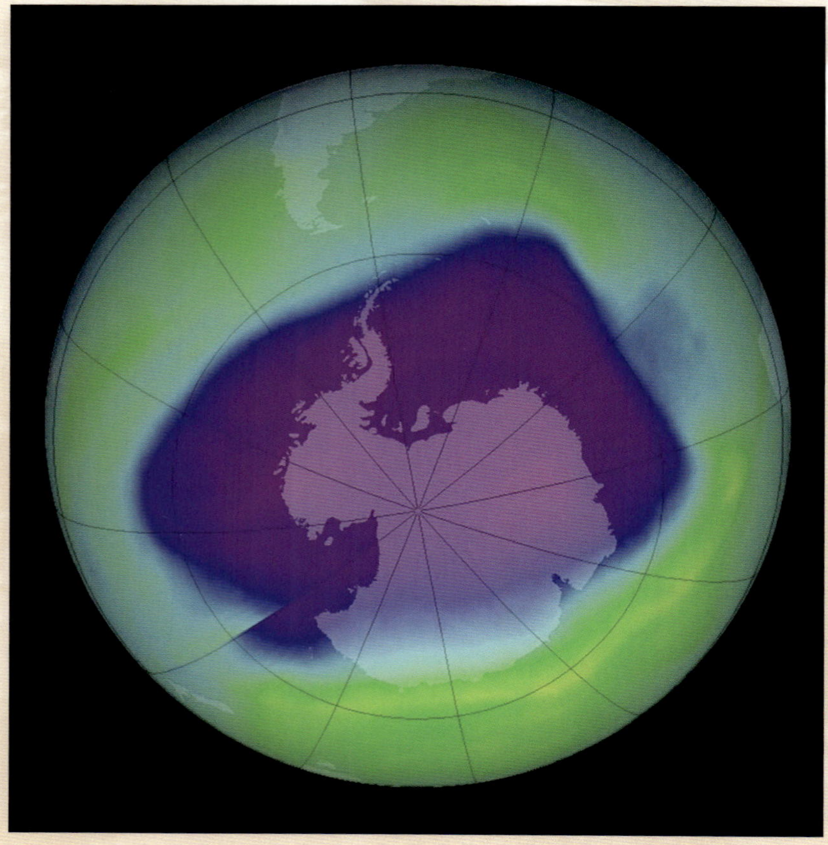

gelangen. Die frühen Ozeane waren nach unseren Maßstäben faulig – etwa wie heute das Schwarze Meer. Sein Tiefenwasser enthält nur wenig Sauerstoff und ist fast unbewegt. Die am höchsten entwickelte Lebensform, die in ihm überleben kann, sind Nematoden – winzige Würmer, die ohne Sauerstoff auskommen. Auch Bakterien gedeihen in der Tiefe, sie erzeugen als Abfallprodukt Schwefelwasserstoff, von dem bisweilen größere Mengen an die Oberfläche strömen und einen fauligen Geruch verbreiten. Vor 3 bis 4 Milliarden Jahren stagnierten die Ozeane ebenso, sie hatten wenig Sauerstoff und nur bakterielles Leben. Das Wasser enthielt auch aus der Erdkruste ausgewaschene Eisensalze, mit denen der von den Stromatolithen freigesetzte Sauerstoff reagierte und Eisenoxid – Rost – bildete. Der Rost sank in die Meerestiefen und lagerte sich dort in dünnen Schichten ab, die sich Jahr um Jahr, Jahrhundert für Jahrhundert, Jahrtausend für Jahrtausend aufbauten, wobei ihre Geschwindigkeit vom langsamen Wachstum der Stromatolithen diktiert wurde.

Der Prozess fand weltweit statt und hielt mehr als eine Milliarde Jahre an. Und nach und nach wurde das Eisen aufgebraucht. Als es verschwunden war, wurde das Meereswasser allmählich mit Sauerstoff gesättigt, bis diesem nichts anderes mehr übrig blieb als aufzusteigen. Vor rund 2,7 Milliarden Jahren wurde dann die Atmosphäre der Erde mit dem Gas angereichert, auf das wir heute angewiesen sind, und der Himmel verlor seine ungesunde rote Tönung und nahm das vertraute Blau an. Damit war aber noch nicht Schluss. Als die Konzentration von Sauerstoff in der Atmosphäre stieg, zerbrach das ultraviolette Licht in den oberen Schichten der Atmosphäre die Sauerstoffmoleküle in einzelne Atome. Diese schlossen sich in Dreiergruppen zu Ozon zusammen – ein instabiles Molekül, das wieder zu normalem Sauerstoff zerfällt, wodurch der Kreislauf von vorne beginnt. Auf diese Art bildete sich in der Stratosphäre eine Ozonschicht, die die Oberfläche der Erde vor den schädlichsten Typen ultravioletter Strahlung abschirmte. Also schufen die Stromatolithen nicht nur die Atmosphäre, in der wir atmen können und uns entwickelt haben, sondern sie sorgten auch für Schutz vor den gefährlichen Sonnenstrahlen. Wir verdanken den Stromatolithen viel.

Gefriertruhe

Vor rund 2,5 Milliarden Jahren stieg die Sauerstoffkonzentration in der Atmosphäre plötzlich an, der erste Konflikt zwischen Sauerstoff und Kohlendioxid spitzte sich zu. Diese Phase in der Erdgeschichte fällt – in geologischen Maßstäben – mit der ersten von mehreren apokalyptischen Zeiten der Vergletscherung zusammen, in denen Eis offenbar den gesamten Planeten einhüllte und die Erde einem Schneeball glich (siehe Kapitel fünf). Es ist nicht klar, was das große Gefrieren vor 2,45 Milliarden Jahren auslöste, es könnte aber daran der Sauerstoff schuld gewesen sein. Der zunehmende Anteil von Sauerstoff in der Atmosphäre muss den Anteil von anderen Gasen verringert haben, vor allem von Methan, einem Treibhausgas, das 21-mal so stark ist wie Kohlendioxid. Weniger Methan bedeutete auch weniger Sonnenwärme, und so kühlte sich das Klima des Planeten ab, bis es einen »Umkipppunkt« erreichte und das Eis die Macht übernahm. Die Erde war in der Kühltruhe gefangen. Wie lange die Kälte dauerte, ist unklar, aber es scheint, dass eine ständige Zunahme von Kohlendioxid aus Vulkanen sie beendete. Einige Wissenschaftler glauben, dass die Kohlendioxid-Konzentration stieg, bis sie 350-mal so hoch war wie heute, und zu einem massiven Treibhauseffekt führte. Das Kohlendioxid hatte zurückgeschlagen.

Vor ungefähr 2,2 Milliarden Jahren waren die Sauerstoffmengen wieder gestiegen und zwischen 5 und 18 Prozent der heutigen Menge erreicht. In den folgenden 1,5 Milliarden Jahren beruhigte sich die Atmosphäre wieder, und es begann ein sehr langes Zeitalter des Gleichgewichts, in dem das Klima dank des weltweiten Erdthermostats stabil blieb (siehe Kapitel zwei). Man nimmt an, dass sich in dieser ruhigen Periode wenig veränderte, außer etwas, das man nebenbei erwähnen sollte. Vor rund 2 Milliarden Jahren (laut einigen Wissenschaftlern bereits vor 2,7 Milliarden Jahren) entstand eine neue Lebensform. Anders als Bakterien, deren einfache Zellen keinen Kern haben, hatten die neuen Organismen komplexe und hochorganisierte Zellen, und sie verfügten über eine DNA, die in einen Zellkern gepackt war. Die Mitglieder dieser neuen evolutionären Linie gewannen Energie, indem sie den immer reichlicher vorhandenen

Sauerstoff nutzten, um organische Moleküle zu spalten. Sie waren die Vorfahren aller mehrzelligen Organismen, die es heute auf der Erde gibt – uns eingeschlossen.

Die ruhige Periode endete vor circa 780 Millionen Jahren, als der globale Thermostat versagte und die Erde erneut in einer Serie von Eiszeiten versank, die dieses Mal 150 Millionen Jahre dauerte. Wieder einmal kamen die Treibhausgase zu Hilfe und tauten die Erde auf. Nun machte das Leben einen gigantischen Sprung nach vorn: Das Zeitalter der Bakterien wurde vom Zeitalter der Tiere abgelöst. Vielzellige kleinere und größere Lebewesen hinterließen fossile Spuren – wundersame Wesen wie Parvancorina, ein winziges schildförmiges Weichkörpertier, und Dickinsonia, die ein bisschen aussah wie ein fusseliger Badvorleger und einen Meter lang wurde. Die Menagerie von Weichkörpertieren bezeichnet man nach dem Städtchen Ediacara in Südaustralien, wo ihre Fossilien erstmals entdeckt wurden, als Ediacara-Fauna.

Die Mitglieder der Ediacara-Fauna führten ein beschauliches Leben, tummelten sich auf dem Meeresboden und nahmen Nährstoffe durch ihre Haut auf. Aber bald entwickelten sich neue Lebensformen – Tiere mit einem festen Skelett, zupackenden Klauen und Schutzpanzern. Der friedliche Garten Ediacara wurde zu einer grausamen Welt voller Räuber. Als das Eis verschwunden und der globale Thermostat wieder in Betrieb war, schritt die Evolution des Lebens mit halsbrecherischer Geschwindigkeit voran. Explosionsartig verbreiteten sich in den Meeren neue Tierarten, aus denen viele der heute existierenden Arten hervorgingen.

Land des Feuers und der Giganten

Die Explosion neuer Tierformen ereignete sich vor rund 530 Millionen Jahren, und seit dieser Zeit ging die Sauerstoffproduktion zügig weiter und wurde zu einem Motor der Evolution. Vor etwa 400 bis 500 Millionen Jahren eroberte das Leben das Land, wobei einfache Pflanzen wie Moose und Lebermoose die Offensive anführten, dicht gefolgt von kleinen Tieren wie Tausendfüßlern. Während die Sauerstoffmengen stiegen, wurden die neuen Ökosysteme größer und komplexer, bis grüne Sumpfwälder wuchsen. Und so begann eine der bemerkenswertesten Perioden in der Geschichte der Erde: Das Karbonzeitalter – benannt nach den dicken Kohleschichten, die sich aus den Überresten der Bäume bildeten. Diese uralten Wälder, die nun im Bergbau wieder ausgegraben werden, beheimateten einige der bemerkenswertesten Spezies, die jemals den Planeten bewohnten. Im Kohlebergwerk im bri-

OBEN UND GEGENÜBER OBEN **VERSTEINERTE PFLANZEN AUS DEM KARBONZEITALTER.**
GEGENÜBER UNTEN **VERSTEINERUNG EINER RIESIGEN LIBELLE AUS DEM KARBONZEITALTER. IN DER HEUTIGEN ATMOSPHÄRE HÄTTE SIE NICHT FLIEGEN KÖNNEN.**

tischen Derbyshire fanden die Bergleute oft Abdrücke von Blättern, die sie ausmeißelten, um sie ihren Söhnen und Töchtern mitzubringen. Aber im Jahr 1979 stießen die Kumpel in der Stadt Bolsover auf ein ganz anderes Fossil. Es war eine Libelle, aber eine besondere: Ihre Spannweite betrug mehr als einen halben Meter. Wer Angst vor allem hat, was kreucht und fleucht, hätte sich im Karbonzeitalter gegruselt, denn die Bolsover-Libelle war eine von vielen riesigen Geschöpfen, die in dieser Zeit gediehen. Es gab einen Meter lange Skorpione, noch längere Tausendfüßler, Eintagsfliegen mit einer Flügelspannweite von 40 Zentimetern, ein monströses Spinnenwesen namens Megarachne, das einen halben Meter groß wurde, und 5 Meter lange Amphibien. Auch die Pflanzen waren riesig. Die Lycopoden, die wir heute als winzige Bärlappgewächse kennen, wurden 50 Meter hoch. Die enorme Größe hatte etwas damit zu tun, wie die Tiere atmeten. Insekten haben keine Lungen. Stattdessen ist ihr Körper von kleinen Röhrchen durchzogen, die Luft passiv ein- und austreten lassen. Das schränkt die Größe von Insekten ein, denn ihr passives Atmungssystem kann den Sauerstoff nicht so schnell in tieferes Gewebe befördern. In der heutigen Atmosphäre könnte eine Libelle von der Größe des Bolsover-Exemplars ihre Flügel nicht schnell genug bewegen, um zu fliegen, denn in ihrer Flugmuskulatur wäre nicht genug Sauerstoff. Damit sie abheben konnte, muss sie also in einer Luft geflogen sein, die viel sauerstoffhaltiger war als heute.

Berechnungen zufolge enthielt die Luft im Karbonzeitalter 30 bis 35 Prozent Sauerstoff. Die Erklärung für die hohe Sauerstoffkonzentration liegt in der Kohle selbst. Kohle bildet sich, wenn totes Pflanzenmaterial sich nicht vollständig zersetzt, sondern begraben und über einen langen Zeitraum hinweg komprimiert wird. Vor 375 Millionen Jahren bildeten sich in den sumpfigen Wäldern bereits sehr schnell die ersten Kohleflöze, und in den nächsten Jahrmillionen hielt die Entwicklung an. Tatsächlich stammten rund 90 Prozent der Kohle der Welt aus dieser Zeit. Die toten Pflanzen müssen sich im Karbonzeitalter im Boden gestapelt haben, vielleicht weil der sumpfige Boden faul war, oder vielleicht weil Bakterien noch nicht fähig waren, das zähe faserige Material (Lignin) im Holz zu verarbeiten. Und weil die toten Pflanzen nicht vollständig recycelt wurden, entstand ein Ungleichgewicht zwischen Kohlenstoff- und Sauerstoffkreislauf. Die Bäume nahmen Kohlendioxid auf und schieden bei der Photosynthese Sauerstoff aus, aber der umgekehrte Prozess fand nicht statt. Der Kohlenstoff blieb in den Pflanzen eingeschlossen und der Sauerstoff wurde durch den Zerfallsprozess nicht aufgebraucht. Als die Wälder gediehen und mehr und mehr Sauerstoff produzierten, stieg der Sauerstoffgehalt in der Atmosphäre. Wieder einmal hatte das Leben eine Atmosphäre geschaffen, in der es einen evolutionären Sprung machen konnte.

OBEN **DIE SUMPFWÄLDER DES KARBONZEITALTERS REGULIERTEN DIE ZUSAMMENSETZUNG DER ATMOSPHÄRE, SO WIE ES HEUTE DIE REGENWÄLDER TUN.**

Das Karbonzeitalter war eine grüne Welt voller Moose, Schachtelhalme und Farne, Sumpfwälder bedeckten riesige Gebiete am Äquator. Aber die sauerstoffreiche Atmosphäre brachte noch etwas anderes hervor. Aus dieser Zeit stammt die erste Holzkohle im fossilen Archiv, was uns sagt, dass die Atmosphäre nun genug Sauerstoff hatte, um Brände zu erlauben. Vor rund 365 Millionen Jahren begannen heftige Feuer über das Land zu fegen – selbst die Sümpfe müssen gebrannt haben. Heute lassen Untersuchungen der Holzkohle aus dem Karbonzeitalter nicht nur auf die Intensität der Brände, sondern auch auf die Art der Pflanzen schließen, die ihnen zum Opfer fielen. Mit der Zeit hatten sich einige Pflanzen angepasst und waren feuerbeständig – mit dicken Baumrinden, hohen Kronen und langen Wurzeln, die tief im Boden Schutz fanden. So zerstörerisch die Waldbrände auch auf dem Planeten wüteten, sie waren zugleich Teil des Mechanismus, der die Atmosphäre im Gleichgewicht hielt, denn sie verbrauchten Sauerstoff und sorgten dafür, dass die Konzentration nicht zu hoch wurde. Und durch das Verbrennen der Wälder wurde das Kohlendioxid wieder in die Luft eingespeist.

Wer weiß, wie die Evolution verlaufen wäre, hätte die Hochblüte der prähistorischen Wälder weiter bestanden; aber vor 250 Millionen Jahren, am Ende des Perm-Zeitalters, wurde das blühende Leben auf der Erde beinahe ausgelöscht. Wie wir im letzten Kapitel gesehen haben, stand das Leben in der

Warum Wüsten existieren

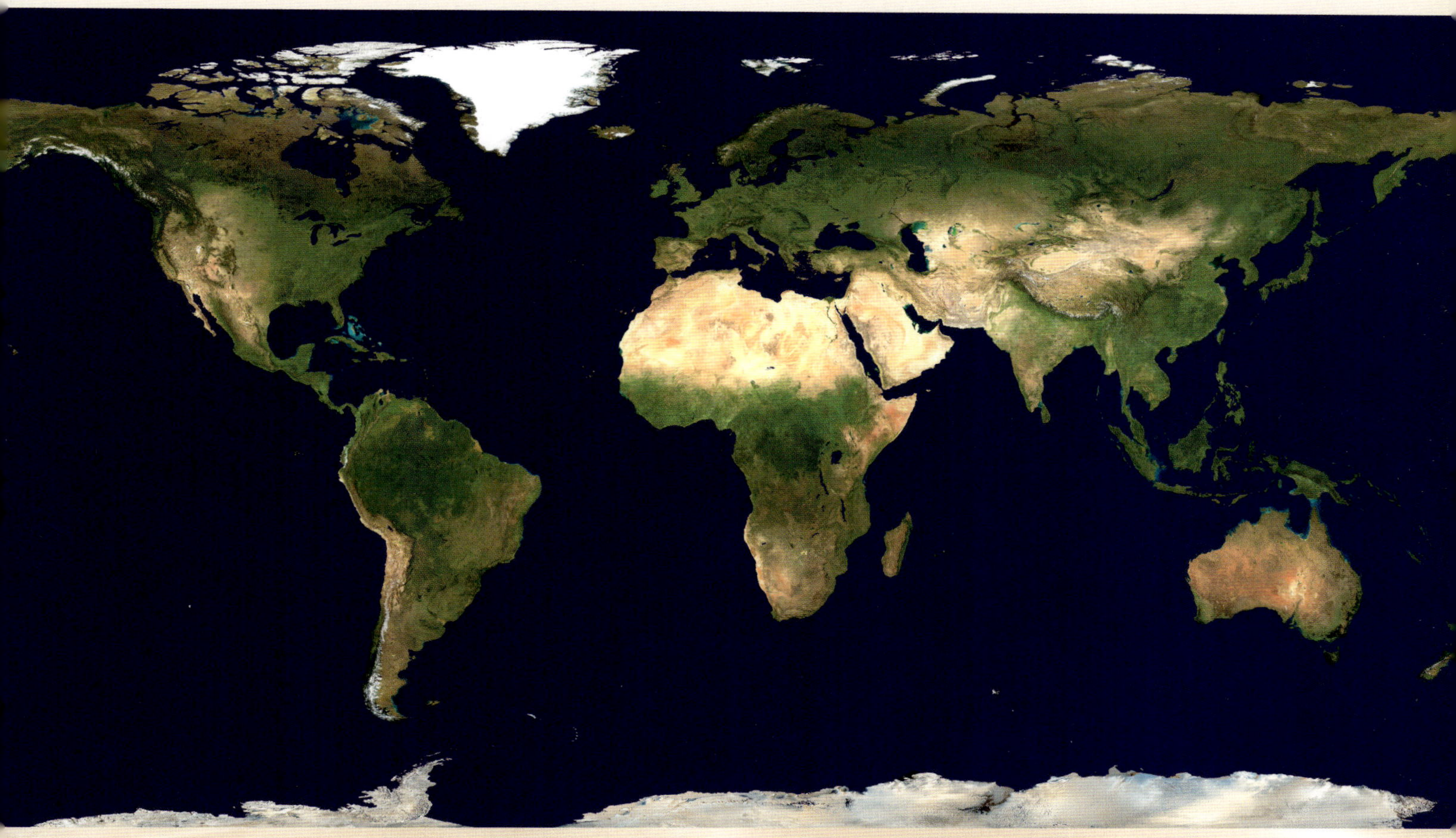

OBEN **DIE GRÖSSTEN WÜSTEN DER WELT SIND KLAR ZU ERKENNEN, SIE BEFINDEN SICH AUF ZWEI BÄNDERN NÖRDLICH UND SÜDLICH DES ÄQUATORS.**

Der Äquator bekommt mehr Sonnenlicht ab als jedes andere Gebiet; man sollte also annehmen, er sei die heißeste Region der Erde. Aber das ist er nicht. Die heißesten Gegenden der Erde sind die Wüsten, und einige Wüsten sind Tausende von Kilometern vom Äquator entfernt. Die Erklärung für diese scheinbare Anomalie liegt in der atmosphärischen Zirkulation. Warme Luft, die am Äquator aufsteigt, nimmt gewaltige Mengen Feuchtigkeit aus den tropischen Meeren mit. Beim Aufsteigen kühlt sie ab, die Feuchtigkeit kondensiert und es bilden sich riesige Regenwolken. Draußen auf dem Ozean können sich die Wolken zu Spiralen zusammensetzen und zu Hurrikanen auswachsen. Auf dem Land aber gibt es nicht genügend Wasser, um sie zu erhalten, und sie entlassen die Feuchtigkeit als Unmengen von tropischem Regen. Von Wasser befreit, erreicht die aufsteigende Luft die obere Schicht der Troposphäre und bewegt sich, angetrieben durch den endlosen Kreislauf der von unten aufsteigenden Luft, polwärts. Auf einer Breite von etwa 25 bis 30 Grad sinkt die trockene Luft ab und setzt ihre Karussellfahrt an den großen Zellen der Wettermaschinen der Erde fort. Wenn sie absinkt, wird sie komprimiert und erwärmt sich um rund 10 Grad pro 1000 Meter. Die sinkende trockene Luft erzeugt einen klaren Himmel ohne Regen und Wolken. Anders als in der feuchten Äquatorregion schirmen hier keine Wolken die Sonne ab und kühlt kein Wasser den Boden durch Verdunstung. Und so schießt die Temperatur in die Höhe. Wenn man sich eine Erdkarte anschaut, erkennt man: Ein Stück nördlich und südlich der Tropen verlaufen zwei gelbbraune Streifen – hier liegen fast alle Wüsten der Welt.

Geschichte der Erde mehrmals nahe vor der totalen Ausrottung, aber das schlimmste Massensterben ereignete sich am Ende des Perms. In weniger als einer Million Jahre verschwanden 96 Prozent aller Meereslebewesen und 70 Prozent aller an Land lebenden Spezies. Viele Wissenschaftler glauben, dass es die Atmosphäre war, die dem Leben diesen schweren Schlag versetzte. Wie wir bereits gesehen haben, fiel das Massensterben im Perm zeitlich zusammen mit den massiven Flutbasalt-Eruptionen, die die treppenförmigen Berge der Sibirischen Traps schufen. Bei dem Ausbruch müssen enorme Mengen Kohlendioxid in die Atmosphäre gelangt sein, was zu einer dramatischen globalen Erwärmung und wahrscheinlich zu einem Anstieg der Meerestemperaturen von 5 °C führte. Und eine Erwärmung der Ozeane kann durchaus dazu geführt haben, dass Methan aus gefrorenen Methanhydratvorkommen am Meeresboden freigesetzt wurde, was zu einer weiteren Erhöhung der globalen Temperaturen – und zur Vernichtung des Lebens – führte.

Aber nicht alle Organismen starben aus. Ebenso wie das Leben nach Eiszeiten neu entstand und den Planeten zurückeroberte, entwickelten sich auch jetzt schnell neue Arten, die nach der Perm-Krise das Land und das Wasser wieder besiedelten. Der Weg war bereitet für das Zeitalter der Dinosaurier. Die Atmosphäre fand ein neues Gleichgewicht und in den nächsten 250 Millionen Jahren sanken sowohl Kohlendioxidgehalt als auch globale Temperatur – bis der Mensch diesen Trend umzukehren begann. Der Sauerstoffgehalt lag der auf das Perm folgenden Trias bei etwa 15 Prozent und stieg dann im Jura und in der Kreidezeit, als die Dinosaurier ihre Hochzeit hatten, allmählich auf einen Spitzenwert von 25 Prozent. Aber nach dem großen Aussterben vor 65 Millionen Jahren sank der Sauerstoffgehalt wieder, um sich schließlich auf den heutigen Wert von 21 Prozent einzupendeln. Während eines großen Teils der Erdgeschichte behielt die Chemie der Atmosphäre ein relativ stabiles Gleichgewicht bei und bescherte dem Planeten ein gleichmäßiges Klima, was ihn bewohnbar machte. Dennoch befand sich die Atmosphäre immer in kontinuierlichem Wandel, die verschiedenen Bestandteile wechselten ihre Häufigkeit manchmal allmählich, manchmal fatal schnell. Das Mengenverhältnis der Gase, bei dem wir uns entwickeln konnten, ist nur ein Punkt auf einer Kurve, die sich Jahrmilliarden lang entwickelte und deren Spitzen und Täler bisher nicht annähernd verstanden sind. Aber wenn die Atmosphäre langfristig schon schwer vorhersehbar ist, so ist sie es kurzfristig noch weniger. Denn das Wetter ist vielleicht die kapriziöseste aller Funktionen unseres Planeten – von Turbulenzen zerrissen, fähig zu fürchterlicher Gewalt und geneigt, wahllos zuzuschlagen.

Luftstrom

Wir betrachten die Luft, die uns umgibt, meist als leeren und, verglichen mit Wasser, nicht greifbaren Raum. Aber in Wirklichkeit ist auch die Atmosphäre eine Flüssigkeit und genau wie der Ozean in ständiger Zirkulation begriffen – sie steht nie still. Die globale atmosphärische Zirkulation ist grundlegend für das Leben, denn sie gleicht die Wärme der Sonne aus und transportiert Wärme aus den Tropen, die die volle Sonnenkraft abbekommen, zu den Polen, wo die Sonnenstrahlen wesentlich schwächer sind, weil sie in einem flachen Winkel einfallen. Ohne diese Umverteilung wäre es am Äquator 14 °C wärmer und an den Polen 20 °C kälter und auf einem Großteil der Erdoberfläche wäre komplexes Leben so gut wie unmöglich.

Die unermüdliche Bewegung der Atmosphäre – anders gesagt: der Wind – wird im Wesentlichen vom Temperaturunterschied zwischen Äquator und den Polen bewirkt. Werfen wir einen Blick auf die nördliche Hemisphäre, um zu verstehen, wie es funktioniert. Am Äquator steigt die von der Sonne erwärmte Luft auf und kühlt sich beim Aufstieg ab, bis sie die Stratosphäre erreicht. Hier befindet sich eine Sperrschicht, eine »Inversion«, über der die Lufttemperatur nicht weiter sinkt, sondern wieder steigt. Die Luftmassen können hier nicht weiter aufsteigen, also bewegen sie sich stattdessen horizontal und driften nach Norden und Süden. Die Luft legt nun rund ein Drittel der Strecke zu den Polen zurück und sinkt dann wieder ab, da sie durch die Verjüngung der Erdkugel

GEGENÜBER **GEWUNDENE WOLKENBILDUNGEN ÜBER DEN KAPVERDISCHEN INSELN VERANSCHAULICHEN, WIE FLÜSSIG DIE ATMOSPHÄRE IST. (NORDEN IST LINKS.)**

zusammengepresst und somit dichter und schwerer gemacht wurde. Sie fließt auf der Erdoberfläche entlang, wobei sich ein Teil wieder zurück zum Äquator bewegt, um den Kreis zu schließen, und der Rest auf die Pole zufließt. Solch ein zirkulierendes System nennt man Zelle, und auf dem Weg zum Pol gibt es drei davon. Um vom Äquator zum Pol zu kommen, muss die Luft sich ihren Weg durch alle drei Zellen bahnen und dabei abwechselnd aufsteigen und sinken.

Im unteren Teil der Zellen, wo der Wind über die Erdoberfläche weht, entstehen die unvorhersehbaren Passat- und Westwinde, die über Jahrhunderte hinweg die Segel der Forscher gefüllt haben. Würde die Erde nicht rotieren, wären diese Winde direkt polwärts gerichtet. So aber werden sie durch die Erddrehung seitwärts abgelenkt, sodass sie nach Osten und Westen wehen.

Dieser unaufhaltsame Wärmefluss durch die Atmosphäre ist die Quelle von Wind, Regen, Blitzen, Donner und jedem anderen vorstellbaren Wetterphänomen, das auf das Leben der Erdbewohner einwirkt. Einige unserer Wetterphänomene sind auch auf anderen Planeten beobachtet worden – so gibt es beispielsweise Blitze auf dem Jupiter und Staubstürme auf dem Mars. Aber in einigen wichtigen Aspekten ist die Erde einzigartig. So ist es eine Besonderheit unseres Planeten, dass er genau den richtigen Abstand zur Sonne hat, damit es Wasser in allen drei Aggregatzuständen geben gleichzeitig kann: gasförmig, flüssig und fest. Als einziger Planet hat die Erde durchschnittlich eine Temperatur und einen Druck, die sehr nahe an dem sind, was Wissenschaftler den »Dreifachpunkt« von Wasser nennen. Weil es sich erwärmen und abkühlen kann und sich daher endlos von einer Form in die andere umzuwandeln vermag, ist es das Wasser, das uns einen großen Teil unseres Wetters beschert und uns Schnee, Regen, Wolken und Stürme von tödlicher Kraft bringt.

RECHTS **DIE WELTWEITE ZIRKULATION DER ATMOSPHÄRE ERZEUGT EINE ERSTAUNLICHE FORMENVIELFALT VON STURMWOLKEN.**
NÄCHSTE SEITE **DIE WOLKE »MORNING GLORY« ÜBERROLLT JEDES FRÜHJAHR DEN AUSTRALISCHEN GOLF VON CARPENTARIA.**

OBEN **IM SEPTEMBER 1999 NÄHERTE SICH DER HURRIKAN FLOYD FLORIDA. SEINE SPIRALARMIGEN WOLKENGEBILDE UND SEIN ZENTRALES AUGE SIND AUF DIESEM SATELLITENBILD KLAR ZU ERKENNEN.**

Tatsächlich kann sich das Wasser in unserer Atmosphäre auf spektakuläre Weise bemerkbar machen. In jedem Frühjahr fegt im Golf von Carpentaria – in der großen u-förmigen Bucht im Norden Australiens – eine erstaunliche Wolkenformation vom Meer auf die Küste zu. Sie kommt kurz nach der Morgendämmerung und sieht aus wie eine außergewöhnlich lange und gerade Wolke, die auf den Betrachter zuzurollen scheint. Der untere Teil der Wolke ist rund 300 Meter hoch und der obere vielleicht 2500 Meter, und die ganze Wolke kann 1000 Kilometer breit sein. Sie wird »Morning Glory« genannt und bewegt sich mit der phänomenalen Geschwindigkeit von bis zu 60 Stundenkilometern auf das Land zu. Ein Korrespondent der in Sydney erscheinenden Zeitschrift »The Bulletin« beschrieb sie im Jahr 1934 so: »Eine niedrige Wolkenbank säumte am frühen Morgen den Horizont und nahm erschreckend schnell Fahrt auf. Ich war mir sicher, dass uns eine Sintflut bevorsteht. Da kam sie an, eine bedrohliche, rollende dunkle Wolke, bald war der ganze Himmel bedeckt. Einige Regentropfen fielen, dann hatten wir eine angenehme Brise, die ein paar Minuten dauerte. Und weg war die dunkle Wolke, so schnell wie sie gekommen war, und die Sonne brannte so gnadenlos wie immer.«

So eindrucksvoll es vom Boden her aussieht, am besten ist dieses verblüffende Spektakel aus der Luft oder aus dem All zu erfassen, denn von hoch oben gesehen erscheint die Wolke wie eine gigantische Welle, die im Begriff ist, sich an der Küste zu brechen. Seit den späten 1980er Jahren ist die Wolke eine Spielwiese für die so genannten »Sky-Surfer« geworden, die im Segelflugzeug auf der Wolke gleiten und durch den starken Aufwind bis zu drei Stunden in der Luft bleiben können.

Wirbelsturm

Im Zeitalter der Satellitenbilder können wir die Atmosphäre in Aktion beobachten. Einige der faszinierendsten Bilder zeigen Wolken, die wirbelnd um die Berggipfel der Kapver-

OBEN **WOLKEN MARKIEREN DIE LINIE DER INNERTROPISCHEN KONVERGENZZONE IN ÄQUATORNÄHE. IN DIESEM GÜRTEL WARMER, AUFSTEIGENDER LUFT WERDEN WIRBELSTÜRME GEBOREN.**

dischen Inseln, der Kanaren oder Hawaiis kreisen. Aber am eindrucksvollsten sind jene, die einen wachsenden Wirbelsturm bei seiner Entstehung vor der westafrikanischen Küste zeigen. Man sieht, wie er zu einer enormen Spirale anschwillt, während er den Atlantik überquert und seine zerstörerische Reise zur US-Küste antritt. Die Art, wie sich Wirbelstürme bilden und entwickeln, zeigt sehr schön, wie Land, See und Atmosphäre – unter Beteiligung der Erdrotation – miteinander zusammenhängen und Teile eines einzigen komplexen Systems sind.

Der Äquator liegt zwischen zwei der globalen Zellen, durch welche die Erdatmosphäre zirkuliert. Die starken Passatwinde, die durch den unteren Teil dieser beiden Zellen wehen, konvergieren in der Mitte und erzeugen ein Schwachwindgebiet, das Segler als Kalmengürtel und Wissenschaftler als innertropische Konvergenzzone bezeichnen. Im Ostatlantik kommen die konvergierenden Winde mit feuchter Luft im Gepäck an, nachdem sie die tropischen Gewässer überquert haben. Dort, wo sie aufeinandertreffen, werden sie zusammengedrückt und müssen aufsteigen, wobei die Feuchtigkeit zu Wolken kondensiert. Wenn Wasser kondensiert, wird die »Bindungswärme« frei, durch die es zu Wasserdampf wurde. Diese zusätzliche Wärme lässt die warme Luft noch schneller aufsteigen und es türmen sich Gewitterwolken auf. Weitere feuchtwarme Luft wird von unten angesaugt und der Zyklus verstärkt. Tropische Gewitterstürme schwächen sich über Land schnell ab, über dem Meer aber werden sie größer, können verschmelzen und eine große, sich selbst versorgende Masse bilden – eine tropische Störung entsteht. Jedes Jahr bilden sich zwischen Juni und November circa 90 von ihnen im Atlantik, einer alle zwei Tage. Der Schlüssel dazu ist der Wind oberhalb des Sturms. Ist der Wind turbulent, bricht der Sturm auf und verschwindet, weht er aber gleichmäßig, steigt die feuchte Luft weiter ungehindert auf, und alles kommt in Schwung. Durch die Erdrotation werden die

Im Inneren eines Hurrikans

Ein Hurrikan ist ein heftiger Sturm tropischen Ursprungs mit einer anhaltenden Windstärke von mehr als 120 Stundenkilometern. Satellitenbilder, welche die an ein Feuerrad erinnernde Form eines Hurrikans zeigen, lassen sie fast wie flauschige weiße Bildschirmschoner aussehen – friedlich scheinen sie anmutig über den Globus zu kreisen. Aber die schöne Form täuscht über die kolossale Größe und Kraft des durchschnittlichen Hurrikans hinweg, der bis zu 550 Kilometer (etwa die Entfernung Berlin – München) – lang werden und so viel Energie freisetzen kann, als würde alle 20 Minuten eine 10-Megatonnen-Atombombe explodieren. Die Wolken, die zum Zentrum des Sturms kreisen, nennt man »spiralförmige Regenbänder«. Sie drehen sich um das Auge wie die Spiralarme einer Milchstraße und ihre Winde strömen immer in dieselbe Richtung: entgegen dem Uhrzeigersinn auf der Nordhalbkugel, im Uhrzeigersinn südlich des Äquators. Die tropische Luft strömt immer nach innen, wo sie sich kreisförmig aufbaut und nach oben steigt. Dabei kondensiert die Feuchtigkeit und bildet um das Auge herum einen Ring von heftigen Gewittern, der bis zu 15 Kilometer hoch wird. Das ist die »Augenwand«, der zerstörerischste Teil eines Hurrikans, wo der heulende Wind eine Geschwindigkeit von bis zu 300 Stundenkilometern erreicht. Oberhalb der Gewitter in der Augenwand hat die Luft einen Großteil ihrer Feuchtigkeit verloren, strömt hoch über dem unter ihr liegenden Mahlstrom nach außen und kühlt sich dabei ab. Mehrere hundert Kilometer weiter sinkt die nun kühle und trockene Luft ab und bringt einen klaren Himmel mit sich – ein trügerischer Vorläufer des Sturms, der sich nähert.

Im Zentrum des Hurrikans setzen die wütenden Stürme der Augenwand große Mengen Wärme frei. So entsteht Hochdruck im Gebiet kühler und trockener Luft oberhalb des Sturms. Der Druck zwingt die trockene Luft hinunter ins Auge und sorgt für ein trügerisch ruhiges Wetter mit leichtem Wind und Flecken von blauem Himmel. Könnte man in einem Hurrikan mitfahren, sähe man wirbelnde Regenwolken, an deren Oberseite sich Eis bildet, während unten sintflutartige Regenfälle niedergehen und ringsum krachende Blitze einschlagen. Aufklärungsflugzeuge erleben extreme Turbulenzen, wenn sie die Wolken durchqueren, doch sobald die Piloten das Auge des Hurrikans erreicht haben, können sie eine Kaffeepause einlegen und Wetterberichte funken. Flugkapitäne berichten von Vogelschwärmen, die wohl im Auge gefangen wurden, als der Hurrikan entstand. In diesem großen Käfig wurden sie nun fernab ihrer Flugroute über den Ozean geschleift, bis der Zyklon nachließ und sie wieder freigab.

UNTEN **DIE STÄRKE VON HURRIKANS WIRD DURCH DEN KLIMAWANDEL ZUNEHMEN – UND DIE SCHÄDEN WERDEN SCHLIMMER.** GEGENÜBER **IN DER AUGENWAND EINES HURRIKANS SIND DIE WINDGESCHWINDIGKEITEN AM HÖCHSTEN.**

Meer aus Sand

OBEN **DIE GRÖSSTEN DÜNEN EINES SANDMEERES KÖNNEN JAHRTAUSENDE ALT SEIN. EINEN GRÖSSENVERGLEICH ERMÖGLICHT DIE WINZIGE SILHOUETTE EINES AUTOS IM VORDERGRUND.**

Auf den Gipfel einer hohen Düne zu klettern, ist anstrengend: Mit jedem Schritt rutscht der Sand unter den Füßen weg, seine Hitze verbrennt die Haut, und der steile Anstieg zehrt an den Kräften. Aber auf dem Gipfel wird man entschädigt – mit einem atemberauben-den Blick auf ein Meer aus Sand.

Sanddünen können viele verschiedene Formen haben – je nach Art des Sands, aus dem sie bestehen, und den Windmustern, die sie geformt haben. Weht der Wind konstant und ist Sand im Überfluss vorhanden, können phantastisch lange Dünen im rechten Winkel zur Windrichtung entstehen. In Mauretanien ist eine Düne mehr als 100 Kilometer lang.

Es bedarf einer Windgeschwindigkeit von mehr als 15 Stundenkilometern, um den Sand in Bewegung zu setzen, und wenn die Geschwindigkeit geringer wird, wirft der Wind seine Luftfracht ab. Die einfachsten Dünen bilden sich im Windschatten eines Steins, eines Strauchs oder eines Hügels, wo die Luft durch das Hindernis gebremst wurde. Wind bewegt sich schnell über flachen oder steinigen Boden, wird aber, wenn er über Sand hinwegfliegt, durch die Reibung langsamer – und so zieht Sand mehr Sand an, um sich dann zu Dünen anzuhäufen. Ihre Kronen fangen den Wind ab und ziehen noch mehr Sand an, der sich auf der windabgewandten Seite niederlässt.

Aber der Wind weht ihn auch wieder weg. Feine Körner werden in die Luft gefegt, schwerere Partikel bewegen sich jedoch sprunghaft vorwärts, sie steigen und fallen wiederholt in einem Prozess, den man Saltation nennt. Auf der dem Wind zugewandeten Seite einer Sanddüne klettern die hüpfenden Sandkörner, angetrieben von der Luft, allmählich aufwärts. Ist der Wind stark genug, häuft sich der Sand zu einem immer steileren Berg an, bis dieser unter seinem Gewicht zusammenbricht. Der abrutschende Sand kommt zum Stillstand, wenn er den idealen Schüttungswinkel, den sogenannten Böschungswinkel, erreicht hat, und die Düne stabil bleibt. Bei Wüstensand beträgt dieser Winkel 30 bis 34 Grad.

Wenn eine Düne über ihre Nachbarn hinauswächst, ist die Kuppe stärkerem Wind ausgesetzt, und der Sand wird weggeweht, nur um sich hinter der Düne wieder abzusetzen. Bald fegt der Wind dieses lose Material wieder zu einer neuen Düne zusammen.

OBEN **SATELLITENBILD EINER RIESIGEN STAUBWOLKE, DIE VON DER SAHARA ÜBER DIE KAPVERDISCHEN INSELN HINWEG AUF DEN ATLANTIK HINAUSWEHT.**

Oberflächenwinde in der nördlichen Hemisphäre nach rechts und in der südlichen Hemisphäre nach links abgelenkt. Je weiter man sich nördlich oder südlich vom Äquator befindet, umso stärker wird diese »Corioliskraft«. Im Sommer driftet die innertropische Konvergenzzone nach Norden, und wenn sie einen Abstand von 5 Breitengraden zum Äquator hat, ist die Corioliskraft bereits so stark, dass Gruppen von Gewitterstürmen zu rotieren beginnen. Die sich drehenden Wolken ordnen sich in Bändern an und bilden eine Spirale, die um einen Mittelpunkt mit schwachem Druck kreist, wobei der Wind zum Zentrum hin immer stärker wird. Jetzt hat der Sturm das Erscheinungsbild eines Hurrikans.

Ein ausgewachsener Wirbelsturm ist eine große, sich selbst in Gang haltende Maschine, die hundertmal so groß wie ein Gewittersturm und tausendmal so stark wie ein Tornado ist. Ein gewöhnliches Sommergewitter kann die Kraft von drei Atombomben haben, ein Hurrikan hat 25000-mal so viel Energie, und wenn er über warmem Meerwasser bleibt, steht ihm Treibstoff für mehrere Tage zur Verfügung.

Aber die Corioliskraft, die zur Entstehung von Wirbelstürmen beiträgt, ist auch für ihren Untergang verantwortlich. Wegen der Rotation der Erde driften die Wirbelstürme meist über den Atlantik nach Westen und auf Land zu. Dort geht ihnen die Puste aus, weil ihnen das warme Meerwasser fehlt, das sie hat wachsen lassen. Also flauen die Winde ab und der Hurrikan schwächt sich zu einem tropischen Sturm ab. Er kann danach noch einige Wochen als Tiefdruckgebiet auf mittleren Breitengraden weiterwandern, bis sich seine Spuren schließlich ganz verlieren.

Vom Winde verweht

Die Atmosphäre besitzt eine außergewöhnliche physische Kraft, sie modelliert die Oberfläche der Erde immer wieder neu. Und nirgendwo ist dies offensichtlicher als in den weiten Sandmeeren der Wüsten der Welt. Das große Sandmeer im Osten der Sahara – der Östliche Große Erg – entstand wahrscheinlich vor rund 10000 Jahren und besteht aus Dünen, die zwischen wenigen Metern und 300 Metern hoch sind. Die Entstehung von Sand aus Gestein und Geröll kann man an der nordwestlichen Grenze der Wüste beobachten, wo der Wind das marokkanische Atlasgebirge herabpfeift, den Boden der Wüste scheuert und die Überbleibsel in die algerische Wüste fegt. Jedes Jahr bläst der Wind 6 Millionen Tonnen Sand in das endlose Becken, in dem sich der Östliche Große Erg bildete.

Aber sogar der pfeifende Wüstenwind trägt wesentlich dazu bei, die Erde bewohnbar zu machen. Am südlichen

Rand der Sahara liegt ein weites staubiges Becken, die Bodélé-Senke. Bis vor wenigen tausend Jahren war hier ein riesiger See. Als die Sahara nach der Eiszeit austrocknete, schrumpfte dieser See, bis nur ein Bruchteil von ihm übrig war – der Tschadsee. Die reichen Sedimente seines Bodens trockneten durch die brennende Sonne aus und wurden zu feinem Staub, der problemlos in die Luft gefegt wird. Die Bodélé-Senke hat nun die zweifelhafte Ehre, die weltweit größte Staubquelle zu sein. Etwa alle vier Tage befördert der Wüstenwind enorme Mengen von Staub hoch in die Atmosphäre, von wo aus gewaltige 240 Millionen Tonnen auf den Atlantik hinausgetragen werden. Ein Großteil davon fällt ins Meer und ernährt Plankton, aber rund 50 Millionen Tonnen landen schließlich im Regenwald des Amazonas, wo sie den auf dem verarmten Boden wachsenden Pflanzen willkommene Nährstoffe liefern. Schätzungen zufolge kommt mehr als die Hälfte der Nährstoffe im Amazonasbecken aus der Bodélé-Senke – eine Beziehung, die sehr schön zeigt, dass der Planet als komplettes biologisches System funktioniert.

Während der Wind die stärkste erodierende Kraft in der Wüste ist, spielt in anderen Teilen der Welt der Regen eine viel zerstörerische Rolle. Wie wir in Kapitel zwei gesehen haben, ist es die Kombination aus Regen und Kohlendioxid, die zum Verwitterungsprozess führt und selbst die härtesten Gesteine im Laufe der Zeit in Sand und Lehm verwandelt. Und genau diese von der Atmosphäre verursachte Verwitterung hält den Kohlendioxid-Kreislauf und den globalen Thermostaten des Planeten in Gang und beschert uns ein perfektes Klima zum Leben.

Gleichgültig, welchen Schaden wir dem Klima der Erde zufügen – der Gedanke beruhigt vielleicht –, die Atmosphäre wird sich eines Tages selbst berichtigen und den Planeten wieder ins Gleichgewicht bringen, auch wenn das Jahrmillionen dauern kann und wir möglicherweise nicht mehr da sind, um Danke zu sagen.

RECHTS **»DIE WELLE« IN ARIZONA: DIESE ERSTAUNLICHE EROSIONSFORM SCHNITZTE DER WIND IN SANDSTEIN AUS DEM JURA-ZEITALTER.**

KAPITEL VIER

Ozean

Die Welt der alten Griechen war der Mittelmeerraum, und obwohl sie sich weiter vorwagten – nach Kleinasien, Westeuropa und den Nil hinauf –, reichten ihre Kenntnisse von der Welt nicht über ihre eigenen Küsten hinaus. Die griechischen Segler, die sich bis in die Meeresenge von Gibraltar trauten, wussten von einer starken Strömung am großen Felsen und folgerten, dass dies ein großer Fluss sein musste, den sie nach Westen (in den Atlantik) strömen sehen konnten. Sie nannten diesen großen Fluss Okeanos und glaubten, er fließe um die ganze Welt. Zwar erkannte der griechische Mathematiker Pythagoras wohl als Erster, dass die Welt eine Kugel ist, aber diese Idee war zu abwegig für die meisten seiner Zeitgenossen, die glaubten, auf der flachen Oberseite eines niedrigen Zylinders zu leben. Auf jeden Fall konnten sie keine Vorstellung von der Größenordnung dessen haben, was wirklich jenseits der gefährlichen Strömungen am Tor zum Mittelmeer lag.

Gemeinhin unterteilen wir die Meere in fünf Ozeane – Pazifik, Atlantik, Indischer Ozean, Nordpolarmeer und Südpolarmeer – tatsächlich aber sind sie alle miteinander verbunden und bilden eine Einheit, die man korrekter mit dem Begriff »Weltmeer« bezeichnet. Und wie wir noch entdecken werden, funktioniert der Wasserfluss um den Planeten herum wie ein einziges System. Die alten Griechen hatten also im Prinzip recht: *Okeanos* fließt tatsächlich um die gesamte Erde.

GEGENÜBER **EINE WELLE BRICHT SICH AN DER KÜSTE VON HAWAII UND SETZT EINE ENERGIEMENGE FREI, DIE SIE VIELLEICHT MEHR ALS EIN DRITTEL DES WEGS UM DIE ERDE MITGEFÜHRT HAT.**

OBEN **DAS GESAMTE WASSER DER WELT IST – ZUSAMMENGEFASST ZU EINER KUGEL – EINE ÜBERRASCHEND KLEINE MENGE, DENNOCH IST ES FÜR UNS LEBENSWICHTIG.**
GEGENÜBER **DER BLICK AUF DEN PAZIFISCHEN OZEAN ZEIGT, DASS OZEANE DIE OBERFLÄCHE DES PLANETEN DOMINIEREN.**

In Zahlen ausgedrückt ist das globale Meer Furcht einflößend. Es enthält 1374 Millionen von Milliarden Tonnen Wasser, bedeckt eine Fläche von 362 Millionen Quadratkilometern und ist durchschnittlich mehr als 3,5 Kilometer tief, wobei der tiefste Punkt bei knapp 11 Kilometern liegt. Aus dem All – hoch über dem Pazifik – betrachtet, sieht der Planet wie eine Welt aus Wasser aus. Man könnte das ganze Land der Erde in den Pazifik packen und hätte noch Platz für ein zweites Australien. Aber diese Perspektive täuscht, denn die Ozeane machen nur 0,02 Prozent der Erdmasse aus. Geologisch gesehen sind sie eine nur sehr dünne Decke an der Oberfläche des Planeten. Und dennoch war diese winzige Wassermenge grundlegend für die Evolution des Planeten und für unsere eigene Existenz.

Die Erde entwickelte sich vor 4,5 Milliarden Jahren zu etwas, was einem Planeten ähnlich sah, obwohl sie sich nach den gigantischen Einschlägen, durch die der Mond entstand, immer wieder neu bilden musste. Der entstehende Planet war kochend heiß und besaß Ozeane aus geschmolzenem Gestein, aber Wasser war nicht zu sehen. Er kühlte sich jedoch rasch ab, und als das rot glühende Magma erstarrte und sich Erdkruste und -mantel bildeten, entgaste das heiße Gestein und gab der Erde ihre Atmosphäre. Zuerst war die Luft eine brühend heiße Mischung aus Kohlendioxid, Gasen und anderen stickigen, vulkanischen Dämpfen, aber schließlich – als der Planet zwischen 10 und 100 Millionen Jahre alt war – hatte er sich so weit abgekühlt, dass die Gase kondensieren und zu Regen werden konnten. Und so begann ein

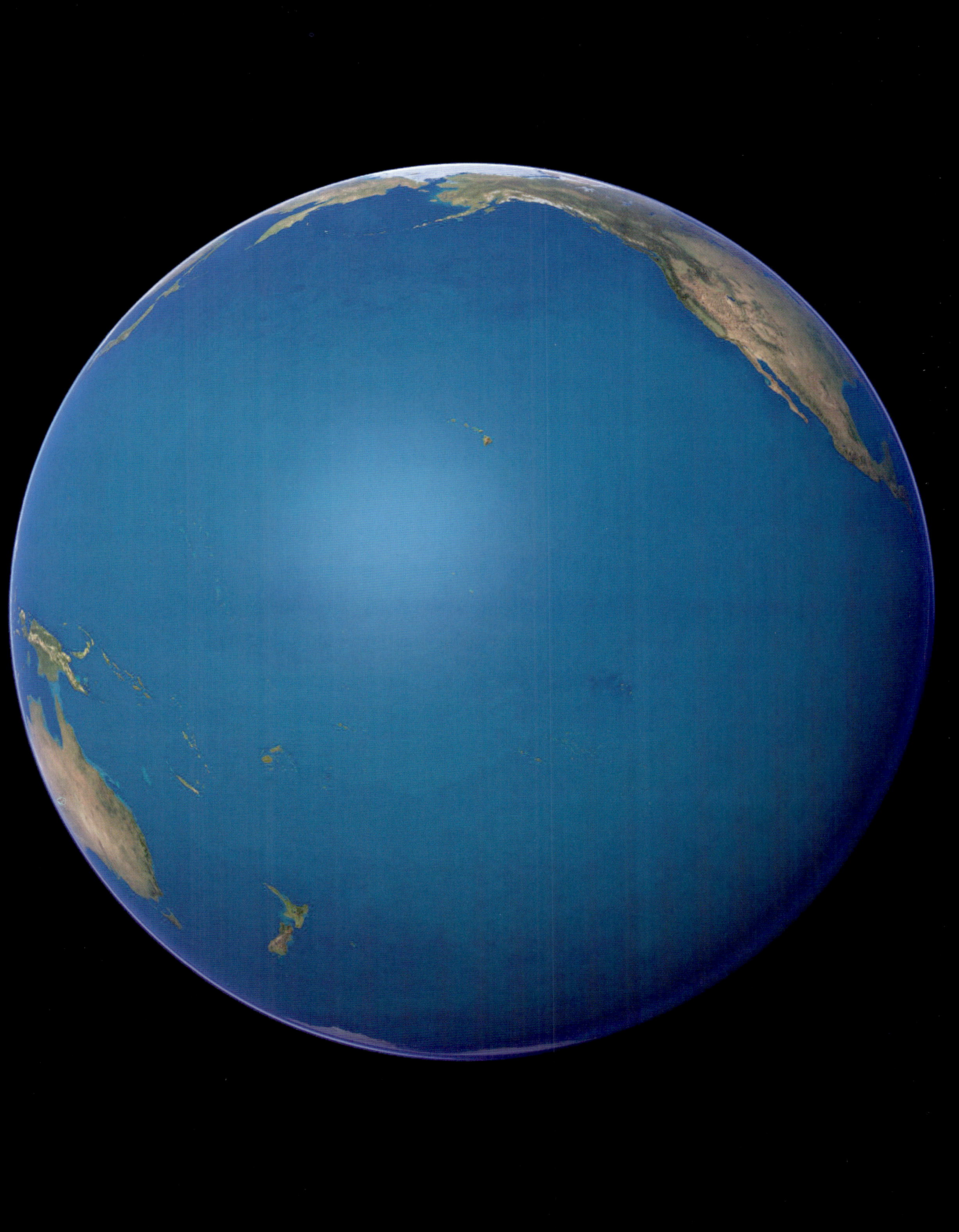

OBEN **BILD VON DER SONDE *DEEP IMPACT*, WIE SIE SICH 2005 DEM KOMETEN TEMPEL 1 NÄHERTE.**

Regenguss von unvorstellbaren Ausmaßen. Nicht 40 Tage oder 40 Nächte, nicht Monate oder Jahre, nicht Jahrhunderte oder Jahrtausende regnete es. Nein, der Himmel öffnete seine Schleusen, und es regnete wahrscheinlich eine Million Jahre lang. Die frühen Ozeane begannen sich zu bilden.

Doch so entstand nur ein Teil des flüssigen Wassers der Erde, denn Berechnungen zufolge war nicht genug Wasser im Inneren des Planeten, um die Ozeane zu füllen, die wir heute haben. Es musste eine andere Quelle geben. Während der gesamten frühen Periode der Erdgeschichte wurde der Planet unablässig mit Asteroiden und Kometen bombardiert. Und diese – das wurde etwa in den letzten 20 Jahren klar – brachten Wasser mit. Im Jahr 2005 endete eine außergewöhnliche Weltraummission der NASA im All mit einem spektakulären Aufprall auf einem Kometen. *Deep Impact* wurde die Sonde getauft, die ein Rendezvous mit dem Kometen Tempel 1 hatte, als er 130 Millionen Kilometer von der Erde entfernt war. Die Sonde machte Fotos und nahm Vermessungen vor, aber ihr eigentliches Ziel war, mit hoher Geschwindigkeit auf der Kometenoberfläche einzuschlagen, was von Teleskopen in aller Welt beobachtet wurde (und sogar von *Rosetta*, einer anderen Kometensonde, die noch auf dem Weg zu ihrer eigenen Verabredung ist, die 2012 stattfinden soll). Die Folgen waren dramatisch: Nach dem Aufprall spuckte der Komet fünf Tage lang eine große Wolke aus Eis und Staub aus. Dank der Mission können Wissenschaftler nun berechnen, wie viel Eis Kometen wie Tempel 1 enthalten. Selbst ein kleiner Komet mit nur 10 Kilometern Durchmesser enthält große Mengen Wasser (vielleicht 100 Milliarden Tonnen), sodass eine Million durchschnittlich große Kometen, die auf der jungen Erde einschlugen, die Ozeane gefüllt haben können.

Dass die Kometen alleine für das Wasser verantwortlich waren, erscheint unwahrscheinlich, denn es gibt einige kleine Unterschiede in der Chemie von Meer- und Kometenwasser. Aber sie könnten immerhin die Hälfte des Wassers geliefert haben, das sich heute in den Ozeanen der Erde befindet, der Rest stammt aus dem Inneren des Planeten. Dabei muss gerade bei Einschlägen großer Kometen die Ozeanbildung zugleich jeweils einen Rückschlag erlitten haben, denn die gewaltigen Explosionen ließen die Oberfläche der Erde verdampfen und eine Atmosphäre aus kochend heißem Dampf entstehen, die erst nach Hunderten von Jahren so weit abgekühlt war, dass es wieder regnen konnte. Die jungen Ozeane machten also viele Millionen Jahre lang zwei Schritte vor und einen zurück.

Dennoch bildeten sich schließlich die Ozeane, und das Leben folgte schnell. Wie wir im letzten Kapitel gesehen haben, hat das Leben möglicherweise an den hydrothermalen Öffnungen im Ozeanboden begonnen, wo auch heute noch merkwürdige Ökosysteme gedeihen, die ihre Energie aus den chemischen Stoffen in dem heißen vulkanischen Wasser ziehen. Es zeigt, wie wenig wir über die Ozeane wissen, dass diese faszinierenden Gemeinschaften, die unsere Theorien über den Ursprung des Lebens verändert haben, erst 1977 entdeckt wurden. Denn die Tiefsee ist immer noch ein weitgehend unerforschtes Gefilde, in das Menschen sich nur mit modernster Technik vorwagen können. Bis heute haben nur zwei Menschen den tiefsten Punkt des Planeten – den Marianengraben im Pazifischen Ozean – besucht, während zwölf Menschen auf dem Mond waren.

Die Tiefe

Die Erforschung der tiefen Ozeane begann erst richtig in den 1950er Jahren, als man Unterwasserkapseln entwickelte, die dem enormen Druck standhalten konnten. Einer der Pioniere war der Schweizer Wissenschaftler Auguste Piccard – Vorbild für den exzentrischen Professor Bienlein in Hergés Tim- und Struppi-Comics. Piccard wurde in den 1930er Jahren für seine abenteuerlichen Unternehmungen berühmt, als er eine Druckkabine für einen Höhenballon entwickelte und damit auf die zuvor unerreichte Höhe von 23 000 Metern flog, um die Chemie der Atmosphäre zu erforschen und kosmische

UNTEN **DER SCHWEIZER WISSENSCHAFTLER AUGUSTE PICCARD (RECHTS) VOR DER VON IHM ENTWICKELTEN DRUCKKUGEL. SIE BRACH HÖHENREKORDE BEIM FLUG IN DIE ATMOSPHÄRE EBENSO WIE BEIM TAUCHGANG IN DIE TIEFEN DES MEERES.**

Strahlung zu messen. Dann erkannte er, dass die verstärkte Kabine auch dem Druck in der Tiefsee standhalten würde. Er machte sich daran, sie umzubauen, und schuf den Bathyskaph – ein winziges Unterwassergefährt mit Platz für zwei Personen. Zu Ruhm und Ehren kam diese Tiefseetauchkapsel allerdings erst in den 1960er Jahren, als Piccards Sohn Jacques gemeinsam mit dem US-Marineleutnant Don Walsh eine gewagte Tauchfahrt zum Challengertief unternahm, der tiefsten Stelle des Marianengrabens im Westpazifik. Diese gewaltige Unterwasserschlucht markiert die Grenze zwischen zwei Platten in der Erdkruste, obwohl das seinerzeit nicht bekannt war, da die Theorie der Plattentektonik erst noch entwickelt werden musste. Der Marianengraben war schlicht ein schwarzes und undurchdringliches Mysterium.

Walshs und Piccards Fahrt zum Meeresboden dauerte fast fünf Stunden, und nach halber Strecke spürten sie einen schrecklichen Stoß. Ein lauter Knall hallte durch den Bathyskaph – eines der Fenster war gebrochen. Nachdem sie die Instrumente überprüft hatten, kamen sie aber zu dem Schluss, die Struktur sei noch stark genug, um die Reise fortzusetzen, und so tauchten sie weiter ab. Sie schafften es bis zum Grund – in eine phantastische Tiefe von 10 900 Metern, wodurch sie 2000 Meter weiter vom Meeresspiegel entfernt waren als der Gipfel des Mount Everest. Sie blieben 20 Minuten dort unten, aßen Schokolade, um bei Kräften zu bleiben, und spähten durch die Fenster auf den schlammigen Meeresboden, wo sie ein paar Fische sichteten – was bewies, dass die Tiefsee nicht tot ist. Bis heute ist niemand mehr an den tiefsten Punkt des Ozeans zurückgekehrt.

Heute liefern uns die zahllosen Satelliten, die die Erde umkreisen, ein vollständiges Bild vom Meeresboden, von dem sich vor allem das ungewöhnliche Netzwerk von Unterwasserbergen abhebt – die mittelozeanischen Rücken. Wie Narben ziehen sie sich durch alle fünf Ozeane und bilden eine zusammenhängende Gebirgskette von 60 000 Kilometern Länge. Sie liegt fast komplett unter Wasser, und nur eine Handvoll Inseln – wie die Azoren, Bermuda, Ascension, Tristan da Cunha und Island – bieten einen verlockenden Blick auf ihre Gipfel. Diese Berge stehen auf Plattengrenzen, wo geschmolzenes Gestein durch den Meeresboden nach oben dringt und neuen Ozeanboden bildet, wobei er die Platten auseinanderzwingt (siehe Seite 74). In der Afar-Senke in Äthiopien können wir diesen Prozess mit eigenen Augen miterleben, denn das Tal ist ein neuer Ozeanboden, der gerade entsteht. Die Erdbeben, welche die Afar-Senke im September 2005 erschütterten, rissen Hunderte von Metern lange Gräben in den Boden, in denen Hirten ihre Ziegen und Kamele verloren, und das Tal sank um bis zu 100 Meter ab. Es liegt schon deutlich unter dem Meeresspiegel, und irgendwann in der nächsten Million von Jahren wird das Rote Meer die Barrieren überwinden und einströmen. Aber vorher noch, in vielleicht 650 000 Jahren, wird etwas anderes passieren: Die afrikanische Platte, die mit dem enormen Tempo von etwa 2,15 Zentimetern pro Jahr nach Norden wandert, wird an Gibraltar andocken und das Mittelmeer absperren. Die Strömung, von der die Griechen annahmen, sie käme vom Okeanos, kann nicht mehr hereinfließen, und das Mittelmeer wird in wenigen Tausend Jahren verdunsten – wie auch schon in der Vergangenheit (siehe Seite 146).

Die Kraft der Wellen

Die tektonischen Kräfte, welche die Ozeane in einem Zeitraum von Jahrmillionen formen, machen sich manchmal auch viel kurzfristiger bemerkbar. Das Erdbeben vor der Küste Indonesiens am 26. Dezember 2004 hatte eine Stärke von 9,2 auf der Richterskala und dauerte fast zehn Minuten, womit es das längste und zweitstärkste war, das je aufgezeichnet wurde. Tief unter dem Meer hatten sich zwei tektonische Platten verhakt, als die eine versuchte, sich unter die andere zu schieben. Eine enorme Spannung baute sich auf, bis irgendwann ein Bruch nicht mehr zu vermeiden war. Die verhakten Platten sprangen ruckartig auseinander und schrammten auf der gesamten

GEGENÜBER **WELLEN WIE DIESE, DIE DURCH DEN GOLF VON BENGALEN FEGEN, TRANSPORTIEREN ENERGIE ÜBER DIE OZEANE. VOM WELTALL SIND DIE INTERFERENZMUSTER, DIE ENTSTEHEN, WEIL SIE MITEINANDER KOLLIDIEREN, KLAR ZU SEHEN.**

Das schwindende Meer

Uns erscheinen die Ozeane groß und dauerhaft, aber nach planetarischen Zeitmaßstäben sind sie eher vergängliche Tümpel. Vor gut 6 Millionen Jahren schloss sich die Meeresenge von Gibraltar und schnitt das Mittelmeer vom Atlantik ab. Dieses löste die Messinische Salinitätskrise aus, wie Geologen sie nennen: Das Mittelmeer begann zu verdunsten. Binnenmeere wie das Kaspische Meer müssen nicht zwangsläufig austrocknen, aber die Schließung des Mittelmeers fiel mit einer Klimaveränderung zusammen, die den nordafrikanischen Dürregürtel ein Stückchen weiter nach Norden schob. Es verdunstete mehr Wasser aus dem Meer, als durch die Flüsse hineinfloss, und so fiel der Wasserspiegel im Laufe von 500000 Jahren allmählich um 2–3000 Meter. Als das Meer sich zurückzog, erweiterten Flüsse wie der Nil ihre Ausdehnung und gruben riesige Schluchten in den Rand des Mittelmeerbeckens. Eine dieser Schluchten, die nun tief unter Kairo begraben ist, war länger und tiefer als der Grand Canyon. Die Flüsse führten dem schwindenden Meer weiter Mineralsalze zu, die nicht wegtransportiert werden konnten, und so wurde das Wasser immer salziger. Da es vom Kreislauf der Meere abgeschnitten war, fiel der Salzgehalt weltweit um zwei Teile pro Million (ppm). Diese scheinbar winzige Menge reichte aus, um den Gefrierpunkt von Meerwasser anzuheben, was vermutlich wiederum ein Schlüsselfaktor für die Bildung der Eisplatten war, die damals die Antarktis einhüllten – und so zu einem niedrigeren Meeresspiegel führten, der die Isolation des Mittelmeers verlängerte.

Belege für diese Krise wurden erstmals 1961 entdeckt, als eine seismische Studie zeigte, dass irgendetwas unter dem Meeresboden die seismischen Wellen merkwürdig reflektierte. Bei Bohrungen stieß man auf eine dicke Salzschicht, die sich abgelagert hatte, als das Meer ausgetrocknet war. Diese Schicht ist die Quelle des Steinsalzes, das überall in der Region abgebaut wird, und erstreckt sich, an einigen Stellen bis zu 2000 Meter dick, über den ganzen Mittelmeerraum. In Sizilien zum Beispiel ist die Landschaft mit Salzhügeln übersät, die durch geologische Umlagerungen an die Oberfläche befördert wurden, und die Salzminen in Westsizilien enthalten angeblich genug Salz, um noch eine Million Jahre in Betrieb zu bleiben.

Es ist nicht klar, was die Krise beendete. Die favorisierte Theorie sagt, die Flüsse hätten die Landbarriere an der Straße von Gibraltar zum selben Zeitpunkt erodiert, als der Klimawandel den Meeresspiegel dahinter steigen ließ. Und so sei der Ozean wieder hineingeströmt.

UNTEN **IAIN STEWART STEHT VOR DEN FEIN GEFÄLTELTEN SALZSCHICHTEN, DIE WÄHREND DER MESSINISCHEN KRISE ABGELAGERT WURDEN. IN EINIGEN MINEN SIZILIENS BEFINDET SICH GENUG SALZVORRAT FÜR EINE MILLION JAHRE.**

GEGENÜBER **VOR 5 MILLIONEN JAHREN HAT DER BODEN DES MITTELMEERS WAHRSCHEINLICH WIE DIESE ARGENTINISCHE SALZWÜSTE IN DER HOCHEBENE DER ANDEN AUSGESEHEN.**

Länge der 1600 Kilometer langen Verwerfungslinie übereinander weg, wobei sie in wenigen Minuten bis zu 18 Meter zurücklegten. Am stärksten bewegte sich die oben liegende Platte, denn ihr verkeilter Rand konnte nach oben springen, als die Spannung sich löste, sodass der Meeresboden in einem großen Gebiet ruckartig um mehrere Meter angehoben wurde. Die Menge der freigesetzten Energie war so groß, dass sie ausreichte, um die Erde bis zu 2,5 Zentimeter um ihre Achse eiern zu lassen, ihre Rotation zu beschleunigen und den Tag um 2,68 Mikrosekunden zu verkürzen. Ein großer Teil der Energie floss in die 30 Kubikkilometer Wasser, die dabei verdrängt wurden und eine Serie von Tsunami-Wellen auslösten, die nicht nur die Küsten von Indonesien, Thailand und Sri Lanka verwüsteten, sondern sich im Pazifik ausbreiteten, den Indischen Ozean durchquerten, Afrika erreichten und um das Kap der Guten Hoffnung herum in den Atlantik flossen.

Zufällig befanden sich während des Bebens zwei Radarsatelliten über dem Indischen Ozean, deren Daten ein genaues Bild von der Größe und Ausbreitung der Wellen zu vermitteln vermochten. Tsunamis verhalten sich in tiefem Wasser anders als im flachem. Draußen auf dem Ozean, wo das Wasser am tiefsten ist, war die Welle kaum zu erkennen und nur eine kleine Wölbung, die mit 1000 Stundenkilometern über die Oberfläche fegte – nur eine Kräuselung, die unbemerkt unter Schiffen durchrollen konnte. Aber diese Kräuselung spiegelte die Verlagerung der gesamten, bis zum Meeresboden reichenden Wassersäule wider und war daher enorm energiereich. In Küstennähe, wo das Wasser flacher wurde, verdichtete sich diese Energie, als die Reibung mit dem ansteigenden Meeresboden die Welle verlangsamte, und es bauten sich gewaltige Kräfte auf, die das Wasser um bis zu 30 Meter anhoben und es mit tragischen Folgen in das Land hineintrieben. Aber abgesehen von seinem verheerenden Ansturm auf die Küste bewegte sich bei dem Tsunami das Wasser kaum vorwärts. Als die Welle den Ozean durchquerte, bewegte sich nicht das Wasser, sondern reine Energie. Das gilt für alle Ozeanwellen, auch für

RECHTS **DER TSUNAMI AM 26.12.2004 TÖTETE 230 000 MENSCHEN UND ZERSTÖRTE MILLIONEN VON EXISTENZEN.**

die riesigen Brecher, die durch stürmischen Wind im Südpolarmeer ausgelöst werden und dann eine Woche lang nach Norden durch den Pazifik rollen, bevor sie sich an den Stränden Hawaiis und anderer polynesischer Inseln brechen. Denn was dem Meer auf so wirksame Weise gelingt, ist Energie von einem Ort zum anderen weiterzuleiten und um den Erdball zu bewegen. Es tut das auf viele verschiedene Arten, und alle tragen zum Gleichgewicht des Planeten bei.

Zweimal im Monat – bei Neu- und Vollmond – liegen Erde, Sonne und Mond auf einer geraden Linie. Dann ziehen die Schwerkräfte von Sonne und Mond gemeinsam an den Ozeanen der Erde, heben die Flut auf ihre maximale Höhe – und bewirken »Springfluten«. Bei Halbmond stehen Sonne und Mond im rechten Winkel zueinander, sodass die Anziehungskraft des Mondes von der Sonne abgeschwächt wird – und es entstehen »Nippfluten«. Wäre die Erde mit einheitlich tiefen Ozeanen bedeckt, würde der Mond das Wasser gleichmäßig um 54 Zentimeter zu sich hinziehen. In Wirklichkeit werden die Gezeiten natürlich von vielen Hindernissen – von Kontinenten und Inseln bis hin zu Riffs und Meeresarmen – beeinflusst, die erstaunliche Auswirkungen haben können.

Zwei benachbarte Buchten an der Küste von Kanada konkurrieren um die Auszeichnung, den höchsten Gezeitenhub der Welt zu haben. Burntcoat Head in der Fundy Bay beansprucht den Titel seit Langem für sich, denn der höchste hier aufgezeichnete Unterschied zwischen Ebbe und Flut betrug 17 Meter. Mit modernen Instrumenten wurde kürzlich gemessen, dass Leaf Basin in der Ungava Bay ein Stück weiter östlich einen maximalen Gezeitenhub von 16,8 Metern hat. Da die Differenz der beiden gemessenen Werte innerhalb der Fehlergrenze liegt, müssen sich die beiden Orte den Titel nun teilen, bis bei der nächsten extrem hohen Flut weitere Messungen durchgeführt werden können. Das wird jedoch erst 2015 der Fall sein, wenn eine bestimmte astronomische Konstellation eine maximale Anziehungskraft auf die Ozeane der Erde ausüben wird. Am unteren Ende der Tidenhubtabelle liegen die Küsten des Mittelmeers, weil das Wasser nicht schnell genug durch die Meeresenge von Gibraltar fließen kann, um größere Gezeiten zu bewirken. In der Hangzhou Bay an der Ostküste Chinas wird die Flut hingegen durch die trichterförmige Bucht in die Mündung des Qiantang-Flusses geschleust. Durch eine Halbinsel von neu gewonnenem Land wird der

OBEN **KÜSTENEROSION: DER PAZIFIK ERHEBT LANGSAM ANSPRUCH AUF DIESE HÄUSER IN KALIFORNIEN.**
NÄCHSTE SEITE **AM UFER DES QIANTANG IN CHINA: WARTEN AUF DIE ANKUNFT DER WELTGRÖSSTEN GEZEITENWELLE.**

Zufluss hier stark verengt, und der Wasserstand steigt dadurch schnell an. Diese einzigartige Geografie sorgt regelmäßig für ein atemberaubendes Naturschauspiel: die größte Gezeitenwelle der Welt. Diese gewaltige Woge saust mit der Geschwindigkeit eines galoppierenden Pferdes in die Bucht hinein und kann sich bis zu 9 Meter hoch auftürmen – zu einer tosenden Wand aus Wasser und Gischt. Jedes Jahr im September, wenn die Gezeitenwelle am höchsten ist, wird in der kleinen Stadt Yanguan an der Nordseite des Flusses ein Festival gefeiert und Tausende drängen sich an das Ufer, um das Spektakel zu beobachten. Aber die Welle kann gefährlich unberechenbar sein, und viele Menschen, die zu nahe am Rand gestanden haben, sind von ihr in den Tod gerissen worden.

Die meisten Wellen, die sich an einem Strand brechen, wurden verursacht von einem Wind, der an einem weit entfernten Ort über den Ozean fegt. Die Energie kann Tausende von Kilometern zurücklegen, bevor sie freigesetzt wird, wenn die Welle an Land stößt und sich bricht. Eine durch-

schnittliche Sturmwelle prallt mit derselben Kraft auf die Küste, als würden zwei Elefanten gleichzeitig auf Ihre Brust springen. Kein Wunder, dass diese Energiemengen, die ständig auf die Küsten einstürmen, diese immer wieder umgestalten und großen Schaden am Land anrichten. So befindet sich die Ostküste von Südengland in der Grafschaft Norfolk in einem permanenten Kampf mit den Wellen und zieht sich schneller zurück als irgendeine Küste sonst in Europa. Beim Städtchen Happisburgh ist das Meer auf dem besten Weg, den Kampf zu gewinnen. Die Küste besteht hier aus Sand und Lehm, die auf dem Höhepunkt der Eiszeit von den Gletschern abgelagert wurden. Und dieses weiche Material erodiert leicht, sodass das Meer jedes Jahr 2 Meter Land wegspülen kann – in besonders exponierten Gebieten sogar 10 Meter. Vor 500 Jahren war die Küste einen Kilometer weiter im Meer und auf ihr standen Städte, die schon lange im Wasser verschwunden sind. Heute fällt im Schnitt ein Haus pro Jahr dem Meer zum Opfer. Die alten Abwehrsysteme gegen das Meer haben die Zerstörung bestenfalls verlangsamt. Möglicherweise haben sie alles sogar noch schlimmer gemacht, weil sie den natürlichen Sedimenttransport entlang der Küste gestört haben. Letztendlich wird die Küste von Norfolk völlig umgeformt werden – ein Prozess, der durch den steigenden Meeresspiegel, den die globale Erwärmung mit sich bringt, noch beschleunigt wird.

Die Küsten in aller Welt legen Zeugnis von der Kraft der Wellen ab. Inmitten der Brandung vor Cannon Beach in Oregon, USA, thront der Haystack Rock, der drittgrößte Brandungspfeiler der Welt. Um ihn herum liegen einige kleinere Brocken. Einmal waren der Haystack und seine Begleiter Teil der Landzunge, aber in Jahrtausenden zerstörte die Erosion so viel Land, dass die Felsen nun isoliert und mehr als 100 Meter von der Küste entfernt sind. Doch besteht die Küste hier nicht aus Sand und Lehm wie bei Happisburgh in Norfolk, sondern aus Basalt, einem festen Vulkangestein. Und dennoch hat sich das Meer in sie hineingefressen, als ob

RECHTS **VON DIESEN KALKSTEINKLIPPEN AN DER KÜSTE VON VICTORIA IN AUSTRALIEN, DEN BERÜHMTEN »ZWÖLF APOSTELN« LIESS DIE EROSION NUR NOCH ACHT ÜBRIG.**

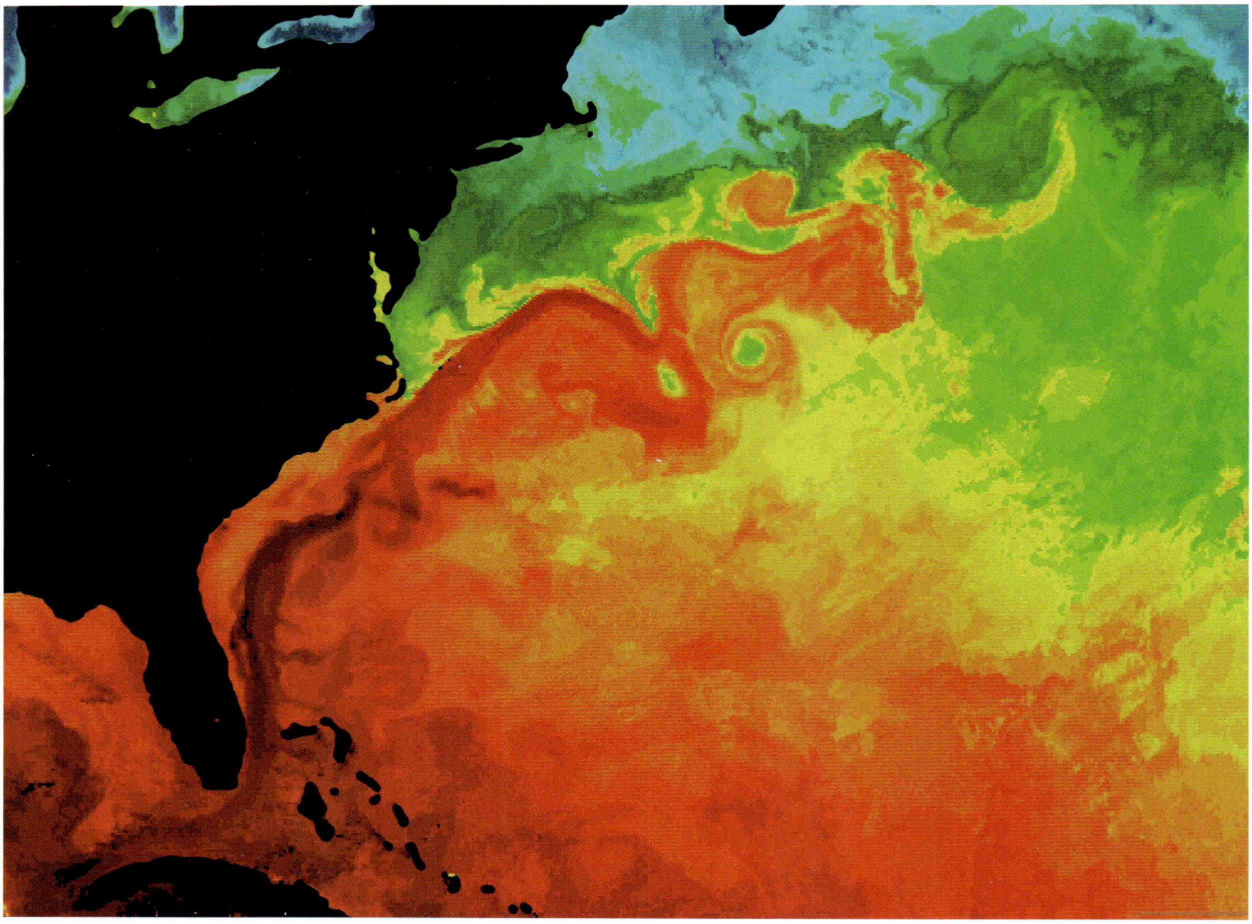

OBEN **DER TEMPERATURUNTERSCHIED ZWISCHEN DEM WASSER IM GOLFSTROM UND DEM WASSER SEITLICH VON IHM KANN BIS ZU 10 °C BETRAGEN.**

sie aus Butter wäre. An der Küste von Victoria im Südosten Australiens findet sich eine noch eindrucksvollere Demonstration der Zerstörungskraft des Ozeans. Die »Zwölf Apostel«, die wie Felsnadeln aus dem Wasser ragen, gehörten einst zu den Kalksteinklippen, die die Küste säumten. Nachdem das Meer sie aus dem Fels herausgemeißelt hatte, fraß es einen nach dem anderen auf. Im Oktober 2005 brach ein 50 Meter hoher Pfeiler auseinander und versank im Meer, sein Fundament war durch Erosion ausgehöhlt worden. Er war der vierte Gefallene, seit die Felsen ihren Namen bekamen. Sie heißen immer noch »Die zwölf Apostel«, aber durch das Wüten des Meeres sind es jetzt nur noch acht.

Der Meeresfluss

Obwohl Wellen nur Energie und kein Wasser transportieren, können sich große Mengen Meereswasser um den Planeten bewegen, die ebenfalls Energie im globalen System verteilen. Das sind die Meeresströme, von denen der bekannteste wohl der Golfstrom ist. Aus dem Golf von Mexiko kommend, fließt diese schnelle und warme Strömung um Florida herum die Ostküste der USA hinauf. Zum ersten Mal wurde sie 1513 schriftlich erwähnt, als der spanische Entdecker Juan Ponce de León (der den sagenumwobenen Jungbrunnen gesucht hatte, sich aber mit der Entdeckung Floridas zufriedengeben musste) ihre merkwürdige

Wirkung in seinem Logbuch festhielt. Juan Ponce de León segelte durch die Meerenge von Florida nach Süden, als sich sein Schiff trotz starken Rückenwinds rückwärts bewegte. Er schrieb das einer Strömung zu, die von der schmalen Meerenge verursacht wurde, und steuerte Richtung Küste, um ihr aus dem Weg zu gehen. Was er nicht erkannte, war, dass dieser riesige Meerwasserfluss, der mit 30 Millionen Tonnen pro Sekunde durch die Meerenge von Florida strömt, ihn mit einer Geschwindigkeit von 160 Kilometern pro Tag nach Europa hätte zurückbringen können.

Die spanischen Segler nutzten kurz darauf die Abkürzung über den Atlantik, aber sie verrieten nichts von deren Existenz. Bis ins späte 18. Jahrhundert wurde sie geheim gehalten, als der Golfstrom von keinem Geringeren als Benjamin Franklin, dem gefeierten Wissenschaftler, Diplomat und Gründungsvater der USA, kartografiert wurde. Vielleicht am berühmtesten ist Franklin dafür, dass er einen Drachen in eine Gewitterwolke fliegen ließ, um seine Theorie der Elektrizität zu überprüfen. Aber weniger bekannt ist, dass er eine Zeit in England lebte und als stellvertretender Postamtsvorsteher für die amerikanischen Kolonien arbeitete. Er wunderte sich, dass Postsegelschiffe für die Fahrt in die USA zwei Wochen länger brauchten als Handelsschiffe. Sein Cousin Timothy Folger, Kapitän auf einem Walfangschiff, erklärte ihm, Leute mit Durchblick würden einen südlicheren Kurs nehmen, um den Golfstrom zu umgehen, die Postschiffe aber ahnungslos gegen den Strom ansegeln. Er wüsste alles über die geheime Strömung, weil die Wale oft an ihrem Rand Nahrung suchten, und er hätte den Kapitänen der Postschiffe bereits geraten, ihren Kurs zu ändern. Aber die Worte eines einfachen Walfängers seien auf taube Ohren gestoßen. Er zeichnete eine Karte des »Stroms« für Franklin, die dieser für den Hauptpostamtsvorsteher drucken ließ – der sie natürlich ignorierte. Aber Franklin war entschlossen, mehr herauszufinden. So segelte er im Jahr 1775 über den Atlantik und maß vom Schiff aus die Temperatur. Er stellte fest, dass die Strömung ungewöhnlich warm und das Wasser blau und nicht grau wie der Rest des Atlantiks war. Wale schwammen nicht in die Strömung hinein, weil sie offenbar wenig Nahrung enthielt. Franklin fand sogar Zeit, diese wissenschaftlichen Beobachtungen fortzusetzen – an jedem Tag der lebensgefährlichen Reise nach Frankreich im Jahr 1776, wo er Anhänger für die amerikanische Revolution gewinnen wollte. Seine Studien waren erfolgreich, und er führte die Strömung ziemlich korrekt auf eine »Akkumulation von Wasser an der Ostküste Amerikas zwischen den Wendekreisen« zurück, die von den Passatwinden angetrieben wurde. Er schlug auch den Namen Golfstrom vor.

Heute ist der Golfstrom eine der am besten erforschten Ozeanströmungen der Welt. Er wurde mit einem Arsenal an Instrumenten in jeder nur vorstellbaren Weise getestet, aufgezeichnet, vermessen, fotografiert und analysiert – von driftenden und ortsfesten Strömungsmessern, Echoloten, Mikrowellensatelliten und vielem mehr. Das Bild, das sich daraus ergab, ist erstaunlich komplex. Der Golfstrom ist mehr als ein warmer Fluss – er ist ein komplettes, zirkulierendes System und erzeugt riesige Wasserwirbel, die sich teilen und wieder vereinen. Durch die Rotation der Erde wird die gesamte Strömung nach rechts abgelenkt (Coriolis-Effekt). Da aber ihre südöstliche Seite einen Meter höher als die nordwestliche ist, versucht die Schwerkraft, die riesige Wassermasse in die andere Richtung zu hieven. Sie umspült – nur 80 bis 150 Kilometer breit – die südöstliche Küste der USA, ihr Durchfluss nimmt auf der Reise nach Norden zu und erreicht einen Spitzenwert von 150 Millionen Kubikmeter pro Sekunde beziehungsweise 540 Milliarden Tonnen pro Stunde. Vom Nordosten der USA aus fließt der Strom nun in den Atlantik und gabelt sich. Sein nördlicher Arm strömt als Nordatlantische Drift bis nach Schottland und Norwegen, der südliche Arm dreht sich im Uhrzeigersinn und fließt zurück in die Karibik.

Der Golfstrom transportiert eine phänomenale Menge an Wärmeenergie – die 100-fache Menge des gesamten Energieverbrauchs des Menschen oder die Produktion von einer Million von Kraftwerken. Seine Energie genügt auf jeden Fall, um das Klima in Nordeuropa zu beeinflussen, uns mildere Winter zu bringen, als wir sonst hätten, und das Wetter zu erzeugen, das uns mit ausreichend Wolken und Regen versorgt.

Badeente, bitte melden

Am 10. Januar 1992 geriet ein Ozeanfrachter, der von Hongkong nach Tacoma, USA, unterwegs war, im Nordpazifik in schwere See. Das Schiff krängte von einer Seite zur anderen und hatte bis zu 40 Grad Schräglage, und obwohl es den Wellen unversehrt entkam, wurden 12 Container über Bord gespült. Einer von ihnen enthielt eine Ladung von 29 000 Plastikbadespielzeugen in kleinen Päckchen mit je einer gelben Ente, einem roten Biber, einer blauen Schildkröte und einem grünen Frosch. Die Verpackung ging nach einigen Stunden im Wasser auf, die kleinen Tiere waren frei und traten eine lange, abenteuerliche Reise über das Meer an. Zehn Monate später, als die Enten in der Nähe der Stadt Sitka in Alaska am Strand landeten, erkannten die Ozeanografen, dass sich ihnen eine bemerkenswerte Möglichkeit bot.

Die Erforschung der Ozeanströme ist nicht leicht, denn es ist nahezu unmöglich, die genaue Bewegung eines bestimmten Wasserflecks zu verfolgen. Jeder elektronische Schwimmkörper, dessen Spur von Satelliten verfolgt werden kann, kostet 3700 Euro und wird im Ozean nicht alt. Aber Strandgut gibt es umsonst. Rund 10 000 Frachtcontainer gehen jedes Jahr weltweit über Bord, und Wissenschaftler haben in der Vergangenheit die Reiserouten von Legosteinen, Regenschirmgriffen und Turnschuhen rekonstruiert.

Die Reise der Spielzeugtiere führte zuerst nach Alaska, dann in westlicher Richtung nach Japan und wieder zurück nach Nordamerika – in einem Zeitraum von drei Jahren. Danach gerieten sie in den Nordpazifikwirbel – einen wabernden Strudel von Strömungen, die einen Großteil des Nordpazifiks einkreisen. Einige verfingen sich im Zentrum des Wirbels, der auch der »große pazifische Müllstrudel« genannt wird, wo sich der schwimmende Müll in dem langsam fließenden Wasser ansammelt und auch die Enten und ihre Freunde ihr Dasein beenden werden, wenn sie sich in diesem am stärksten verschmutzten Teil der Weltmeere langsam zersetzen. Viele andere trieben in die Tropen und folgten Meeresströmungen, die sie über den Äquator nach Indonesien, Australien und zurück durch den Pazifik nach Südamerika führten. Rund 10 000 reisten nach Norden durch die Beringstraße zwischen Alaska und Russland ins Nordpolarmeer. Einige wurden im Eis eingefroren und zum Pol befördert, bevor sie nach Süden abdrehten und Kurs auf Grönland und Island nahmen und schließlich von den schmelzenden Eisströmen im Atlantik ausgesetzt wurden. 2003 traf ein grüner Frosch an den Hebriden ein, während andere die Ostküste Nordamerikas erreichten. Die übrigen reisten in die Karibik, wo sie in den Golfstrom gerieten und nach England und zum europäischen Kontinent transportiert wurden.

Wenn Sie eines dieser Plastiktierchen finden, schauen Sie nach, ob an der Seite die Worte »The First Years« eingeprägt sind – Sie könnten 100 Dollar Finderlohn dafür verlangen.

UNTEN **EINE VEREINFACHTE ROUTE DES TAUSENDJÄHRIGEN KREISLAUFS DES GLOBALEN FÖRDERBANDS, DAS ALLE MEERE AUF DER ERDE MITEINANDER VERBINDET.**

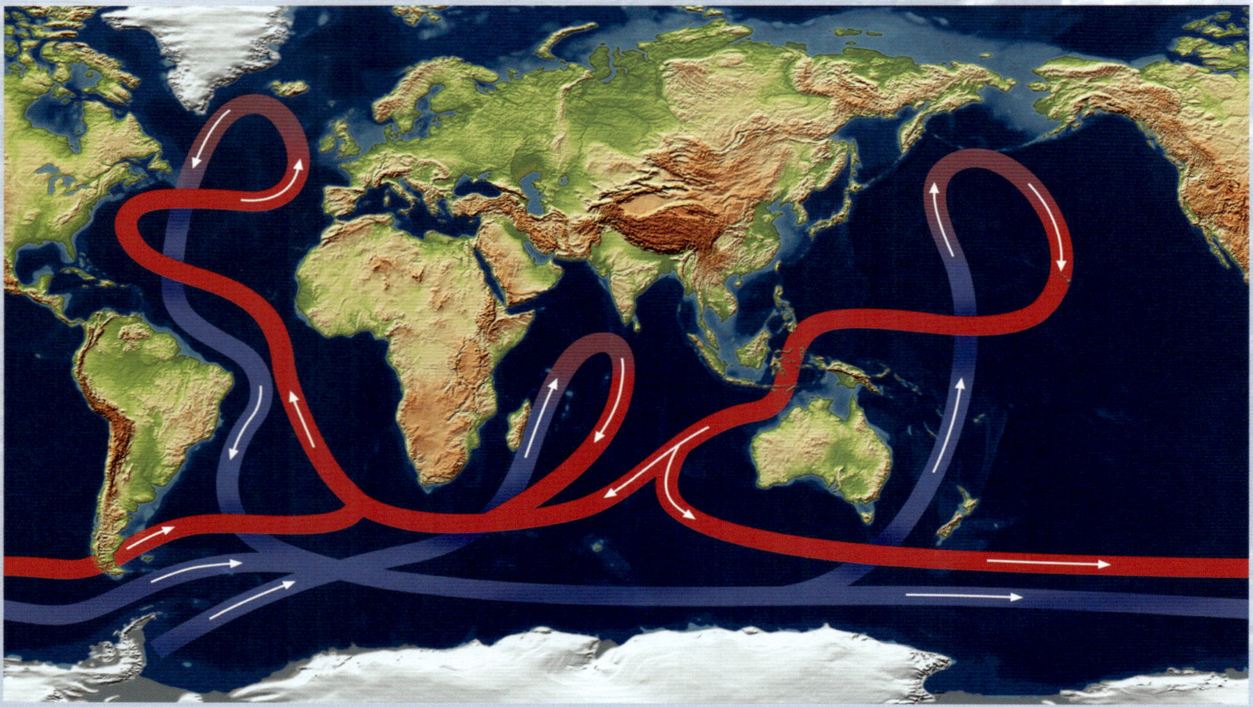

Aber nicht nur auf das Wetter in Europa hat der Golfstrom einen enormen Einfluss. Südlich der Strömung liegt die Sargassosee, eine riesige Menge warmen Wassers, gefangen in einem Strudel, der von der Hauptströmung umflossen wird. Die Luft über der Sargassosee erwärmt sich, und der Golfstrom bildet eine Grenze zwischen dieser warmen Luft und der kälteren Luft über dem nordamerikanischen Kontinent. Diese Grenze ist der Schauplatz einiger außergewöhnlicher Wetterphänomene. Im Winter gleitet die kalte arktische Luft langsam über Nordamerika nach unten, bevor sie auf das Meer hinausfließt und auf die feuchtwarme Luft über dem Golfstrom trifft. Dabei bilden sich riesige Schlote von Dampf, die von der Wasseroberfläche bis in die Wolken reichen. Die in diesen »Dampfteufeln« gebundene Energie ist gewaltig – als würde von jedem Quadratkilometer des Meeres die Energie eines Atomkraftwerks in die Atmosphäre gepumpt. Diese Aufwinde können weitreichend wirken, beispielsweise Schneestürme über Neuengland schüren oder atlantische Tiefdruckgebiete erzeugen, welche die Britischen Inseln unter Wasser setzen. An der sogenannten Nordwand des Golfstroms steigt die warme und feuchte Luft auf und verteilt sich über dem viel kühleren Wasser, sodass große Nebelbänke entstehen. Ein halbes Jahr lang bildet sich auch da Nebel, wo der eisige Labradorstrom nach Süden fließt und auf die feuchte Luft trifft, die den Golfstrom passiert hat, denn bei der plötzlichen Abkühlung kondensiert die Feuchtigkeit. Eisberge, die von Grönland aus nach Süden driften, verstärken den Nebel, aus dem sie nur kurz auftauchen, wenn sie die klare Luft über dem Golfstroms erreichen, von diesem eingefangen werden und schmelzen, bevor sie sich weiter nach Süden bewegen können.

Globales Förderband

Oberflächenströmungen wie der Golfstrom werden vom Wind angetrieben und können sich überraschend schnell bewegen. In den vergangenen 30 Jahren haben die Wissenschaftler aber auch viel langsamere Strömungen entdeckt, die sich über den Ozeanboden winden. All diese Strömungen sind miteinander verbunden und bilden einen globalen Kreislauf, der nicht nur Wasser um den Planeten herum transportiert, sondern auch große Mengen Wärme – mit weitreichenden Folgen für das Klima des Planeten.

Versetzen Sie sich in eine weit zurückliegende Zeit: Angetrieben vom Westwind des Atlantiks nähert sich ein Segelschiff seinem Heimathafen in Westeuropa nach einer Reise voller Wagnis, Abenteuer und Entbehrungen, wie wir sie heute kaum nachvollziehen können. Stellen Sie sich vielleicht einen Seemann auf einem von Sir Francis Drakes Kaperschiffen vor, vielleicht den großen Seebären selbst, wie er sich morgens früh das Gesicht wäscht und an die sauberen Hemden und Hosen denkt, die er sich von seinem frisch erbeuteten Reichtum kaufen kann, wenn er in ein paar Tagen Plymouth erreicht hat, wie er das schmutzige Wasser einfach über Bord kippt, wo es sich mit den schäumenden Wogen des Meeres vermischt. Genau dieses Wasser kann morgen auf Sie niederregnen, denn das Wasser von Sir Francis Drakes Morgentoilette wurde zu einem winzig kleinen Teil des größten aller Meeresströme, der »thermohalinen Zirkulation«, besser bekannt unter dem Namen »globales Förderband«.

Dieses ist eine Endlosschleife, aber beginnen wir an dem Punkt im Nordatlantik, wo Sir Francis sein schmutziges Wasser über Bord kippte. Das Wasser strömt nach Norden, angetrieben vom nördlichen Arm des Golfstroms, der Nordatlantischen Drift. Diese Strömung ist warm und salzig (der Nordatlantik ist der wärmste und salzigste aller Ozeane), aber in der Nähe der Arktis kühlt sie ab, wird schwerer und an ihrer Oberfläche bildet sich Meerwassereis. Eis kann für seine gefrorenen Strukturen nur reines Wasser gebrauchen und lässt das Salz zurück. Nun ist das verbleibende Wasser sowohl salziger als auch kälter, wodurch es noch schwerer wird und sinkt. Nur durch Schallbilder sichtbar, sinkt diese Masse von kaltem, dichtem, salzigem Wasser in eine außerordentliche Tiefe ab, es fällt dreieinhalbmal so tief wie die Angel Falls, der höchste Wasserfall auf dem Land, und wird Teil dessen, was Ozeanografen treffend das Nordatlantische Tiefenwasser nennen – eine Masse von dichtem, salzhaltigem Wasser, das im Atlantischen Becken zusammenfließt. Hier tritt Sir Francis' Waschwasser eine lange, langsame Reise nach

Süden an, durchmisst die kalte Dunkelheit der Ozeantiefen, bis es die andere Seite der Welt erreicht.

Die lange Reise verläuft nicht gradlinig. Das Wasser muss in Etappen reisen, so wie Wasser in einem Springbrunnen von Stufe zu Stufe gelangt, sich eine Weile in jedem Becken bewegt, bevor es auf die nächste Ebene überläuft. Die tiefen Wasser des globalen Förderbandes bewegen sich durch eine Reihe von Wirbeln – rotierende Strömungen, die so groß wie das ganze Meer sein können; das Wasser kann jahrelang langsam darin kreisen, bevor es in den nächsten Wirbel gerät. Sir Francis' Waschwasser brauchte vielleicht ein Jahrhundert, um die Runde nach Südamerika zu vollenden und erreichte Nordbrasilien vielleicht kurz nach dem Großen Brand von London im Jahr 1666. Von da aus setzte es seine Reise auf verschiedenen Rundkursen in Richtung Antarktis fort, wo es ein weiteres Jahrhundert später ankam, vielleicht auf dem Höhepunkt der Französischen Revolution.

In der Antarktis vereinigt sich der Strom mit einer von der antarktischen Küste kommenden kalten Strömung, bevor sich das Förderband zweiteilt. Ein Ableger zieht sich um die Antarktis herum nach Australien und taucht schließlich 1000 Jahre später im Nordpazifik wieder auf. Der andere Arm fließt nach Norden an der ostafrikanischen Küste entlang – in unserem Beispiel beginnt die viktorianische Ära – und erwärmt sich langsam Jahrzehnt um Jahrzehnt, bis er – zum Ende der britischen Kolonialherrschaft – in der Nähe Indiens wieder auftaucht. Nachdem er die Oberfläche erreicht hat, wird die Strömung schneller. Mit dem Wind im Rücken strömt das Wasser wieder in Richtung Süden zum afrikanischen Kap der Guten Hoffnung, fließt um es herum und dann durch den Atlantik in Richtung Karibik, obwohl es auf dem Weg dorthin einige Jahre in spiralförmigen Strudeln und Wirbeln verbringt. Es erreicht erneut den Golfstrom, um mit bemerkenswerter Geschwindigkeit zurück nach Nordamerika befördert zu werden, wo es verdunstet, nach Europa zieht und als Frühjahrsregen niedergeht.

RECHTS **DIE OZEANSTRUDEL, DIE DURCH DIE ANTARKTISCHEN WINDE IM WEDDELL-MEER ERZEUGT WERDEN, SIND EIN WICHTIGER TEIL DES GLOBALEN FÖRDERBANDS.**

Der Bumerang-Mann

Im Jahr 1899 blieb der Monsunregen aus und Indien wurde von einer Hungersnot heimgesucht. Der Indische Meteorologische Dienst ernannte einen neuen Generaldirektor, der fest entschlossen war, die Ursachen zu erforschen und eine Methode zur Vorhersage des Monsuns zu entwickeln. Sein Name war Sir Gilbert Walker, und er war ein klassischer, britischer Universalgelehrter mit breit gefächerten künstlerischen und wissenschaftlichen Interessen wie Malerei, Schlittschuhlaufen, Segelfliegen und die wissenschaftliche Erforschung des Vogelflugs. Außerdem war Walker fasziniert vom Flötenspiel – er verbesserte sogar den Bau dieses Instruments – und er verbrachte zehn Jahre mit dem Studium des Bumerangs (von dem er zahllose Exemplare per Schiff aus Australien einführte), um neue Theorien über die Natur von der Kreiselbewegung zu entwickeln.

Walker näherte sich dem Monsunproblem über die Statistik. Es war lange vor der Zeit der elektronischen Datenver-

arbeitung, aber ihm standen viele hoch qualifizierte Mitarbeiter im Indischen Meteorologischen Dienst zur Verfügung. Er stellte ihnen die Aufgabe, Wetteraufzeichnungen aus aller Welt nach statistisch relevanten Zusammenhängen zwischen wichtigen Wetterereignissen zu durchforsten. Tatsächlich fand sich eine Verbindung: Walker stellte fest, dass Intensität und Zeitpunkt des Monsuns mit den relativen Luftdrücken über dem Indischen und dem Pazifischen Ozean zusammenhingen, und schloss daraus, dass der Monsun nur Teil eines größeren globalen Wettersystems sei. Den schwankenden Luftdruck über den beiden Ozeanen nannte er »Südliche Oszillation«. Walker verbrachte Jahre mit der Sammlung und Analyse von Daten und fand heraus, dass die Oszillation auch mit den Regen- und Windmustern im Pazifik und im Indischen Ozean sowie mit Temperaturveränderungen in Afrika, Südkanada und den USA zusammenhingen.

Dennoch gelang es ihm nicht, den Monsun vorherzusagen, und auch der von ihm festgestellte Zusammenhang wurde von Wissenschaftlern angezweifelt. Heute weiß man, dass Walker auf der richtigen Spur war. Das Muster der zirkulierenden Luft über dem äquatorialen Pazifik wurde ihm zu Ehren »Walker-Zirkulation« genannt – denn Walker hatte die Grundlage für die Erforschung des globalen Klimas geschaffen, das als ein einziges komplexes System gelten kann.

OBEN **DER BRITISCHE METEOROLOGE SIR GILBERT WALKER (1868–1958).**
UNTEN **DIE REGELMÄSSIG AUFTRETENDEN MONSUNREGEN GEHÖREN IN ASIEN ZUM ALLTAG.**

Diese außergewöhnliche, lange und abenteuerliche Reise des Wassers ist in vieler Hinsicht lebensnotwendig für die Funktionstüchtigkeit unseres Planeten. Zusammen mit der Atmosphäre verteilt das globale Förderband die Wärme rund um den Planeten und gleicht die Extreme zwischen den schwitzenden Tropen und frierenden Polen aus. Das absinkende kalte Wasser transportiert große Mengen von frischem Sauerstoff in die Tiefe – denn kaltes Wasser enthält mehr Sauerstoff als warmes – und verwandelt das, was sonst ein lebensfeindlicher Abgrund wäre, in eine Oase des Lebens. Auf seiner langsamen Wanderung über den Ozeanboden nimmt das Wasser Nährstoffe aus Sedimenten und aus toten, pflanzlichen oder tierischen Stoffen auf, die wie »Schnee« aus dem sonnendurchfluteten Wasser von weit oben herabfallen. Im Südpolarmeer verschieben die Winde, die heulend die Antarktis umbrausen, das Oberflächenwasser, sodass ein Teil des Tiefenwassers aufsteigen kann. Das Land der Antarktis mag eine unfruchtbare Wüste sein, aber der Auftrieb des nährstoffreichen Tiefenwassers macht ihr Meer zu einem der fruchtbarsten Gebiete des Planeten. Riesige Planktonblüten gedeihen dort und ernähren ein ganzes marines Ökosystem, und die Nährstoffe aus der Tiefsee werden über die gesamte Nahrungskette weitergegeben an Krill, Sardellen, Pinguine, Robben und Wale.

Am Laufen gehalten durch die einfache Physik von aufsteigendem warmen und absinkendem kalten, salzhaltigen Wasser, sorgt das Förderband für die Gesundheit unseres Planeten – meistens ohne dass wir es merken, das heißt, solange nichts schiefgeht.

Eine kühlere, wärmere Welt

In den 1960er Jahren begann der britische Geologe Russell Coope tote Laufkäfer aus alten Lehmschichten einer Klippe bei St. Bees an der Nordwestküste Englands auszugraben. Vor Tausenden von Jahren lebten die fleischfressenden Käfer glücklich am Rand eines schlammigen Tümpels, achteten nicht darauf, wo sie hinkrabbelten, und plumpsten in ihr Verderben. Jahr um Jahr fielen die Käfer in den Teich, wo sich der Schlamm Schicht für Schicht auf ihnen absetzte und ihre Körper für die Nachwelt konservierte.

Laufkäfer sind sehr temperaturempfindlich, und jede Art ist auf eine bestimmte klimatische Zone begrenzt. Da sich die Arten im Lehm von St. Bees mit der Zeit änderten, musste sich das Klima verändert haben. Coope grub so viele wie möglich aus, klassifizierte sie und merkte, dass er mit ihrer Hilfe ein beeindruckendes Klimaprotokoll erstellen konnte, das Jahrtausende zurückreichte. Aber etwas war merkwürdig. Vor rund 11 000 Jahren, als die Welt aus der Eiszeit erwachte, hätten wärmeliebende Käfer nach und nach ihre kälteliebenden Verwandten verdrängen müssen. Zu Coopes Überraschung passierte das Gegenteil: Das Klima schien dramatisch zu wechseln. Es wurde wärmer, dann plötzlich kälter, danach wieder wärmer. Vor rund 11 500 Jahren muss die sich erwärmende Welt wieder in eine Mini-Eiszeit zurückgefallen sein.

Coopes Entdeckung wurde fast 30 Jahre lang nicht ernstgenommen. Dann aber kamen Untersuchungsergebnisse von Eiskernen, die man aus Eisplatten von Grönland oder der Antarktis herausgebohrt hatte. Eiskerne können viel über das Klima in der Vergangenheit erzählen. Die in alten Schneeschichten eingesperrten Luftblasen sind winzig kleine Proben der prähistorischen Atmosphäre, und die Isotope im Wasser zeigen, wie die Temperaturen sich geändert haben. Das entstehende Bild zeigte keine allmähliche Erwärmung, sondern Sprünge in erschreckend kurzer Zeit, bei denen sich die globale Temperatur in nur einem Jahrzehnt um bis zu 10 Grad änderte. Und was Coope gesehen hatte, spiegelte sich in dem Eis wider. Vor rund 11 500 Jahren, als die Welt sich langsam erwärmte, kehrte die Eiszeit plötzlich zurück. Die Kälteperiode, die man nach einer Tundrapflanze, die damals in Europa wuchs, Jüngere Dryas nennt, dauerte über 1000 Jahre. Aber wie konnte sich das Klima so schnell ändern? Und könnte es wieder passieren?

Eine Theorie ist, dass das globale Förderband zusammenbrach. Große Mengen Schmelzwasser aus nordamerikanischen Seen, deren Eisdämme gebrochen waren, könnten in den Golfstrom geflossen sein und das Salzwasser so verdünnt haben, dass es nicht mehr absinken konnte. Sobald aber das Förderband stillsteht, wird der Golfstrom schwächer und verlagert sich nach Süden, wodurch dem Atlantik

die Wärme genommen wird. Ob die Jüngere Dryas so ausgelöst wurde, ist umstritten, aber die Klimatologen sind überzeugt, dass das Förderband in der Vergangenheit häufig ausgeschaltet war, und glauben, die globale Erwärmung könnte es wieder zum Erliegen bringen.

In einer wärmeren Welt wird es über dem Nordatlantik mehr regnen, was das Meerwasser durch das Süßwasser verdünnt. Schmelzende Gletscher werden weiteres Süßwasser beisteuern. Niemand weiß, wie schnell das passieren kann, aber man nimmt an, dass das Förderband sensibel auf Veränderungen reagiert und vielleicht zum Stillstand kommt. In diesem Fall würden die britischen Winter im Schnitt 2 bis 5 °C kälter, und die typischen Winter wären so kalt wie der kälteste seit Beginn der Aufzeichnung vor fast 250 Jahren. Die normalen Winter wären kälter als der »Große Winter« von 1962/63 (der kälteste im letzten Jahrhundert), und noch viel kältere Winter wären zu erwarten – viele von ihnen kälter als der berühmte Winter von 1683, als die Themse zufror und eine 30 Zentimeter dicke Eisschicht den Ärmelkanal blockierte. So merkwürdig es sich anhört – die globale Erwärmung könnte eine neue Eiszeit einleiten.

Das Christkind

Die komplexe Beziehung zwischen Ozean, Atmosphäre und Klima wird vielleicht von dem berüchtigten Wetterphänomen El Niño am besten veranschaulicht. In den letzten zwei Jahrzehnten wurde El Niño zu einem der meist untersuchten Klimaphänomene des Planeten, denn es ist auch eines der gefürchtetsten.

Jedes Jahr kurz nach Weihnachten fließt eine warme Ozeanströmung an der Küste von Ecuador und Peru nach Süden. Gelegentlich ist die Strömung stärker, fließt weiter nach Süden und ist sehr warm. Dann bringt sie besonders starken Regen mit sich, den die Bevölkerung an der Küste begrüßt, weil im nächsten Jahr eine reiche Ernte zu erwarten ist – daher der Name El Niño (spanisch für »kleiner Junge«

LINKS **EL NIÑO BRINGT EINIGEN TEILEN DER WELT EINE GUTE ERNTE, ABER ANDEREN ZERSTÖRUNG UND FLUTEN.**

in Anlehnung an das Christkind). Aber El Niño ist nicht immer ein Grund zur Freude, denn er kann in vielen Teilen der Welt zerstörerisches Wetter bringen, das für Fluten, Dürren, eine Umkehr des normalen Niederschlagsmusters und mithin für Not und Elend verantwortlich ist. Im Jahr 1998 stürzte einer der stärksten El Niños Peru ins Chaos, als 30 000 Häuser von Fluten zerstört wurden und gleichsam über Nacht ein 150 Kilometer langer See in einer Wüste entstand, die seit mehr als 15 Jahren trocken gewesen war.

Um ein größeres El-Niño-Ereignis begreifen zu können, müssen wir erst einmal die normalen Verhältnisse verstehen. Vor der Pazifikküste Südamerikas befindet sich normalerweise ein Hochdruckgebiet, aus dem der Passatwind nach Westen über den Pazifik weht – in Richtung eines Tiefdruckgebiets über Indonesien. Der starke und stetige Wind treibt das äquatoriale Oberflächenwasser nach Westen und türmt es in Südostasien auf, wo der Meeresspiegel dann rund 60 Zentimeter höher ist. Die Warmwasserströmung macht die Luft in Südostasien feuchter und trägt zum Monsunregen bei. Im Gegensatz dazu hat die südamerikanische Küste ein trockenes Klima. Da das Oberflächenwasser durch den Wind von der Küste weggetrieben wird, steigt kaltes, nährstoffreiches Wasser aus der Tiefe auf und sorgt dafür, dass das Meer kühler und die Luft trockener wird. Während die Bodenwinde nach Westen in Richtung Asien wehen, bewegt sich der Höhenwind in die andere Richtung – er bringt die Luft wieder in Bewegung, nachdem sie ihren Regen vergossen hat, und befördert nun trockene Luft an die südamerikanische Küste zurück – der Kreislauf ist geschlossen. Dieser atmosphärische Zyklus ist als Walker-Zirkulation bekannt (siehe Seite 162).

Dieses äußerst fein ausbalancierte System bedarf nur einer kleinen Änderung der Bedingungen, damit es zusammenbricht, und es zu einem El-Niño-Ereignis kommt. Auslöser ist ein leichtes Nachlassen des Passatwinds, das sofort zu einer Rückkopplung führt. Die Massen von warmem Wasser, die sich im Westen auftürmen, drängen plötzlich zurück nach Osten und bringen mehr warmes Wasser

RECHTS **WENN EL NIÑO DAS KLIMASYSTEM STÖRT, REICHEN DIE FOLGEN VON WALDBRÄNDEN BIS HIN ZU STURMFLUTEN.**

und feuchte Luft nach Südamerika als gewöhnlich. Das wiederum erwärmt die Luft, verringert den Luftdruck und schwächt den Wind noch weiter ab. Plötzlich gibt es eine Umkehr des normalen Wetters im Pazifik, und die Küsten Südamerikas werden regnerisch, während in Südostasien und Australien Trockenheit herrscht. Für die Bauern in Peru ist der Regen ein Segen, aber für die Fischer, die normalerweise die weltgrößten Sardellen-Fänge aus dem Wasser ziehen, ist El Niño ein Desaster. Ohne den starken Wind, der an der Küste das Tiefenwasser aufsteigen lässt, verliert das Meer seine größte Nährstoffquelle und die Fische fliehen nach Süden oder sterben.

Die Auswirkungen von El Niño sind vielfältig. Auf der Westseite des äquatorialen Pazifiks werden die normalerweise feuchten Dschungel von Südostasien staubtrocken, und der Monsun bleibt aus, der in weit entfernten Ländern wie Westindien und im äthiopischen Hochland das Land bewässert. Die Tropenstürme, die normalerweise ausgiebige Regenfälle nach Südostasien bringen, bewegen sich nach Osten und setzen trockene Pazifikinseln unter Wasser. Die Spitzen der riesigen Sturmwolken ragen in den Weg des Jetstreams (oder Strahlstroms, einem Starkwindband, das sich in großer Höhe um den Planeten zieht) hinein und lenken diesen von seinem normalen Weg ab, was sich auf das Wetter rund um den Globus auswirkt.

Im Westen bringt El Niño Trockenheit, Waldbrände und Hunger, im Osten katastrophale Fluten. Die massiven klimatischen Umwälzungen scheinen alle 3 bis 7 Jahre aufzutreten und dauern rund 18 Monate. Wenn El Niño stirbt, kehrt sich das Schema oft ins Gegenteil um – im Ostpazifik wird es ungewöhnlich kalt und im Westen gibt es verheerende Fluten: ein Spiegelbild von El Niño, bekannt als La Niña (»das kleine Mädchen«). Diese gewaltige Ebbe und Flut von warmem Wasser quer durch den Pazifik ist fast unvorstellbar groß – vielleicht vergleichbar mit einer Welle von der Größe der USA, die langsam von einer Seite des Planeten auf die andere schwappt – und wird ihrem vollen wissenschaftlichen Namen wahrlich gerecht: El Niño/Südliche Oszillation (ENSO).

Für die Erde ist El Niño nur ein Schluckauf – eine momentane Umverteilung von Wärme und Energie, die plötzlich einsetzt und das globale Klimasystem wieder ins Gleichgewicht bringt. Auf menschlicher Ebene kann er jedoch der fünfte apokalyptische Reiter sein, der ein verheerendes Klimachaos bringt. In den letzten Jahren entdeckten die Historiker, dass El Niño in großen, manchmal epochalen geschichtlichen Ereignissen seine Hand im Spiel hatte und die Zivilisation stark beeinflusste. Die Französische Revolution, die Hungersnot in Irland wegen der Kartoffelmissernten und der plötzliche Zusammenbruch der Landwirtschaft bei Maos »Großem Sprung nach vorn« – fielen mit Ernteausfällen und ungewöhnlich kühlen und nassen Sommern zusammen – Bedingungen, die Klimatologen heute auf El Niño zurückführen. Und in den geologischen Aufzeichnungen gibt es Hinweise auf eine Reihe von Super-El-Niños, die 20 Prozent stärker als die schlimmsten in der letzten Zeit waren. Sie scheinen im Mittelalter in Abständen von 300 bis 500 Jahren aufgetreten zu sein und werden mit katastrophalen Dürren und Waldbränden im Amazonasgebiet und Fluten von biblischen Ausmaßen an der Küste Perus in Zusammenhang gebracht. Es gibt Hinweise darauf, dass ein solcher Super-El-Niño wieder auftreten wird, denn die globale Erwärmung scheint sich zu beschleunigen, die ENSO-Phasen verstärken sich. In der fast drei Jahrhunderte umfassenden Bilanz der ENSO-Ereignisse gibt es nur acht oder neun »sehr starke« El Niños. Sie treten also im Schnitt alle 42 Jahre auf, aber die beiden schwersten ereigneten sich 1982/83 und 1997/98 – in einem Abstand von nur 14 Jahren.

Wenn Ozeane umkippen

Im letzten Kapitel sahen wir, dass das Leben auf der Erde vor rund 250 Millionen Jahren, am Ende des Perm-Zeitalters, beinahe ausgelöscht wurde. Belege für das Massensterben sind noch heute zu finden – an Orten, wo man sie nicht vermuten würde. In einer Höhe von 2000 Metern in den italienischen Alpen gibt es eine Schicht aus schwarzem Gestein, die einst Teil des Meeresbodens war. Durch tektonische Bewegungen stieg das uralte Meeresbett an und wurde zu einem Teil der schneebedeckten italienischen Dolomiten, einer spektakulären Kette gezackter Kalksteingipfel. Sie thronen über malerischen Tälern, die von Wasserfällen und

Flüssen eingeschnitten wurden. Das schwarze Gestein ist Schiefer, in dem man zusammengepresste Opfer der großen Vernichtung findet, bei der 96 Prozent aller Meerestierarten ausstarben.

Die Vulkanausbrüche in Sibirien, die das Massensterben ausgelöst zu haben scheinen, rissen riesige Spalten in die Erdkruste, durch die eine Million Jahre lang fast ununterbrochen blubbernde Lava austrat und Kohlendioxid in die Atmosphäre gespuckt wurde. Durch den anschließenden Treibhauseffekt stiegen die globalen Temperaturen um etwa 5 °C. Aber die volle Wirkung entfaltete sich im Ozean. Wie heute war die Erwärmung an den Polen am stärksten, und als das Meerwasser dort zu warm wurde, um abzusinken, muss sich das globale Förderband abgeschaltet haben. Die Tiefseeströmungen kamen zum Stillstand und die Tiefsee wurde nicht mehr mit Sauerstoff versorgt. Gleichzeitig erwärmte sich das Oberflächenwasser rund um die Erde. Unterhalb von mehreren Hundert Metern war das Wasser warm und bewegungslos, unterhalb von 1000 Metern starb alles.

OBEN **DER VERSTEINERTE KIEFER EINES RHINESUCHUS, EINES LURCHS, DER ZUSAMMEN MIT DEN MEISTEN LAND- UND MEERESLEBEWESEN BEIM MASSENSTERBEN IM PERM AUSGELÖSCHT WURDE.**

So viele tote Tiere führten zu einem Dominoeffekt in der Tiefsee und zum Zusammenbruch der gesamten marinen Nahrungskette, und mit der Zeit wurde ein Großteil des Lebens in den Ozeanen vernichtet – durch Sauerstoffmangel und fehlende Nahrung oder beides. Die Überreste sanken langsam auf den Meeresboden, wo sie sich Schicht um Schicht ablagerten, um zu verrotten. Doch nicht einmal das konnten sie, denn auch die sauerstoffabhängigen Bakterien, die normalerweise die Kadaver am Ozeanboden bis auf die Knochen verwerten, hatten keinen Sauerstoff. Also wurden die Reste langsam zu einem dicken schwarzen, schleimigen Schlick zusammengepresst, der schließlich zu Schiefer wurde. Es war ein globales Desaster. Der 250 Millionen Jahre alte Schiefer kommt auf allen Kontinenten vor – in China, Amerika, Südafrika und in der Arktis. Es sind die Überreste von Milliarden von Meeresorganismen, die an Sauerstoffmangel starben.

Den Tieren auf dem Land erging es nicht viel besser. Warum, sehen Sie, wenn Sie den Green Lake im US-Bundesstaat New York besuchen. Umgeben von dichtem Wald ist er ein beliebtes Ausflugsziel und für sein klares türkisfarbenes

Wasser bekannt. Doch diesen See zu erforschen, heißt auf einer Zeitreise 250 Millionen Jahre zurückzugehen, um in die sterbenden Meere des Perm-Zeitalters einzudringen. Der See ist so tief – an einigen Stellen mehr als 60 Meter –, dass die amerikanischen Ureinwohner einst glaubten, er sei bodenlos. Es fließt auch kaum Wasser in ihn hinein. Zusammen sorgen diese Faktoren dafür, dass das Wasser nicht zirkuliert. Die Folge ist, dass es auf dem Boden keinen Sauerstoff gibt und das Wasser ebenso stagniert wie damals im Perm-Ozean.

Wenn Sie im Green Lake tauchen würden – wozu eine spezielle Schutzausrüstung überlebensnotwendig ist – würden Sie sehen, dass das klare Wasser pinkfarben wird, wenn Sie bei rund 20 Metern Tiefe die Grenze überqueren, unterhalb derer der See stillsteht. Es gibt keinen Sauerstoff hier unten, aber andere im Wasser gelöste Stoffe, vor allem Schwefel. Und es gibt Bakterien, die Schwefel absorbieren, um Energie zu gewinnen. Sie beherrschen die Tiefen des Green Lake. Wenn man eine Taschenlampe einschaltet, leuchten die Schwefel liebenden Bakterien rot auf und scheinen das Wasser einzufärben. So müssen die Meere im Perm-Zeitalter ausgesehen haben – ein klarer Hinweis auf Schwefelwasserstoff, eines der giftigsten Gase, die wir kennen. In hoher Konzentration tötet ein tiefer Atemzug davon sicherer als Zyanid. Es ist ein schrecklicher Tod. Das Gas greift mehrere Organe gleichzeitig an, schädigt aber vor allem das Nervensystem und lähmt und erstickt seine Opfer.

Trotz ihrer Winzigkeit beherrschten diese Bakterien einst das Meer. In den Stillwassermeeren des Perm erzeugten sie große Mengen an Schwefelwasserstoff – so viel, dass das Wasser gesättigt war und das Gift in die Luft spie, wo sein Geruch nach faulen Eiern vom Wind weit weg getragen wurde. Die giftigen Ozeane bedeckten 75 Prozent des Planeten, also muss die Menge an produziertem Schwefelwasserstoff phänomenal gewesen sein. Und als der Schwefelwasserstoff in die Atmosphäre übertrat, muss jedes atmende Lebewesen von der vergifteten Luft getötet worden sein – vom kleinsten Insekt bis hin zu den größten Reptilien an Land. Außerdem muss der Schwefelwasserstoff auch hoch in die Atmosphäre vorgedrungen sein und die Ozonschicht angegriffen haben, wodurch Pflanzen und Tiere der verheerenden Hochfrequenz-UV-Strahlung ausgesetzt wurden. Stimmt diese Theorie, dann war das, was am Ende des Perms passierte, die größte Massenvergiftung, die die Welt je erlebte. Die entfernten Vorfahren der Schwefel liebenden Bakterien im Green Lake waren einfach nicht zu stoppen. Sie übernahmen die Herrschaft über die Ozeane und pumpten tödliche Chemikalien in die Luft, bis sie den ganzen Planeten vergiftet hatten. Einige kleine Tiere überlebten – wohl weil sie in Teilen der Welt lebten, die den Giftgaswolken entgingen –, aber das Leben insgesamt war zerstört. Es war einer Kette von Ereignissen zum Opfer gefallen, welche von den Ozeanen genährt und verstärkt wurden.

GEGENÜBER **KORALLENRIFFE BEHEIMATEN MEHR LEBENSFORMEN, ALS WIR BISHER ENTDECKT HABEN, ABER DIE MIT DER GLOBALEN ERWÄRMUNG EINHERGEHENDE ÜBERSÄUERUNG DER OZEANE DROHT SIE ZU ZERSTÖREN.**

Ansteigender Ozean

Obwohl sich die Menschen an Land entwickelt haben, bestimmt das Meer weiter unsere Existenz. Es liefert uns Nahrung, Sauerstoff und reguliert unser Wetter und Klima. Tatsächlich tragen die Weltmeere mehr zum Wohlbefinden des Planeten bei als jeder andere Teil des globalen Systems. Deswegen ist es umso beunruhigender, dass die Meere Anzeichen einer Veränderung aufweisen.

Der Meeresspiegel steigt, wenn die Ozeane sich erwärmen. Das ist teilweise darauf zurückzuführen, dass an Land das Eis schmilzt, liegt aber hauptsächlich daran, dass das Wasser sich ausdehnt, wenn es wärmer wird. In den letzten 3000 Jahren stieg der Meeresspiegel um 0,2 Millimeter pro Jahr, doch in den letzten 200 Jahren nahm die Geschwindigkeit zu und er steigt jedes Jahr um 2 Millimeter an – zehnmal so schnell. Wir alle wissen mittlerweile, welche Gefahr der ansteigende Meeresspiegel für Küsten, Flussmündungen und flache Inseln in aller Welt darstellt. Ein anderes verräterisches Zeichen der Erwärmung ist die Zunahme von Korallenbleiche. Korallen verdanken ihre leuchtenden Farben den Meeresalgen, die

Phytoplankton

Unsere frühen Vorfahren verließen das Meer vor Hunderten von Millionen Jahren, aber alle Lebewesen auf dem Planeten hängen noch völlig von ihm ab – wegen einer Gruppe von einzelligen Organismen, die Phytoplankton genannt wird.

Phytoplankton ist wahrscheinlich die wichtigste Lebensform auf der Erde; es dominiert das Meer und ist zahlreicher vertreten als alle anderen marinen Lebensformen. Ein einzelner dieser Organismen ist viel zu klein, um ihn mit bloßem Auge zu sehen, doch als Masse kann man sie aus dem All klar sehen, sie gedeihen zu Trilliarden und bilden gigantische, milchige Blüten, die an der Meeresoberfläche treiben. Sie bilden die Grundlage der marinen Nahrungskette – vom kleinsten Krebs bis zum größten Wal.

Aber Phytoplankton spielte noch eine andere Rolle – eine, die für die Gesundheit unseres Planeten noch viel wichtiger ist: Es hilft der Welt zu atmen. Einen Hinweis darauf, wie es das macht, gibt seine Farbe. Blüten von Phytoplankton geben dem Ozean eine leichte Smaragdfarbe, weil diese Organismen Chlorophyll enthalten – denselben Stoff, der Pflanzen grün macht und sie in die Lage versetzt, Photosynthese zu betreiben. Ebenso wie Pflanzen nimmt Phytoplankton Sonnenenergie auf und verbindet mit ihrer Hilfe Wasser- und Kohlendioxidmoleküle, um Nahrung zu gewinnen, wobei es Sauerstoff als Abfallprodukt ausscheidet. Auf diese Weise liefert das Meer die Hälfte unseres Sauerstoffs. Phytoplankton schickt genauso viel Sauerstoff in unsere Atmosphäre wie alle Wälder der Welt zusammen.

Und es tut noch mehr für uns. Um Photosynthese zu betreiben, zieht Phytoplankton enorme Mengen Kohlendioxid aus dem Wasser, das seinerseits Kohlendioxid aus der Luft entnimmt und den Treibhauseffekt reduziert. Tatsächlich haben die Meere ein Drittel bis die Hälfte von allem Kohlendioxid absorbiert, das seit dem Beginn der industriellen Revolution durch menschliche Maßnahmen produziert wurde. Einige Planktonarten bauen mikroskopisch kleine Karbonatskelette, sie binden dadurch den Kohlenstoff, und wenn sie sterben und auf den Meeresboden sinken, nehmen sie den Kohlenstoff mit. Schließlich wird er zu Kalkstein und tief in die Erdkruste subduziert, von wo der Kohlenstoff durch Vulkane entweichen kann, wieder in die Atmosphäre gelangt und das globale Thermostat der Erde in Gang hält.

Phytoplankton benötigt bestimmte Mineralien, vor allem Eisen, das es aus Staub bezieht, den der Wind über das Meer bläst. Da aber die Landnutzung die vom Wind verteilte Eisenmenge reduziert hat, sind die Phytoplanktonpopulationen in den letzten 25 Jahren um mindestens 6 Prozent zurückgegangen. Einige Wissenschaftler schlagen vor, die Ozeane künstlich mit Eisenpartikeln zu »impfen«. Dadurch könnte das Phytoplankton wieder mindestens auf seine normale Menge anwachsen und so die Treibhausgase ausgleichen. Die Idee mag zwar weit hergeholt sein, aber in einer Welt, die wärmer ist als in den letzten 400 Jahren, kämpfen die Meere gegen die globale Erwärmung an vorderster Front und könnten vielleicht bald jede verfügbare Hilfe brauchen.

UNTEN **UNTER DEM MIKROSKOP ZEIGT PHYTOPLANKTON DIE TYPISCHE VIELFALT SEINER SKELETTFORMEN.**

GEGENÜBER **EINE PHYTOPLANKTON-»BLÜTE« VOR DER KÜSTE VON GROSSBRITANNIEN UND FRANKREICH.**

OBEN **EIN OZEANFORSCHER AUF EINEM SCUBA-SCOOTER UNTERWEGS ZUM ARBEITSPLATZ.**
GEGENÜBER **SATELLITENBILDER VON DER TIEF LIEGENDEN DELTA-REGION VON BANGLADESCH. DIESES LAND WIRD BALD ÜBERSCHWEMMT SEIN, WENN DER PLANET SICH ERWÄRMT UND DIE MEERE SICH AUSDEHNEN.**

in ihrem weichen Gewebe leben und ihnen Zucker und Proteine gegen Behausung und Schutz liefern. Aber wenn es zu warm wird, hören die Algen auf, Nährstoffe zu produzieren. Die Koralle spuckt sie dann aus, entblößt die geisterhafte weiße Farbe ihres kalkhaltigen Skeletts und stirbt schließlich an Nährstoffmangel. Im Großen Barriereriff vor der australischen Küste gab es 1998 und 2002 eine schwere Korallenbleiche. Von der jüngeren Episode, bei der fast die Hälfte der Korallen weiß wurde, hat sich das Riff noch nicht erholt.

Selbst die chemische Zusammensetzung der Ozeane ändert sich. So löst sich Kohlendioxid in Wasser teilweise auf und bildet eine schwache Säure. Mit jedem CO2, das wir mehr in die Atmosphäre pumpen, werden die Ozeane saurer. Eine wahrscheinliche Konsequenz ist, dass es für das Phytoplankton schwerer wird, in sein zerbrechliches Skelett Kalk einzubauen. Also wird im »Meeresschnee« weniger Kohlenstoff zum Meeresboden transportiert und weniger Kohlendioxid vom Meer absorbiert, weil es weniger Phytoplankton gibt. Dadurch verliert das Meer die blasse Farbe, die die Sonnenstrahlung reflektiert, also erwärmt sich das Wasser stärker – nur einer von vielen Rückkopplungseffekten.

Leider wissen wir nicht genau, was passieren wird. In den letzten 20 Millionen Jahren genoss das Weltmeer eine Periode der Ruhe und befand sich im Gleichgewicht mit dem Rest des Planeten. Heute muss es sich mit einer Geschwindigkeit verändern, die in der Geschichte der Geologie beispiellos ist. Doch wir Menschen haben etwas in Gang gesetzt, was in unserer Lebenszeit nicht mehr umkehrbar ist. Selbst wenn wir heute aufhörten, den Planeten zu verschmutzen, würde es Millionen von Jahren dauern, den Ozean wieder in den Zustand zu versetzen, in dem er vor unserer Existenz war.

KAPITEL FÜNF

EIS

IM JANUAR 1610 ENTDECKTE GALILEO GALILEI DIE JUPITERMONDE. DIE TATSACHE, DASS sie den Riesenplaneten offensichtlich umkreisten, war ein entscheidender Punkt in Galileis Auseinandersetzung mit der Kirche über die Frage, ob die Erde oder die Sonne im Zentrum des Sonnensystems stünde. Jeder der vier von Galilei entdeckten Monde zeichnet sich durch bemerkenswerte Eigenschaften aus, und einer von ihnen – Europa – vermittelt uns einen Eindruck davon, wie unsere eigene Welt früher einmal ausgesehen haben mag, denn Europa ist vollständig von einer Eisschicht überzogen. Auf Bildern der NASA-Raumfähre Galileo, die um die Jahrtausendwende sechs Jahre lang den Jupiter umkreiste, zeigt sich dieser Mond als glitzernder, gefrorener Ball, dessen gesamte Oberfläche von einer rund 30 Kilometer dicken Eisschicht bedeckt ist und wirre Linien aufweist. Hier waren wohl Risse entstanden, die wieder zufroren, als die Eisschicht sich weiterbewegte. Es wird nämlich vermutet, dass sich das Eis unabhängig von der darunterliegenden Gesteinsschicht verschiebt und auf diese Weise einmal in 10000 Jahren den festen Kern des Planeten umkreist. Dabei überquert es, gezogen und gestreckt durch die enorme Gravitationskraft des Jupiters, auch einen verborgenen – flüssigen – Ozean. Auf der Erde war es nie so kalt wie auf dem Mond Europa, der viermal weiter von der Sonne entfernt ist und nur schwache Spuren einer Atmosphäre aufweist, die seine Oberfläche erwärmen könnte. Doch im Laufe der Geschichte hat sich auch die Erde durch ungewöhnliche klimatische Veränderungen in einen Eisschrank verwandelt, in einen riesigen Schneeball, dessen vereiste Oberfläche im Licht der Sonne in blendendes Weiß gehüllt war.

GEGENÜBER **DASS VOM VORDEREN ENDE DER GLETSCHER EIS ABBRICHT, IST KEIN UNGEWÖHNLICHER VORGANG. ABER ER BESCHLEUNIGT SICH.**

NÄCHSTE SEITE **DIE ERDERWÄRMUNG IST AN DEN POLEN STÄRKER ALS IN DEN TROPEN. DIE EISKAPPEN AN DEN POLEN SCHMELZEN.**

Seit seiner Entstehung präsentierte sich unser Planet abwechselnd in zwei verschiedenen Zuständen: als völlig eisfreie Welt mit mildem Gewächshausklima und als weitgehend von Eis bedeckter Planet. Dieser Wechsel zwischen Gewächshaus und Kühlhaus scheint durch das Zusammenspiel verschiedener Prozesse bedingt zu sein, wie etwa die regelmäßige Veränderung der Umlaufbahn und die im steten Wandel begriffene Geometrie der Kontinente und Meere. Wie ineinander verwobene Biorhythmen tun sich zuweilen auch planetare Großereignisse zusammen, sodass die Erde gerade zu einem Zeitpunkt, an dem sich die Landmassen an den Polen konzentrieren, weit von der Sonne entfernt ist und unerbittlich in eine Eiszeit schlittert. Ernste Kälteeinbrüche gibt es auf der Erde aber selten – fast 90 Prozent seiner Geschichte war der Planet eisfrei –, doch fanden sie mindestens viermal statt, und wie wir in Kapitel drei erfuhren, waren sie in manchen Fällen mit großen Fortschritten in der Evolution des Lebens verbunden. Die letzte Eiszeit begann vor rund 1,8 Millionen Jahren, und wir befinden uns noch mittendrin, denn große Eisschichten überziehen fast ganz Grönland und die Antarktis. Obwohl die Gletscher zu- und wieder abgenommen haben, hat der Mensch niemals eine eisfreie Erde kennengelernt. Das veränderliche, aber kalte Klima hat unsere eigene Evolution bestimmt: Wir sind Geschöpfe der Eiszeit.

Vom Schnee zum Eis

Die großen Eismengen auf unserem Planeten waren ursprünglich Schnee (siehe Seite 182). Eiskristalle, aus denen Schneeflocken entstehen, können überall in der Erdatmosphäre gebildet werden. Sogar im Himmel über den Tropen gibt es Schnee: Er ist in den Wolken gespeichert, wo die Temperaturen deutlich unter dem Gefrierpunkt liegen. Doch nur wenn dies auch auf dem Erdboden der Fall ist, kann der Schnee den Boden erreichen, und nur an den kältesten Orten hält er sich auch eine Zeit lang. An den Polen und in Höhenlagen fällt jedes Jahr mehr Schnee, als schmelzen kann, und dieser Überschuss wächst stetig an. Ein Teil des Schnees schmilzt und gefriert erneut, wodurch er sich verdichtet und umkristallisiert und runde Eiskörner bildet, den Firn. Auf ihn fallen neue Schneeschichten und pressen durch ihr zunehmendes Gewicht die Firnkörner immer enger zusammen, bis sie verschmelzen. Wenn dann die Eisschicht einige Dutzend Meter dick ist, sind aus dem Firn fußballgroße, ineinander verhakte Eiskristalle entstanden. Das Eis verdichtet sich weiter und wird allmählich zu Gletschereis, das vom überwältigenden Gewicht des darüber liegenden Eises zermalmt wird und anfängt, bergab zu fließen.

Je nachdem, wie viel Schnee schmilzt und neue Kristalle bildet, kann die Umformung von Schnee zu Eis einige Jahre oder auch mehrere Jahrhunderte dauern. Letztlich unterliegt aber auch das Eis der Schwerkraft und setzt sich in Bewegung. Obwohl es unbeweglich erscheint, ist das gesamte Eis auf unserem Planeten tatsächlich in Bewegung. Der erste Engländer, der den spektakulären Gletscher »Mer de glace« bei Chamonix in den französischen Alpen erblickte, beschrieb ihn als »ein sich bewegendes Meer, das plötzlich gefroren zu sein scheint«. So erklärt sich auch der französische Name, der »Eismeer« bedeutet – eine sehr treffende Beschreibung für die gefrorenen Wasservorräte der Natur.

Die Erde verfügt über rund 30 Millionen Kubikkilometer Eis – genug, um den gesamten Planeten mit einer 60 Meter dicken Eisdecke zu überziehen. Zum Glück konzentriert es sich nur auf bestimmte Regionen, wie etwa die großen Eisschilde zwischen der Antarktis und Grönland oder die kleineren Gletscher, die von den schneebedeckten Gipfeln der Berge hinunterfließen. Nur Wenigen ist es vergönnt, den Ehrfurcht gebietenden Anblick, das Geräusch und Gefühl eines Vulkanausbruchs mitzuerleben, aber an einem Gletscher zu stehen, ist fast genauso beeindruckend – und es ist zweifelsohne eine sicherere und ruhigere Möglichkeit, die enormen Naturkräfte unseres Planeten zu erfahren. Der vordere Rand eines Gletschers hat eine trügerische Wirkung, er sieht etwas unschön aus. Das Eis ist nicht klar, glänzend oder transparent – es ist verschmutzt, vermischt mit dem Sediment im Inneren des Gletschers und mit der Erde und den Steinen, die er vor sich herschiebt. Im

GEGENÜBER **DIE VORDERFLANKE DES ANTLER-GLETSCHERS, JUNEAU EISFELD, ALASKA (USA).**

Ein Brief vom Himmel

Im Januar 1885 fotografierte der amerikanische Farmer Wilson Bentley als erster Mensch eine Schneeflocke. Schon als Kind hatten ihn Schneeflocken fasziniert. Um ihre blumenartige Struktur besser zu erkennen, fing Bentley sie mit schwarzem Samt auf. Sie schmolzen jedoch, bevor er sie zeichnen konnte, und so experimentierte Bentley, bis es ihm gelang, eine Balgkamera mit einem Mikroskop zu verbinden und erste Aufnahmen zu machen. Es folgten 5000 weitere Fotos, von denen viele in Magazinen, Büchern und Zeitungen überall auf der Welt veröffentlicht wurden. Er nannte seine Objekte »Wunder an Schönheit« und machte die berühmte Beobachtung, dass keine zwei Schneeflocken gleich seien – eine Behauptung, die bisher weder bewiesen noch widerlegt wurde.

Schneeflocken sind Eiskristalle und können scheinbar endlos viele verschiedene Formen annehmen, da jede einzelne Flocke durch eine bestimmte Kombination atmosphärischer Bedingungen geformt wird. Ihr Leben beginnen sie mit »Samen«, mikroskopisch kleinen, in der Luft schwebenden Staubpartikeln, auf deren Oberfläche Wasser aus der eiskalten Luft auskristallisieren kann. Abhängig von Temperatur und Luftfeuchtigkeit können Eiskristalle verschiedene Formen annehmen, wie etwa dünne Nadeln, ausgehöhlte Säulen, Flächen und Sterne. Alle verfügen über eine sechsseitige Kristallstruktur, die auf der zugrunde liegenden Molekularstruktur des Wassers basiert. Daher haben Schneeflocken meist sechs Seiten. Während die kleine Schneeflocke wächst, strecken sich von ihrem Kern Kristalle in sechs Richtungen nach außen. Sie treiben Zweige und verändern ihre Form, wenn sich die atmosphärischen Bedingungen um sie herum ändern. Wenn die Flocke schwerer wird, beginnt sie zu fallen. Dabei erreicht sie eine Geschwindigkeit von vielleicht 3 bis 5 Stundenkilometern und dreht sich dabei, wodurch ihre Symmetrie erhalten bleibt. Schneeflocken sind zerbrechlich, werden in wärmerer Luft nass und kleben in Klumpen aneinander. Daher erreicht kaum ein Viertel von ihnen den Boden, ohne dass ihre Struktur Schaden nimmt. Dennoch nehmen sie manchmal beacht-liche Ausmaße an. Einige der größten bekannten Flocken fielen im April 1951 in England und hatten einen Durchmesser von 12,5 Zentimetern.

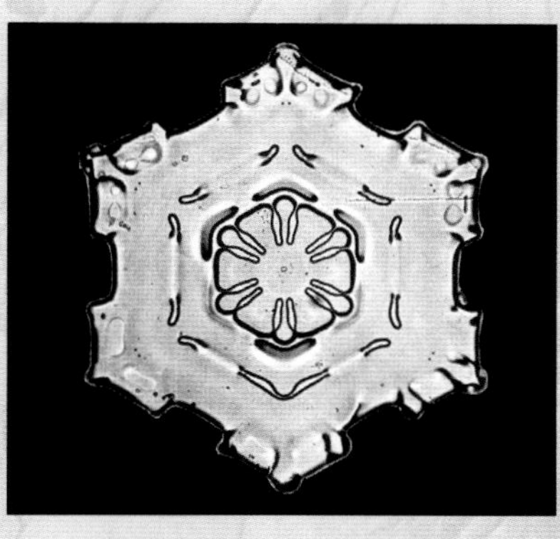

Inspiriert durch Bentleys Fotografien, begann der japanische Physiker Ukichiro Nakaya ein ehrgeiziges Forschungsprojekt über die Struktur von Schneekristallen. Viele Jahre lang fotografierte, klassifizierte und rekonstruierte Nakaya in seinem Labor Schneeflocken. Er erforschte, in welchen atmosphärischen Bedingungen welche Art von Kristall entsteht, und fasste seine Arbeit in einem Schaubild zusammen, das als Nakaya-Diagramm bekannt ist. Dieses ermöglicht es, die meteorologische Geschichte zu lesen, die in einer Schneeflocke niedergeschrieben ist, und somit Rückschlüsse darauf zu ziehen, welche atmosphärischen Bedingungen weit über uns herrschen. Nakaya bezeichnete die Schneeflocke als »Brief vom Himmel«.

WILSON BENTLEYS AUFNAHMEN STELLEN JEDE SCHNEEFLOCKE ALS ETWAS EINZIGARTIGES DAR.

Sommer kann er verschlammt sein, schmelzen und tropfen und so kleine Pfützen aus schmutzigem Wasser zu unseren Füßen bilden. Die vorherrschende Farbe ist ein bläulich getöntes, schmutziges Grau, überzogen mit einer weißen Oberfläche, wobei das Eis eher statisch aussieht. Das Auffällige aber ist das Geräusch des Eises. Es ist nicht das leise »Klink« eines Eiswürfels, der sanft im Cocktailglas geschwenkt wird, sondern kräftiger und Furcht einflößend. Wenn man sich dem Rand eines Gletschers nähert, so hört man ein andauerndes und tiefes Geräusch, ein Ächzen und Knirschen, wie vom alten Holz eines riesigen Rahseglers auf hoher See. Zuweilen kommt es auch zu einem plötzlichen Knall, wenn große Felsplatten schließlich dem unvorstellbaren Druck nachgeben. Denn das Eis bewegt sich, es schiebt festes Gestein beiseite und hinterlässt eine ausgeschürfte Trümmerlandschaft.

Flüsse aus Eis

Vom Satelliten aus betrachtet sind Gletscher ausnehmend schön; dass sie fließen, kann man auch an dem kurvigen Verlauf erkennen, in dem sie allmählich abwärts fließen wie gewaltige Ströme, Berge umrunden und Täler durchstreifen, bevor sie sich in der Tiefe als gefrorene Fläche ausbreiten, und während ihres Wegs an ihrer Umgebung zerren. Sogar auf Satellitenbildern der scheinbar flachen und trostlosen, eisbedeckten Ebenen der Antarktis kann man wogende Muster erkennen, die an Wellen auf dem Meer erinnern. Jahrzehntelang überquerten Entdecker und Wissenschaftler die Eisflächen, ohne zu merken, dass sie sich auf kilometerlangen »Megadünen« aus Schnee befanden. In der östlichen Antarktis gibt es ein Dünenmeer, das sich über eine Fläche von der Größe Kaliforniens erstreckt und dessen gigantische Wellen selbst vom Weltraum aus sichtbar sind.

Den am meisten beeindruckenden Blick auf das sich bewegende Eis hat man aber nicht von oben, sondern von unten. Die Svartisen-Eisdecke in Norwegen setzt sich aus zwei Gletschern zusammen, von denen einer »Engabreen«

RECHTS **IM MEADE-GLETSCHER IN ALASKA (USA) OFFENBART SICH DER FLIESSENDE CHARAKTER DIESER EISSTRÖME.**

genannt wird. Er ist weder der größte Gletscher seiner Art, noch bewegt er sich am schnellsten. Zu etwas Besonderem aber macht ihn die Tatsache, dass der Norwegische Verwaltungsrat für Wasserressourcen und Energie direkt unter dem Gletscher ein Labor eingerichtet hat.

Nach einem Flug, einer Reise über Land, einer Bootsfahrt durch einen Fjord und einer Bergwanderung gelangt man zum innerhalb des Polarkreises gelegenen Eingang des Svartisen Subglacial Laboratory. Ingenieure bohrten einen 1,6 Kilometer langen Tunnel in das Gestein unterhalb der Gletschersohle, von dem aus Wissenschaftler Experimente am Eis durchführen können. Weit über ihnen erscheint die Oberfläche des Gletschers statisch, und nur ihre aufgerissene, durchbrochene Struktur weist auf seine innere Unruhe hin. Tief unten, unterhalb der 200 Meter dicken Eisschicht, müssen die Wissenschaftler immer wieder mit Heißwasserstrahlern ihre 10 Meter lange Höhle ausgraben, weil sich das Eis ständig bewegt. Ohne diese Maßnahme wäre die Höhle innerhalb weniger Tage verschwunden und Teil der malmenden Eismasse geworden. Das Wasser in der Höhle tief unter dem Gletscher wirkt pechschwarz. Wenn man ein starkes Licht anschaltet, so erstrahlen Wände und Decke des Labors in einem überraschenden Blau. Zuweilen platzen Wasserblasen, die im Eis gefangen sind, und verpassen den Forschern eine kalte Dusche. Für die Wissenschaftler waren diese Blasen aus flüssigem Wasser zunächst eine Überraschung, und bis heute gibt es keine Erklärung für ihr häufiges Auftreten. Tatsächlich ist das Eis sehr viel plastischer als ursprünglich angenommen – es dringt in jeden verfügbaren Freiraum ein. Die Experimente sollen Licht ins Dunkel der mechanischen Vorgänge im Gletscher bringen. Hierzu sammeln die Forscher Daten über Geschwindigkeit und Temperatur sowie den enormen Druck, den der Gletscher auf den Fels unter sich ausübt. Am Grund des Gletschers ist das Eis stark verschmutzt mit grobem Sand, Kies und

LINKS **EINE EISHÖHLE UNTER DEM MUIR-GLETSCHER IM GLACIER BAY NATIONAL PARK IN ALASKA. DIESE INSTABILEN HOHLRÄUME ENTSTEHEN AUF NATÜRLICHE WEISE, WENN SCHMELZWASSER UNTER DEN GLETSCHER FLIESST.**

Gesteinsbrocken, die miteinander den Untergrund zerkratzen wie Sandpapier das Holz. Dieser Teil der Gletscher gibt unserem Planeten seine Gestalt.

Täler, die von Flüssen ausgewaschen wurden, sind gewöhnlich V-förmig. Fließendes Wasser sucht sich die tiefste Stelle und schneidet sich dort noch tiefer in den Untergrund, während die Erosion an den Flanken langsamer verläuft, sodass dort Hänge entstehen. Bei einem Gletscher ist das anders. Das Eis füllt das Tal aus, durchquert es wie ein Bulldozer und schrubbt mit seinen Felsbrocken über alle Flächen. Große Mengen an Sediment und Schutt werden manchmal über viele Kilometer mitgeschleppt und schließlich in der »Ablationszone« am vorderen Ende des Gletschers abgeladen. Da der Gletscher auch die Wände des Tals erodiert, gräbt er dabei typischerweise eine U-Form heraus. Solche U-Täler finden sich nicht nur im Gebirge – es gibt sie überall auf der Nordhalbkugel, sie sind die Überbleibsel der großen Gletscher und Eisschilde der Eiszeit.

Eiszeitgletscher ließen noch viele weitere Zeugnisse ihrer Existenz zurück. Die von ihnen abgeladenen Schuttberge bilden heute Hügel und Gebirgskämme. Fast stromlinienförmige Trümmerhaufen, die Tränenform annahmen, als die Gletscher über sie hinwegzogen, nennt man Drumlins. Eines der größten Drumlin-Felder der Welt liegt östlich von Rochester im Staat New York. Es setzt sich aus rund 10 000 tränenförmigen Hügeln zusammen. Die großen Findlinge im New Yorker Central Park wurden einst von Gletschern hierhertransportiert, und Coney Island gehört zu einer Fläche aus Sand und Kies, die aus einem schmelzenden Gletscher herausgewaschen wurde. Sogar die Skyline von Manhattan verdankt ihre Form der Eisschicht, die früher einmal die Insel bedeckte. Im Zentrum Manhattans wurde das Grundgestein tiefer erodiert als an den Seiten und der Gletscher hinterließ hier Lehm. Das anstehende Grundgestein am nördlichen und südlichen Ende der Insel war fest genug, um selbst die Fundamente der größten

RECHTS **DIESE FINDLINGE HINTERLIESS DER GLETSCHER, DER IM YOSEMITE NATIONAL PARK (USA) DIE FELSOBERFLÄCHE GLATT POLIERTE.**

Geheimnisse im Eis

Im Sommer 1942 waren viel zu wenige US-Kampfflugzeuge in Großbritannien stationiert. So startete die Armee die »Operation Bolero«, um ihre strategischen Streitkräfte aufzustocken. Es war riskant, die Flugzeuge per Schiff zu transportieren, da deutsche U-Boote die Konvois der Alliierten angriffen. Daher beschloss man, einige Flugzeuge nach Großbritannien zu fliegen – mit Zwischenlandungen zum Auftanken in Labrador, Grönland und Island. Am 15. Juli waren in dieser Mission 25 Soldaten der Luftstreitkräfte mit zwei B-17 Flying Fortress-Bombern und sechs B-38 Lightning-Kampfflugzeugen unterwegs, als sie über Grönland in schlechtes Wetter gerieten, auf dem Eis landen und ihre Flugzeuge verlassen mussten. Jahr für Jahr wurden diese von neuem Schnee bedeckt, bis sie Teil der grönländischen Eisdecke wurden.

Eine Gruppe von Flugzeug-Fans kehrte 46 Jahre später zurück, um die verlorene Schwadron mit Radar zu orten und zu bergen. Aufzeichnungen über die Schneefälle ließen vermuten, dass die Flugzeuge sich in circa 15 Metern Tiefe befanden, doch tatsächlich lagen sie unter 80 Meter Gletschereis. Das halbe Jahrhundert im Eis hatte ihnen nicht gut getan. Bei dem Versuch, eine der Flying Fortress auszugraben, stellte sich heraus, dass sie durch die ständige Bewegung ihres eisigen Grabes schweren Schaden genommen hatte. Später gelang es, eine der Lightning B-38 zu bergen. Diese kleineren Flugzeuge konnten den Kräften des Eises offenbar mehr Widerstand bieten: Das Kampfflugzeug wurde wiederhergestellt und – mit 65 Jahren Verspätung – nach Großbritannien geflogen. Die verlorene Schwadron zeigte auf beeindruckende Weise, wie schnell das Eis in Grönland anwächst, was für Klimaforscher besonders interessant ist.

Es wurden jedoch noch erstaunlichere Dinge im Eis gefunden. Die wohl berühmteste Entdeckung war »Ötzi«, der steinzeitliche Jäger, der vor 5000 Jahren auf einem hohen Alpenpass ums Leben kam und dort begraben war, bis Kletterer ihn 1991 fanden. Sein Körper und die Dinge, die er bei sich trug, waren so gut erhalten, dass die Bergsteiger ihn zunächst für einen neuzeitlichen Leichnam hielten. Ganze Mammutkadaver wurden in den gefrorenen Wüsten Sibiriens gefunden, woraufhin spekuliert wurde, man könne die Art vielleicht wieder zum Leben erwecken. Und dann gibt es den Fall von *Stardust*, einem britischen Flugzeug, das 1947 bei einem Flug über die Anden verschwand. Das Wrack und einige der Opfer wurden erst 50 Jahre später in einem Gletscher gefunden, der sie den Berg hinabgetragen hatte.

Doch erst seit wenigen Jahren weiß man, was das Eis alles verbergen kann. Bodendurchdringende Radargeräte, seismische Untersuchungen und Satellitenbilder enthüllten 1996, dass sich 4000 Meter tief unter dem größten antarktischen Eisschild ein großer See aus flüssigem Wasser befindet. Er wurde »Lake Vostok« genannt und ist seit gut einer halben Million Jahren von Eis bedeckt – womöglich schon viel länger. 1998 bohrten Forscher ein Loch in den Eisschild und entnahmen Eisproben knapp oberhalb der Wasseroberfläche. Die Proben enthielten mikrobische Lebensformen, was darauf hindeutet, dass der See ein einzigartiges Ökosystem beherbergt, das sich völlig isoliert vom Rest unseres Planeten entwickelte. Den See selbst zu untersuchen stellt die Wissenschaftler aber vor ein Problem: Um Wasserproben zu entnehmen, müssen sie das Eis komplett durchbohren. Damit würden sie höchstwahrscheinlich das reine, prähistorische Wasser des Sees kontaminieren.

UNTEN **EIN FLUGZEUG AUS DER »VERLORENEN SCHWADRON« NACH DER BERGUNG.**

OBEN **MANHATTANS MARKANTE SKYLINE IST EIN ERBE DER EISZEIT. DIE GRÖSSTEN GEBÄUDE SAMMELN SICH AN DEN ENDEN DER INSEL, WO DAS GRUNDGESTEIN VON DEN GLETSCHERN AM WENIGSTEN ERODIERT WURDE.**

Gebäude zu stützen. Das weiter östlich gelegene Long Island hingegen ist eine Endmoräne, Gesteinsschutt vom Gletscherrand.

Viel augenscheinlicher sind die Auswirkungen der Eiszeit im kalifornischen Yosemite-Nationalpark. Yosemite Valley ist eines der besten Beispiele für ein U-förmiges Tal. Die eindrucksvollen Granitfelsen von El Capitan und Half Dome wurden vom Eis zunächst ausgemeißelt und später poliert. Als der Gletscher das Tal hinabglitt, schnitt Eis von unten die Talränder auf, sodass das Gestein in kleine Stücke zerbrach. Nur die härtesten Felsen überdauerten und wurden zu den majestätischen Klippen, die jetzt Tausende von Besuchern anlocken. In der ansonsten glatten Oberfläche des Gesteins sieht man horizontale Kratzer, die von den vorbeigleitenden Trümmern stammen. Überall im Yosemite-Park gibt es zudem spektakuläre Findlinge, die auf schmalen Sockeln ruhen: Blöcke, die unversehrt blieben, während das weichere Gestein, auf das sie vom Gletscher gefallen waren, so sehr erodiert wurde, dass von ihm nur schlanke Säulen übrig blieben. Hoch oben über dem Haupttal grenzen kleinere U-förmige Täler an. Sie wurden von kleinen Gletschern zurückgelassen, die sich weniger tief in den Untergrund gegraben hatten als der Hauptgletscher, den sie mit ihrem Eis speisten. Aus diesen »Hängetälern« stürzen im Sommer Wasserfälle an den glitzernden Granitwänden entlang in die Tiefe.

Schneeball Erde

Wie wir wissen, verfügt die Erde über ein globales Thermostat, mit dessen Hilfe sie stets eine lebensfreundliche Oberflächentemperatur aufrechterhält. Wird es zu warm, beschleunigt sich die Verwitterung, sodass der Regen die Luft vom Kohlendioxid reinigt und die Temperatur wieder sinkt. Wird

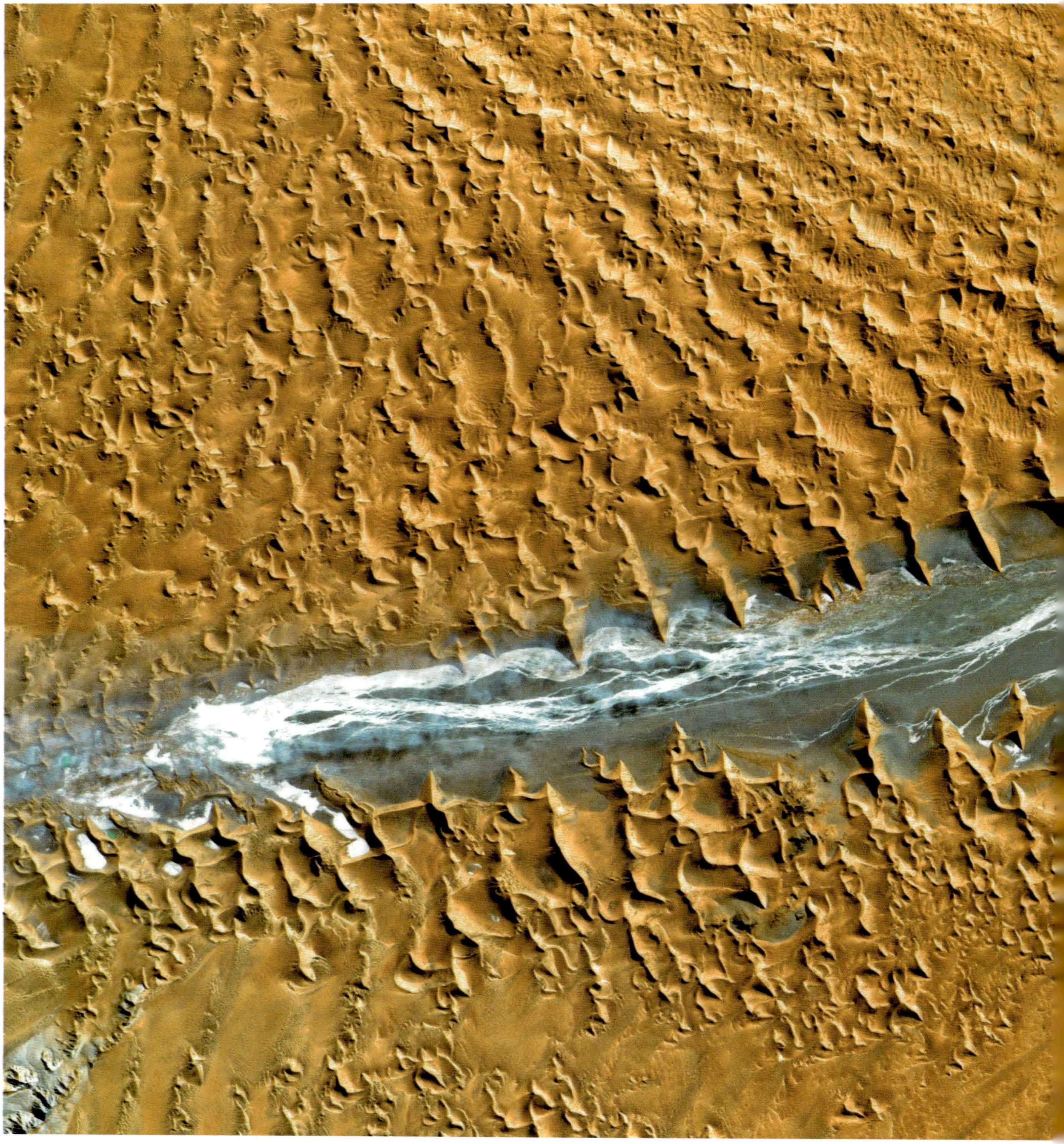

es zu kalt, so verlangsamt sich die Verwitterung und der Kohlendioxidgehalt in der Luft nimmt wieder zu, wodurch es auf dem Planeten wärmer wird. Über Milliarden von Jahren war dieser Korrekturmechanismus erstaunlich wirkungsvoll. Er ist aber nicht perfekt. Gelegentlich versagte er anscheinend, sodass das globale Klima außer Balance geriet.

Mehr als 50 Jahre lang haben Geologen über Gletscherbildungen gerätselt, die in Regionen auftraten, in denen man sie nicht erwartete. So gibt es in Namibia beeindruckende Beispiele von »Fallsteinen« – Findlingen in Sedimentgestein, das um sie herum entstand, nachdem Gletscher sie abgeladen hatten. Das Problem ist aber, dass sich Namibia zu jener Zeit nicht einmal in der Nähe der Pole befand. Es lag sogar noch dichter am Äquator als heute. Das lässt nur den Schluss zu, dass damals ein viel größerer Teil der Erde von Eis bedeckt war als heute, möglicherweise sogar der Äquator – dass also Eis die ganze Welt überzog und die Erde ein Schneeball war.

Dazu scheint es mehrmals gekommen zu sein, so etwa vor rund 2,45 Milliarden Jahren, als die Sauerstoffmenge zunahm. Unklar ist aber, ob die Eisdecke damals bis zum Äquator reichte. Wahrscheinlicher ist, dass die Welt vor 630 bis 780 Millionen Jahren einem Schneeball glich. Damals gab es anscheinend mindestens zwei Phasen, in denen der ganze Planet von Eis überzogen war. Niemand weiß genau, warum das Klima damals aus dem Gleichgewicht geriet, aber die Erde verlor offensichtlich völlig die Fähigkeit, ihre Temperatur stabil zu halten. Als sie abkühlte, breiteten sich von den Polen riesige Eisdecken aus. Das immer weiter vordringende Eis reflektierte die warmen Sonnenstrahlen zunehmend ins All, was die Erde abkühlen ließ, wodurch noch mehr Eis entstand und so fort. Die Erde war in einer Kältespirale gefangen.

In ihren kältesten Jahren dürfte die Erde sehr ungemütlich gewesen sein. Die Eisschicht, die heute den arktischen Ozean bedeckt, hat eine Dicke von rund 2 Metern. Während der Schneeballphase dürften es bis zu 1000 Meter gewesen

LINKS **NAMIBIAS VON DER SONNE VERSENGTE LANDSCHAFT LIEGT HEUTE UNTER EINEM GIGANTISCHEN SANDDÜNENMEER BEGRABEN. GESTEINSPROBEN AUS DER REGION ZUFOLGE MUSS DAS LAND JEDOCH EINMAL VON EIS BEDECKT GEWESEN SEIN.**

sein. Die durchschnittliche Temperatur der Erdoberfläche liegt heute bei 15 °C. Zu jener Zeit wird sie – 50 °C betragen haben und selbst am Äquator nur – 20 °C. Da das Meer von Eis bedeckt war, konnten Luft und Wasser Gas und Feuchtigkeit nicht mehr austauschen. Es gab keine Verdunstung und folglich auch keinen Regen. In den Tiefen der Meere war das Wasser mit Chemikalien vergiftet, welche die vulkanischen Vents ausgespien hatten. Die Atmosphäre muss knochentrocken gewesen sein, und da es weder Regen noch Schnee gab, verwandelten sich die zentralen Regionen der Kontinente vermutlich in öde Wüsten – ähnlich den »Trockentälern« der heutigen Antarktis, in denen das Eis in der trockenen Luft direkt verdunstet, ohne vorher zu schmelzen. Heulender Wind muss über das Land gezogen sein, Staub aufgewirbelt und ihn über die Eisschichten gestreut haben. Vielleicht war der Schneeball Erde auch gar nicht strahlend weiß. Aus dem Weltraum betrachtet hatte der Planet vermutlich ein schmutziges Weiß, das mit brauner und grauer Farbe beschmiert war.

Es ist eine erschreckende Vorstellung, dass unser Planet für immer in dieser Kühltruhe hätte gefangen sein können. Denn hätte das Eis erst einmal die gesamte Erde begraben, wären so viele wärmende Sonnenstrahlen ins All reflektiert worden, dass die Welt sich nie wieder aufgewärmt hätte. Letztlich erholte sich der globale Thermostat aber wieder. Vor rund 635 Millionen Jahren legte die Erde schließlich ihren Eismantel ab – sie wurde durch Treibhausgase gerettet, die bei Vulkanausbrüchen freigesetzt wurden. Das Tauwetter ließ das Leben buchstäblich aufblühen. Die ersten Tiere entstanden und schon bald entwickelte sich sprunghaft eine beeindruckende Artenvielfalt. Während dieses Evolutions-schubs, der kambrischen Explosion, entstanden die grundlegenden Baupläne für alle Lebewesen, die es heute gibt.

Megaflut

Wenn Eis die Erdoberfläche durchpflügt, erschafft es bisweilen Landschaften von atemberaubender Schönheit, doch schmilzt es, kann es noch dramatischere Folgen haben. Im Oktober 1996 brach der isländische Vulkan Grímsvötn aus, der unter dem größten Gletscher Europas liegt, dem Vatnajökull. Dampfwolken stiegen aus dem Eis auf, und der Gletscher sackte in der Mitte bedrohlich ein. Der Boden des Gletschers schmolz und Wasser füllte den riesigen Vulkankrater. Die Eruptionen hörten auf, doch der See unter dem Gletscher wuchs noch drei Wochen lang und schwoll auf ein Volumen von 4 Kubikkilometern an, bis am 5. November ein Erdbeben den unvermeidlichen »Gletscherlauf« auslöste, was man in Island Jökulhlaup nennt. Unter dem Eis schossen 50 000 Kubikkilometer Wasser pro Sekunde heraus und zerstörten Straßen, Brücken und Stromleitungen. Zu einer letzten Wendung kam es am folgenden Tag, als der Vulkan selbst erneut ausbrach – vermutlich ausgelöst durch die Druckentlastung, nachdem die Wassermasse weggespült war.

Für heutige Maßstäbe war die Flut, die der Ausbruch des Grímsvötn verursacht hatte, gewaltig, doch sie war verschwindend klein im Vergleich zu den Fluten, die den Ausbrüchen in ferner Vergangenheit folgten. Im amerikanischen Bundesstaat Washington ist eine riesige Fläche von rund 40 000 Quadratkilometern von sonderbaren Kanälen,

OBEN **DIE OBERFLÄCHE DES JUPITERMONDES EUROPA IST ÜBERSÄT VON BRÜCHEN. VON ALLEN HIMMELSKÖRPERN IM SONNENSYSTEM ÄHNELT WOHL EUROPA DER ERDE IN IHRER SCHNEEBALLPHASE AM MEISTEN.**
GEGENÜBER **DIE STEILEN WÄNDE DIESES U-TALS IN WYOMING LASSEN ERKENNEN, DASS DAS TAL VON EINEM GLETSCHER AUSGESCHÜRFT WURDE.**

Strudelkesseln und Wellenfurchen durchzogen wie sonst nirgendwo auf der Erde. Die einzigartigen Erosionsspuren dieser »Channelled Scablands« können nur durch eine Megaflut verursacht worden sein. Gegen Ende der letzten Eiszeit waren weite Teile des westlichen Nordamerikas von der riesigen Eisdecke des Kordilleren-Eisschilds überzogen. Im Süden endete er in den Rocky Mountains, wo seine Ausläufer sich wie Finger über Hochebenen und durch Täler erstreckten und Schmelzwasserflüsse durch Dämme aus Eis blockierten. Dahinter stauten sich riesige Seen auf. Der Größte war der Missoulasee, der zeitweise mehr Wasser enthielt als der heutige Ontario- und Eriesee zusammen – mit 300 Kilometern Durchmesser tatsächlich ein Binnenmeer. Der Wasserspiegel stieg an, bis der See eine Tiefe von rund 600 Metern hatte. Doch dann begann der Gletscher, auf dem der Eisdamm ruhte, zu schwimmen und hob sich von seinem Felsfundament ab. Das Ausmaß der dadurch verursachten Flut war unvorstellbar. In nur zwei Tagen war der See ausgelaufen. Seine 2000 Kubikkilometer Wasser schossen mit 100 Stundenkilometern heraus und strömten durch den heutigen Bundesstaat Washington dem Pazifik entgegen.

Angekündigt wurde die nahende Flut wohl von stürmischem Wind und einer Bodenerschütterung durch die verdichtete Luftmasse, welche die riesige Wasserwand vor sich herschob. Das Grollen muss eine halbe Stunde vor Ankunft der Flut begonnen haben. Der Wind wurde zum Bäume entwurzelnden Sandsturm, ein Wolkenbruch folgte. Und dann kam die Flut. Sie dürfte jedes Lebewesen dort getötet und weggerissen haben. Weiter flussabwärts wurden zerschmetterte Knochen von Mammuts und anderen großen Pflanzenfressern gefunden. Der Lärm war wahrscheinlich ohrenbetäubend, Findlinge stießen gegen Eisberge, riesige Wellen tosten gewaltige Stromschnellen hinab, und Felsen und Bäume wurden aus dem Wasser hoch in die Luft geschleudert. Mächtige Strudel erfassten Gesteins- und Eisbrocken und warfen sie umher, es entstand der größte Strudelkessel, der auf

RECHTS **DIE CHANNELLED SCABLANDS IM NORDWESTEN DER USA WURDEN DURCH »MEGAFLUTEN« GLATT POLIERT, DIE EINEM GLETSCHERSEE DER EISZEIT ENTSTAMMTEN.**

der Welt jemals in felsigen Untergrund gebohrt wurde. Die Erdschicht wurde vollständig vom Boden abgetragen, das Basaltgestein darunter freigelegt und poliert – so entstanden die Scrablands. Ungeheuerliche 40 Kubikkilometer Wasser strömten jede Stunde aus dem See, weit mehr als heute alle Flüsse weltweit in derselben Zeit transportieren. Dabei wusch es Sedimente aus dem Land und schwemmte sie 2000 Kilometer auf den Pazifik hinaus. Innerhalb weniger Stunden meißelten die tosenden Wasser tiefe Schluchten und Kanäle und bildeten Wasserfälle, von denen einer 150 Meter tief und 5 Kilometer breit war – zehn Mal so groß wie heute die Niagarafälle. Noch jetzt sieht man die gewaltigen Rippelmarken, wo die Fluten Schuttberge zurückließen, die höher als Häuser sind. Auch liegen überall 200 Tonnen schwere Findlinge, die teils 1000 Kilometer weit transportiert wurden.

Und der Missoulasee hat nicht nur einmal eine Flut verursacht. Als er leer war, entstand recht schnell ein neuer Eisdamm, sodass der See sich ein paar Jahrzehnte lang wieder mit Wasser füllen konnte – nur um erneut aufzubrechen, als der Gletscher wieder an Stabilität verlor. Die Landschaft weist Spuren von mehr als 40 solcher dramatischer Fluten auf, die allerdings allmählich schwächer wurden, da zum Ende der Eiszeit die Eisschicht dünner wurde. Auch wenn diese regelmäßigen Megafluten verheerend waren – möglicherweise auch für einige der ersten Menschen, die nach Amerika gelangten –, so hatten sie doch ihr Gutes. Das Sediment, das sie abluden, wurde zum fruchtbaren Boden im Westen von Oregon und bildete das Terroir für einige der besten Weinplantagen der Welt.

Schwimmendes Wasser

Eis prägte nicht nur die Landschaften der Erde, sondern auch den Verlauf der Evolution –, und zwar aufgrund einer ganz besonderen Eigenschaft. Wasser unterscheidet sich in einem wichtigen Punkt von allen anderen Substanzen. Es dehnt sich aus, wenn es gefriert. Die meisten Stoffe dehnen sich aus, wenn sie erhitzt werden, und verlieren dabei an Dichte und Gewicht. Das gilt auch für Wasser im flüssigen und gasförmigen Zustand: Bei Erwärmung dehnt es sich aus und verliert an Dichte, bei Abkühlung zieht es sich zusammen und verdichtet sich. Die veränderte Dichte warmen beziehungsweise kalten Wassers treibt das globale Fließband der Ozeane voran. Wenn aber Wasser auf weniger als 4 °C abgekühlt wird und sich seinem Gefrierpunkt nähert, nehmen seine Moleküle allmählich die kristallene Konfiguration des Eises an. Dadurch dehnt sich das Wasser aus und wird leichter. Das Ergebnis ist, dass festes Wasser auf flüssigem schwimmt – ein Vorgang, den es bei fast keinem anderen Stoff gibt.

Man stelle sich eine Welt vor, in der genau das Gegenteil der Fall ist. Anstatt zunächst oben zu gefrieren, würden Seen, Teiche und Flüsse von unten aus zufrieren und Eiskristalle würden von der luftgekühlten Oberfläche hinabrieseln wie Schnee. Gäbe es keine Eisschicht an der Oberfläche, die das tiefere Wasser von der eiskalten Luft trennt, würden Gewässer vollständig zufrieren. Tatsächlich aber bergen Seen und Teiche ganz unten fast immer eine Schicht aus flüssigem Wasser, selbst wenn sie komplett eingefroren zu sein scheinen. Und da Wasser bei 4 °C am dichtesten und schwersten ist, behält die Wasserschicht am Grund des Sees diese Temperatur konstant bei und bietet somit eine stabile Umgebung, in der Lebewesen selbst dem bittersten Winter standhalten können. Sogar in der Zeit, als Gletscher den Planeten umklammerten, konnten so Lebensräume erhalten bleiben.

Die Eigenschaft des Eises, auf dem Wasser zu treiben, führt auch zu einem der größten Naturschauspiele der Welt, der Brutstätte von Eisbergen. Im Zentrum Grönlands markiert der frische Schnee, der auf die Eisschicht fällt, den Beginn einer 100 000 Jahre währenden Reise, in deren Verlauf das Eis von Gletschern wie auf einem Fließband zur Küste befördert wird, wo es schließlich als Eisberg ins Meer gelangt. Die Eisschicht, die Grönland bedeckt, ist nach den großen Eisschilden der Antarktis die zweitgrößte der Welt. Ihre statistischen Werte sind kaum zu glauben. Sie bedeckt eine Fläche von über 1,7 Millionen Quadratkilometern und besteht aus 2,5 Millionen Kubikkilometern Eis – das sind 10 Prozent der weltweiten Eismasse. Ihre durchschnittliche

ÜBERNÄCHSTE SEITE **VERSCHWINDEND KLEIN WIRKT DIESES SCHIFF ZWISCHEN DEN EISBERGEN VOR DER KÜSTE DER GRAHAM-LAND-HALBINSEL, ANTARKTIS.**

Noahs Flut

Einer umstrittenen Theorie zufolge trennte in der letzten Eiszeit, als der Meeresspiegel mindestens 100 Meter tiefer war als heute, ein Landstreifen das Mittelmeer vom Schwarzen Meer an der Stelle, an der sich heute der Bosporus befindet. Vom Ozean abgeschnitten, wäre das Schwarze Meer nur noch ein flacher See gewesen. Diese Theorie stützt sich auf Sedimentproben, die aus dem Grund des Schwarzen Meeres herausgebohrt wurden. Sie enthalten Schlamm und Schalentiere, die man gewöhnlich in Flussmündungen findet, was die Vermutung nahe legt, dass das Schwarze Meer damals viel kleiner und seichter war als heute und nur von mitteleuropäischen Flüssen gespeist wurde. Zudem fanden Taucher Spuren menschlicher Siedlungen in den Tiefen des Meeres, wo vielleicht früher einmal Land war.

Der Theorie zufolge stieg der Spiegel des Mittelmeeres nach dem Ende der Eiszeit allmählich an, bis vor rund 7500 Jahren das Wasser die Landbrücke durchbrach und in einem gewaltigen Strom, der 200-mal so groß war wie die Niagarafälle, auf die andere Seite schoss. So füllte sich das öde Becken um den See herum und wurde zum Schwarzen Meer. Ein ähnlicher Vorfall ereignete sich womöglich vor 5 Millionen Jahren, als der Atlantische Ozean die Meerenge von Gibraltar durchbrach und das Mittelmeer, das nur noch eine salzige Pfütze war, wieder mit Wasser füllte. Die Flutung des Schwarzen Meeres könnte auch die historische Grundlage für die Geschichte der Sintflut sein. Solch eine Katastrophe, sagen die Vertreter der Theorie, hätte küstennahe Gemein-schaften in die Nachbarländer vertrieben, wo sie vielleicht auch die landwirt-schaftlichen Kenntnisse, auf denen die frühesten Zivilisationen aufbauten, verbreiteten.

Andere Forscher berufen sich dagegen auf Hinweise, wonach Schwarzes Meer und Mittelmeer während der gesamten Eiszeit miteinander verbunden waren. Es bleibt abzuwarten, welche Seite recht hat.

UNTEN **HEUTE SIND MITTELMEER UND SCHWARZES MEER DURCH DEN BOSPORUS VERBUNDEN. DOCH WAREN SIE VIELLEICHT EINMAL DURCH EINEN SCHMALEN STREIFEN LAND GETRENNT, BIS DIESER VOM ANSTEIGENDEN MEER DURCHBROCHEN WURDE.**

Dicke beträgt 1500 Meter, auf der Spitze der südlichen Kuppel sind es gar 3200 Meter. Ihr monumentales Gewicht hat den darunter liegenden Boden zerdrückt und das Grundgestein auf die Höhe des Meeresspiegels hinabgepresst. Würde es gemeinsam mit den kleineren Eismassen im arktischen Raum schmelzen, würde der Meeresspiegel weltweit um 6 bis 7 Meter ansteigen.

Diese Eisschicht ist beileibe keine solide Masse. Das Eis sammelt sich in den höheren Regionen im Zentrum Grönlands, wo Schnee fällt, und fließt dann in Richtung Küste. Später speist es Gletscher, die unaufhaltsam dem Meer entgegenrutschen. Dort splittern große Eisblöcke ab und stürzen ins Meer. Durch diesen Prozess, den man »Kalben« nennt, entstehen Eisberge. Von allen grönländischen Gletschern bewegt sich der Jakobshavn Isbræ an der Westküste am schnellsten. Er fließt mit einer Geschwindigkeit von 30 Metern pro Tag ins Meer, sodass jährlich Eisberge mit einem Gesamtgewicht von 35 Milliarden Tonnen entstehen – ein Zehntel der grönländischen Gesamtproduktion.

Jakobshavn Isbræ reicht wie ein langer Finger aus Grönlands Haupteisschild hinaus. Er erstreckt sich über 40 Kilometer nach Westen durch einen schmalen »Eisfjord« bis zum Meer. Auf der Nordseite der Gletschermündung liegt die Kleinstadt Ilulissat (grönländisch »Eisberge«), mit 4500 Einwohnern Grönlands drittgrößte Siedlung. Jährlich fließen Eisberge mit einem Gesamtvolumen von 50 Kubikkilometern dort vorbei. Die großen Blöcke reiben sich, krachen und knallen aufeinander, während sie aus der engen Fjordmündung hinausdrängen, die den Spitznamen »Eisbergallee« trägt, und stürzen ins Meer. Es ist ein erstaunlicher Anblick. Die Spitzen scheinen einander wie in einem Tanz zu umkreisen, aber unter Wasser, wo die großen Eismassen versteckt sind, drängeln die Eismonster sich und kollidieren, während sie den Fjord verlassen. Einige sind so groß, dass sie am Meeresgrund stecken bleiben, bis das Gewicht der nachfolgenden Eisberge sie weiterdrückt.

RECHTS **AUF DEM SATELLITENBILD SIEHT MAN, WIE SICH VOM VORDEREN ENDE** (UNTEN LINKS) **DES EUGENIE-GLETSCHERS IM KANADISCH-ARKTISCHEN MEER EISBERGE ABTRENNEN.**

Wenn sie den Fjord verlassen haben, beginnen die Eisberge eine Reise, auf der sie schließlich zerstört werden. Die Meeresströme tragen sie zunächst an Ilulissat vorbei in Richtung Norden, dann wieder nach Süden, durch das Labradormeer und hinaus in den Nordatlantik, wo sie die Routen der Atlantikschiffe kreuzen. Einige größere Eisberge driften sogar in Regionen, die südlicher liegen als Großbritannien oder New York City, bis sie letztlich schmelzen und das Salzwasser im Nordatlantik verdünnen. Wie im vorigen Kapitel beschrieben, könnte die Zufuhr von Süßwasser im Nordatlantik die globalen Meeresströme beeinflussen. Daher ist es besonders besorgniserregend, dass sich in der Eisbergallee einiges verändert hat. Seit 1991 beobachten Forscher den Gletscher Jakobshavn Isbræ. Dabei zeigte sich, dass seine Fließgeschwindigkeit sich im letzten Jahrzehnt verdoppelte. Durch die zunehmende Anzahl von Eisbergen steigt der Meeresspiegel weltweit jährlich um zusätzliche 0,06 Millimeter und 25 Kubikkilometer Süßwasser verdünnen jedes Jahr zusätzlich das Meerwasser. Die Folgen sind noch nicht abzusehen.

Kältezyklen

Der grönländische Eisschild enthält nicht nur Eis. Wenn Schnee auf den Boden fällt, befindet sich zwischen den einzelnen Flocken Luft, die teilweise in kleinen Bläschen gefangen bleibt, wenn aus dem Schnee allmählich Gletschereis wird. Diese Blasen sind letztlich Proben aus der Atmosphäre und sinken über Hunderttausende von Jahren in den Eisschild hinab. Untersuchen Forscher einen Bohrkern aus dem Eis und die darin enthaltenen Blasen, können sie sehen, wie sich die Atmosphäre im Laufe der Zeit verändert hat. Diese Eisbohrkerne enthalten nicht nur faszinierende Informationen darüber, welche Mengen an Gasen, wie etwa Sauerstoff und Kohlendioxid, sich früher einmal in der Luft befunden haben, sondern geben auch Auskunft über die Veränderungen der Erdtemperatur.

Hinweise auf die Temperatur geben vor allem die Sauerstoffatome in Wassermolekülen. Vereinfacht gesagt hat eine kleine Menge an Sauerstoffatomen zwei zusätzliche Neutronen in ihrem Kern, wodurch sie schwerer sind. Die Atome dieser Variante, diese »Isotope«, heißen Sauerstoff-18, die normalen, leichteren Atome nennt man Sauerstoff-16. Da Wassermoleküle mit Sauerstoff-18-Atomen schwerer sind, brauchen sie zur Verdunstung mehr Wärmeenergie und kondensieren auch leichter. Wegen dieses Unterschieds lässt sich das Mengenverhältnis der beiden Isotope wie ein Thermometer lesen. In warmen Phasen steigt die Menge Sauerstoff-18, die aus dem Meer verdunstet, und somit auch ihr Anteil im Wasser, das als Regen oder Schnee fällt. Die wechselnden Anteile in den Eisbohrkernen sind so eindeutig, dass Wissenschaftler sogar Maxima und Minima erkennen können, die Sommern und Wintern entsprechen, und aus ausrechnen, wie alt das Eis ist, indem sie diese zählen. (Ein ähnliches Verfahren auf der Grundlage von Sauerstoff-Isotopen in den Knochen von Meerestieren aus den Meeressedimenten kann zeitlich noch weiter zurückreichen.)

In Grönland wurden Eisbohrkerne gezogen, die bis in das Grundgestein hinabreichten und deren einzelne Schichten man 11 000 Jahre zurückzählen konnte. In der russischen Vostok-Station in der Antarktis bohrte man 3350 Meter tief ins Eis und erhielt so einen Einblick in die Entwicklung der Atmosphäre in den letzten 426 000 Jahren. Vor Kurzem wurden bei einem europäischen Projekt in der antarktischen Concordia-Station 900 000 Jahre Eis durchbohrt. Mithilfe solcher Projekte konnten Forscher detailliert die Geschichte des Erdklimas rekonstruieren. Es wurde möglich, die kühlende Wirkung von Vulkanausbrüchen zu beobachten oder eine Verbindung zwischen Kohlendioxidgehalt und Erdtemperatur zu erkennen. (Interessanterweise haben die antarktischen Eisbohrkerne gezeigt, dass die Mengen an Kohlendioxid in den letzten 800 000 Jahren nie so groß waren wie heute.) Und es entsteht auch ein wunderbar klares Bild über die Klimaschwankungen, die auf unserem Planeten während der letzten Eiszeiten stattfanden.

Als die Geologie im Laufe des 19. Jahrhunderts Fortschritte machte, fand man überall in den eisfreien Regionen der nördlichen Hemisphäre Hinweise auf frühere Vereisungen. Gletscher hatten sich offensichtlich in der Vergangenheit wiederholt ausgebreitet und zurückgezogen – es hatte

OBEN **DIE EISDECKE VON GRÖNLAND UMFASST 10 PROZENT DER WELTWEITEN EISMASSE. IHR GEWICHT HAT DAS DARUNTER LIEGENDE GESTEIN AUF DIE HÖHE DES MEERESSPIEGELS HINABGEDRÜCKT.**

also nicht nur eine, sondern viele Eiszeiten gegeben –, man verstand aber nicht, warum das so war. Im Jahr 1842 meinte der französische Mathematiker Joseph Alphonse Adhemar, die Erklärung läge eventuell in periodischen Veränderungen der Umlaufbahn um die Sonne. Da er seine Theorie aber nicht vollständig ausarbeitete, blieb sie umstritten. Erst in den 1930er Jahren führte der serbische Ingenieur Milutin Milankoviç die komplizierten mathematischen Berechnungen durch, die hinter Adhemars Theorie standen. Milankoviç entdeckte, dass die Erde auf ihrer Umlaufbahn »taumelt« und so die Wärmemenge variiert, die uns von der Sonne erreicht, und zwar in Intervallen, die genau den 100 000-Jahr-Zyklen der Eiszeiten entsprechen.

Nach Milankoviç entsteht der Zyklus durch das Zusammenspiel verschiedener Faktoren. Erstens ist die Erdbahn nicht exakt kreisförmig, sondern ist eine Ellipse, die nicht einmal konstant ist. Sie variiert vielmehr zwischen einer fast kreisförmigen Ellipse und einer, die (aufgrund der Gravitationskraft von Jupiter und Saturn) viel stärker elliptisch ist. Zurzeit beschreibt die Erde fast eine Kreisbahn. Zweitens verändert sich die Neigung der Erdachse. Gegenwärtig ist sie um rund 23,5 Grad gegenüber der Vertikalen geneigt, aber dieser Wert bewegt sich innerhalb von 41 000 Jahren auf einer Skala von 21,5 bis 24,5 Grad auf- und wieder abwärts. Drittens dreht sich auch die Rotationsachse der Erde wie ein zur Seite geneigter Kreisel einmal in 26000 Jahren. Nach Milankoviçs Tod wurde noch ein

OBEN **DIESE ABBILDUNG AUS DEM 17. JAHRHUNDERT ZEIGT FROSTMÄRKTE, WIE SIE AUF DER THEMSE WÄHREND DER »KLEINEN EISZEIT« REGELMÄSSIG STATTFANDEN.** GEGENÜBER **UM DIE JAHRTAUSENDWENDE BEGANN DER LARSEN-B-EISSCHILD IN DER ANTARKTIS AUSEINANDERZUBRECHEN.**

vierter Faktor entdeckt: Auch die Ebene, auf der die Umlaufbahn der Erde sich befindet, schwankt in Zyklen von 70000 Jahren. Addiert man diese Werte, so ergibt sich aus all den leichten Veränderungen ein Zyklus von 100000 Jahren.

Die letzte Kälteperiode auf der Erde begann vor 70 000 Jahren und endete vor 10 000 Jahren. Sie war »die Eiszeit«, jene Phase, die Gedanken an Neandertaler, Mammuts und Tiger mit Säbelzähnen heraufbeschwört, aber auch an die rätselhaften Höhlenmalereien von Lascaux in Südfrankreich. Doch genau genommen befinden wir uns immer noch in der Eiszeit. Die bitterkalte Zeit, in der die Neandertaler umkamen, war nur eine besonders intensive Phase der Eiszeit, eine Fluktuation, die durch die von Milankoviç berechneten Zyklen der Erdumlaufbahn verursacht wurde. Die relativ warme Periode, in der wir uns befinden, ist nur eine befristete Pause, ein »Interglazial«.

In der Erdgeschichte gab es einschließlich der Schneeballphase mindestens vier große Eiszeiten. Die letzte große Eiszeit begann vor etwa 40 Millionen Jahren, als die Antarktis allmählich unter einer Eisdecke verschwand. Die letzten drei Millionen Jahre waren am kältesten. Eisdecken breiteten sich auch auf der Nordhalbkugel aus. Aus Gründen, die noch nicht ganz geklärt sind, reagierte das Erdklima in diesen drei

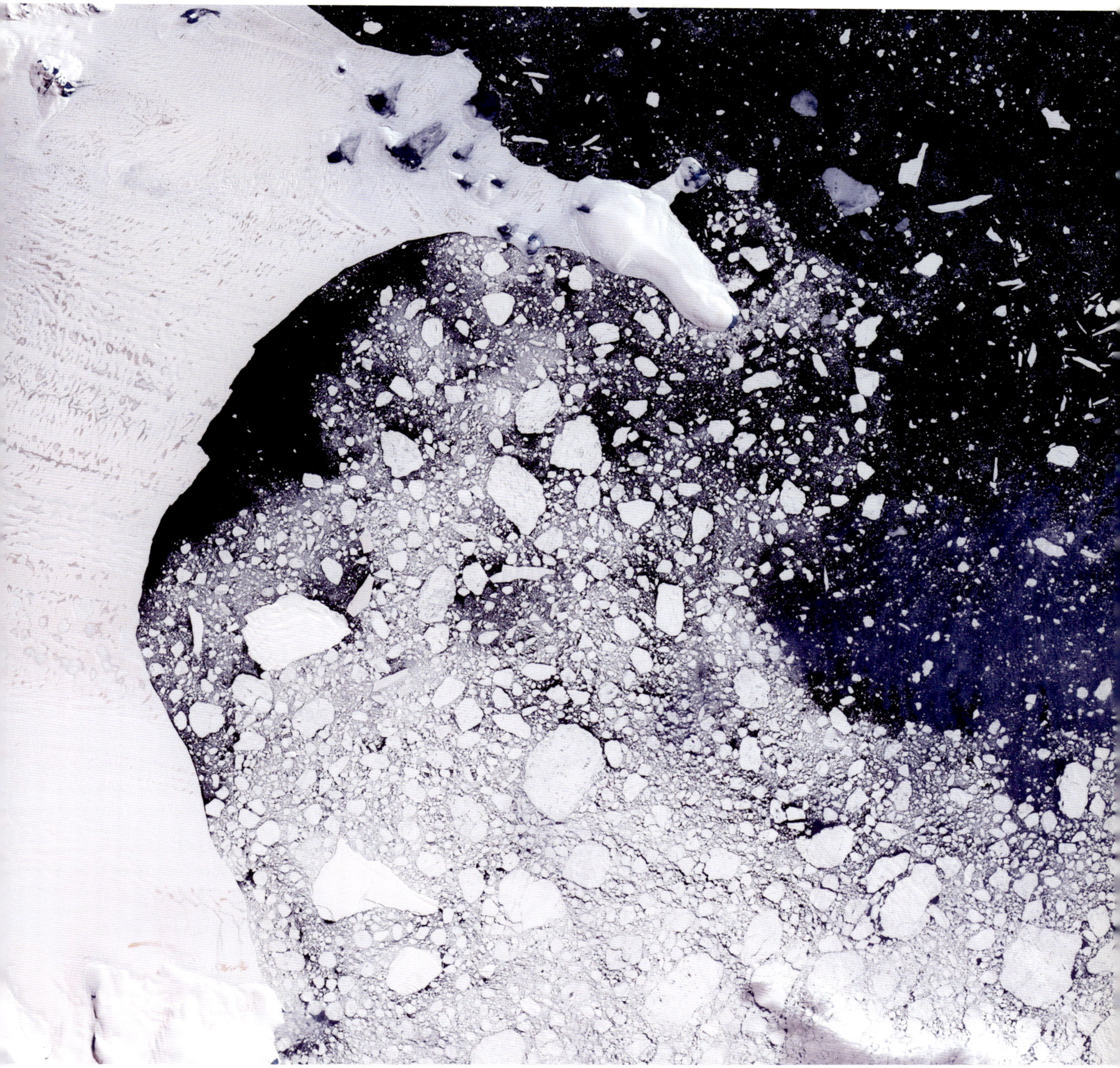

Millionen Jahren so besonders empfindlich auf die Veränderungen in der Umlaufbahn, sodass die Temperaturen drastisch stiegen beziehungsweise sanken. Und immer mehr deutet darauf hin, dass sich diese Temperaturschwankungen besorgniserregend schnell vollziehen können. Im vorigen Kapitel erfuhren wir, dass man anhand von prähistorischen Käfern, die in Nordwestengland aus Schlamm ausgegraben wurden, belegen konnte, dass die Nordhalbkugel vor rund 13 000 Jahren wieder in eine Mini-Eiszeit geriet, als sie gerade versuchte sich zu erwärmen. Untersuchungen von Eisbohrkernen ergaben, dass diese Abkühlung in nur zehn Jahren stattfand, was zu der Annahme führte, dass der Golfstrom versiegt war. Es gibt allerdings einen weiteren Grund für die unvorhersehbaren Klimawechsel auf der Erde. Dieser Grund ist das Eis selbst.

Betrachtet man den Halbmond, so sticht die weiße Sichel, die von der Sonne beleuchtet wird, klar hervor. Bei genauerem Hinsehen kann man aber auch die gesamte Scheibe erkennen. Dabei hebt sich der dunkle Teil als mattes Grau vom Schwarz des Nachthimmels ab. Dieses matte Grau wird durch den »Erdenschein« verursacht – Sonnenlicht, das von der Erde auf den dunklen Teil des Mondes reflektiert wird. Jeder Teil der Erdoberfläche reflektiert in gewissem Maße Sonnenlicht, aber nirgends sonst so effektiv wie in schnee- und eisbedeckten Regionen. Hier werden 80 bis 90 Prozent der eintreffenden Energie reflektiert – auch die unsichtbaren Infrarotstrahlen, die Wärme übertragen. Aufgrund ihrer starken Reflexion, ihrer »Albedo«, können Eisschichten das Erdklima verändern. Wenn es sich abkühlt

OBEN UND GEGENÜBER **ANHAND ALTER FOTOGRAFIEN LÄSST SICH DAS RASCHE VERSCHWINDEN DER GLETSCHER IN DER NÖRDLICHEN HEMISPHÄRE ERKENNEN, WIE IN DIESEN VORHER/NACHHER-BILDERN DES PASTERZE-GLETSCHERS IN ÖSTERREICH VON 1875** (OBEN) **UND 2004** (GEGENÜBER).

und die Eisdecke weiter vordringt, reflektiert ihre wachsende Oberfläche immer mehr Wärmeenergie ins Weltall, sodass die Erde weiter abkühlt. So entsteht ein Rückkopplungseffekt, der die Temperaturspirale immer weiter nach unten schraubt. Das funktioniert auch umgekehrt: Erwärmt sich das Klima, etwa durch Schwankungen in der Umlaufbahn, bilden sich die Eisschichten zurück. Sie reflektieren so weniger Wärmeenergie von der Sonne, das Klima wird dadurch noch wärmer, es schmilzt noch mehr Eis und so fort.

Dieser Rückkopplungseffekt mag eine Schlüsselrolle gespielt haben, als es zu den großen Eiszeiten kam. Große Vereisungen, wie wir sie zurzeit erleben, traten offenbar immer dann auf, wenn die Anordnung der Kontinente den Fluss des warmen Wassers von den Tropen zu den Polen behinderte. Die Pole kühlten ab, sodass Eisdecken entstehen konnten, die wachsende Eismasse reflektierte die wärmenden Sonnenstrahlen ins All und entzog dem Planeten somit die Wärme. Unabhängig davon, ob diese Theorie zutrifft, sind Wissenschaftler besorgt über die gefährlichen Konsequenzen, die eine Veränderung in der Eisdecke auf einem sich aufheizenden Planeten nach sich ziehen könnte. Und wie wir später noch sehen werden, verändern sich die Eisdecken und Gletscher der Erde beunruhigend schnell.

Die Zu- und Abnahme der polaren Eisschichten hatte in den letzten paar Millionen Jahren Auswirkungen auf den gesamten Planeten. Sogar unsere eigene Entstehung und Evolution könnte durch die Eiszeiten vorangetrieben worden sein. Als die Eisschilde weiter vordrangen, wurde an den Polen so viel Wasser gespeichert, dass in den Tropen das Klima trockener wurde. In Ostafrika schwankte das Klima sehr viel mehr, wodurch die Tiere unter Druck gesetzt wurden, und nur diejenigen Arten überlebten, die sich am besten anpassen konnten. Als vor rund 3 Millionen Jahren die Eisschilde im Norden entstanden, entwickelten unsere

Vorfahren die ersten einfachen Steinwerkzeuge. Während einer weiteren intensiven Kälteperiode vor etwa 1,8 Millionen Jahren wanderte die erste erkennbar menschliche Art – der Homo erectus – aus Afrika nach Asien und breitete sich dort aus. In jüngerer Zeit wird die Verbindung zwischen dem Eis und der Menschheitsgeschichte noch deutlicher. Die Besiedlung Europas erfolgte in Wellen. Über einen Zeitraum von 700 000 Jahren drangen unsere Vorfahren vor und wichen zurück und reagierten dabei immer auf das Eis. Nachdem es vor etwa 10000 Jahren zum letzten Mal zurückgewichen war, ermutigte das veränderte Klima in Ägypten und im Nahen Osten die Menschen dazu, ihr Leben als Jäger und Sammler aufzugeben und sich an den großen Flüssen wie Nil, Tigris und Euphrat niederzulassen, wo die ersten landwirtschaftlich geprägten Zivilisationen entstanden.

Schmelze

Nachdem die Gletscher der Eiszeit zurückgewichen waren, begann eine Phase stabilen globalen Klimas. Ausnahme war nur die besonders kalte Periode der kleinen Eiszeit vom 16. bis zum 19. Jahrhundert, als auf der gefrorenen Themse Eismärkte abgehalten wurden und Meereis teilweise den Ärmelkanal blockierte. Es ist aber offensichtlich, dass das Klima sich zurzeit wieder wandelt. Die Erde erwärmt sich schnell, was am Eis unseres Planeten am besten zu erkennen ist. Überall auf der Welt schmelzen die Gletscher. Viele Gletscher in den Alpen werden seit mehr als hundert Jahren gemalt oder fotografiert, sodass man anhand von »Vorher/-Nachher«-Vergleichen leicht erkennen kann, wie weit sie zurückgegangen sind. Das Mer de Glace etwa reichte früher einmal bis zur Stadt Chamonix. Heute endet es bereits in den Bergen und ist von unten kaum noch sichtbar. Skifahrer, die sich vor ihren Ausflügen per Snowcam informieren, gewöhnen sich allmählich an den traurigen Anblick von grasgrünen oder matschbraunen Pisten. Auf Satellitenaufnahmen ist zu erkennen, dass es sich um einen globalen Trend handelt. Fast alle Gletscher, die wir aus dem All sehen können, sind geschrumpft.

Das spektakulärste Beispiel für die Veränderungen in der Eisschicht bietet die Antarktis. Die riesige Eisdecke Larsen B ist etwa 200 Meter dick und reicht über den Rand der antarktischen Halbinsel hinaus auf das Meer. Gespeist wird sie durch einen ununterbrochenen Zufluss von Gletschereis. Dieser war seit der Eiszeit unverändert, aber zwischen Januar und März 2002 löste sich eine 3250 Quadratkilometer große Fläche einfach auf – das entspricht ungefähr der Größe der Bundesländer Saarland und Hamburg zusammen. Da der Eisschild schon auf dem Meer schwamm, wird sein Schmelzen keinen direkten Einfluss auf den Meeresspiegel haben. Er hat aber auch den hinter ihm liegenden Gletscher vom Meer ferngehalten, der jetzt nachweislich schneller fließt, sodass die antarktische Eisdecke nun rascher in den Ozean rutschen kann.

Wie die großen Eisschilde unserer Erde auf die Erderwärmung reagieren werden, ist bei Weitem nicht klar, aber erste Hinweise finden sich in Grönland. Jeden Sommer scheint dort die Sonne unnachgiebig und rund um die Uhr auf das Eis, sodass sich Schmelzwasser bildet. Es fließt über die Oberfläche, findet Risse und Brüche und folgt dem Weg des geringsten Widerstands, um wieder in das Eis hineinzufließen. So wird aus einer Spalte allmählich ein größeres Loch, und das rieselnde Wasser gewinnt an Kraft, wird zu einem Strom und später zu einem eisblauen Wasserfall, der immer tiefer fällt und sich seinen Weg weit hinab in den Kern des Eisschilds bohrt. Diese eigenartigen und schönen Wasserfälle werden Moulins genannt, und die Kanäle, in denen sie abfließen, können sich kilometerlang bis zum Grund des Gletschers schlängeln. Wo fließt das Wasser hin?

Wahrscheinlich gerät ein Großteil in ein Netzwerk aus Röhren und Kanälen am Grund des Eisschilds und ölt gewissermaßen die Gletscher, die über ihn hinwegfließen. Heute kennen Wissenschaftler in Grönland mehr Moulins als vor zehn Jahren, und dass ihre Zahl angestiegen ist, könnte auch die drastische Zunahme der Fließgeschwindigkeit von Gletschern erklären, wie sie von GPS-Satelliten beobachtet wurde. Die große Sorge besteht aber darin, dass aufgrund der

GEGENÜBER **SCHMELZWASSER GRÄBT EINEN KANAL IN DEN GRÖNLÄNDISCHEN EISSCHILD, BEVOR ES IN EINEN MOULIN STÜRZT UND ZUM GRUND DES GLETSCHERS VORDRINGT.**

Bodenhebung

Schmelzendes Eis kann eine erstaunliche Auswirkung auf unseren Planeten haben, auch wenn wir diese in ihrer vollen Stärke bisher noch nicht beobachten konnten. Weit im Norden Schwedens liegt ein weites, flaches, felsiges Land. Durchschnitten wird es von einer landschaftlichen Merkwürdigkeit, der Parve-Verwerfung. Sie ist nur 10 Meter hoch, verläuft aber über eine Strecke von 150 Kilometern völlig gerade, was bedeutet, dass sie nur durch ein Erdbeben entstanden sein kann. Aufgrund der Höhe des Grabens gehen Geologen von einem Beben der Stärke 8,2 auf der Richterskala aus, was ein extrem hoher Wert ist. Das Besondere daran ist aber, dass dieser Teil Schwedens kein Erdbebengebiet ist, und daher dürfte es die Parve-Verwerfung eigentlich gar nicht geben. Die Erklärung dafür, warum er doch existiert, finden wir in der Eiszeit.

Als die jüngste Vergletscherung ihren Höhepunkt erreicht hatte, war diese Region Schwedens von einem 3000 Meter dicken Eisschild bedeckt. Das entspricht einem Gewicht von fast 3000 Tonnen pro Quadratmeter, so viel wie eine zusätzliche Schicht Erdkruste. Die tatsächliche Erdkruste, die unter dem Eis lag, wurde durch das enorme Gewicht nach unten gedrückt, aber als das Eis schmolz – und für geologische Maßstäbe geschah das praktisch über Nacht –, federte die Kruste buchstäblich nach oben zurück und verursachte das enorme Erdbeben. Dieses Phänomen, die isostatische Ausgleichsbewegung, wird in Zukunft auch in Grönland und der Antarktis auftreten, während unsere Welt sich weiter erwärmt.

UNTEN **DIESE ABRUPT AUFRAGENDE, 10 METER HOHE FELSFLANKE DER PARVE-VERWERFUNG IN SCHWEDEN GEHT AUF DIE EISZEIT ZURÜCK.**

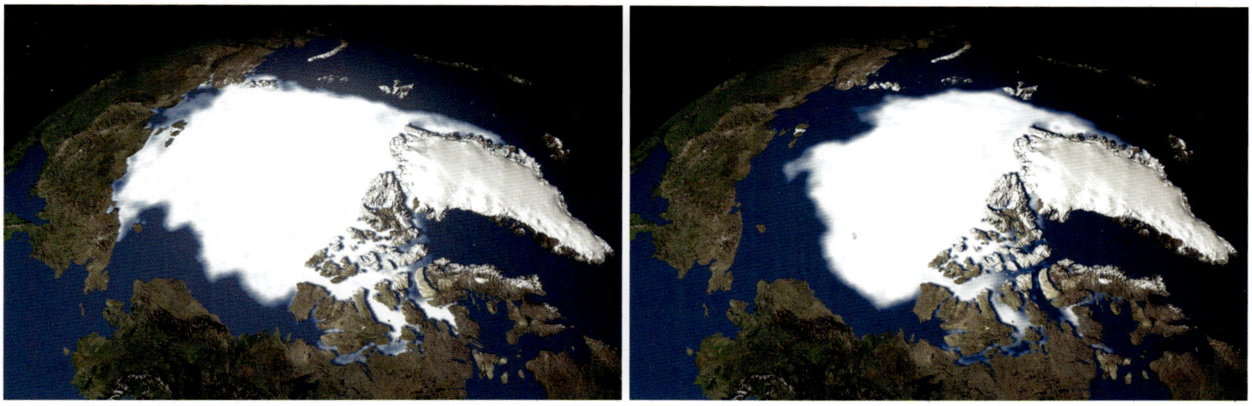

OBEN **DURCH DEN RÜCKGANG DES EISES IM ARKTISCHEN MEER KÖNNEN SEEFAHRER DIE TÜCKISCHEN NORDWEST- UND NORDOST-PASSAGEN DURCHFAHREN. AUF SATELLITENBILDERN ZEIGT SICH, WIE STARK DAS EIS VON 1979** (LINKS) **BIS 2005 ZURÜCKGEGANGEN IST.**

Wasserschmierung der gesamte Eisschild in Richtung Meer gleiten könnte, was katastrophale Konsequenzen hätte.

Am deutlichsten erkennbar ist die Erderwärmung aber am drastischen Rückgang des Eises im arktischen Meer. Am Südpol ruht das Eis auf dem soliden Fundament, das ihm der antarktische Kontinent bietet, geschützt vor den warmen Meeresströmen. Am Nordpol aber treibt das Eis auf dem Wasser und taut daher viel leichter. Die Ausdehnung des Eises variiert hier jedes Jahr – im Winter nimmt sie zu, da das Wasser an der Oberfläche gefriert, im Sommer verringert sie sich wieder. Aber auch langfristig hat sich das Eis verändert. Im Sommer 2005 gab es 20 Prozent weniger Meereis als 1985, und erste Messungen von U-Booten aus zeigten, dass es auch dünner wird. Indem die Eisfläche sich verkleinert, verliert der arktische Ozean auch die starke Albedo, die das Wasser von der Sonnenwärme abschirmt. Das Wasser nimmt die Wärme auf, sodass das Meer nach Ende des Sommers länger warm bleibt. Dies wiederum bewirkt, dass im Winter weniger Eis entsteht – ein klassischer Rückkopplungseffekt. Zum ersten Mal seit Menschengedenken war im Jahr 2000 sogar der Nordpol eisfrei.

Jahrhundertelang träumten europäische Forschungsreisende davon, eine Route durch die Nordwest-Passage zu finden, eine Strecke durch das eisige Meer der kanadischen Arktis. Eine kurze Verbindung vom Atlantik zum Pazifik hätte die lange Reise zu den Gewürzinseln drastisch verkürzt, viel Zeit gespart und viele Menschenleben gerettet. Doch Packeis versperrte den Weg, und viele unerschrockene Seemänner verloren ihr Leben, als sie versuchten hindurch zu kommen. Ihre Schiffe wurden begraben, als sich das Eis um sie herum schloss. Im Jahr 1906 schließlich gelang dem norwegischen Forschungsreisenden Roald Amundsen der Durchbruch. Mit einem armierten Fischfangboot bahnte er sich auf einer dreijährigen Reise den Weg durch das Packeis. Es war eine heldenhafte Leistung, die von der nur sechs Mann starken Besatzung und ihrem kleinen Eisbrecher vollbracht wurde.

Ein Jahrhundert später jedoch, zu Beginn des neuen Jahrtausends, wurde die Reise wiederholt, und diesmal fand die Besatzung kein schweres Packeis mehr vor, nur einzelne Schollen und gelegentlich einen Eisberg. Schließlich wurde im Jahr 2005 bekannt, dass sich allmählich auch die Nordost-Passage entlang der sibirischen Küste öffnet. Auf den NASA-Bildern kann man einen Streifen klares, blaues Wasser zwischen Russland und dem zurückweichenden Polareis erkennen. Die Anzeichen des Wandels sind nicht mehr in wissenschaftlichen Daten versteckt; sie sind für uns alle sichtbar.

KAPITEL SECHS

SELTENE ERDE

DIE ERDE IST EIN ERSTAUNLICHER, SICH STETS WANDELNDER PLANET VOLLER NATÜRLICHER Schönheit. Die wundersame Welt, die uns so vertraut ist, wurde von fundamentalen Kräften geformt, deren Ausmaße für uns Menschen kaum vorstellbar sind: den gewaltigen Einschlägen, durch die der Planet sich bildete, den inneren Wärmemotor, der die ruhelose Oberfläche antreibt, der zarten Atmosphäre, die uns schützt und ernährt, wirbelnden Ozeanen, die Wärme und Nährstoffe auf dem Planeten verteilen, und den Eisschilden, die hin und wieder für Unruhe sorgen. Zwischen diesen faszinierenden Zahnrädern der Maschinerie unseres Planeten gibt es eine weitere fundamentale Kraft. Es ist eine Kraft, die der Erde selbst entspringt und seitdem einzigartig mit ihr verbunden ist. Es ist die wahre Lebenskraft unseres Planeten: das Leben selbst.

Und es ist ein hoch entwickeltes, intelligentes, empfindungsfähiges Leben, das die Erde zu etwas Besonderem macht. Es bleibt abzuwarten, ob andere Planeten unseres Sonnensystems einfache Einzeller beherbergen, ähnlich denen, welche die Extreme unseres Planeten ertragen. Komplexe Lebensformen – vielzellige Kreaturen mit Geweben und Organen – sind zweifellos einzigartig für diesen Teil unseres kosmischen Umfelds. In Anbetracht der unvorstellbaren Größe des Universums ist es jedoch denkbar, dass auch anderswo komplexes Leben existiert.

GEGENÜBER **DER VERTRAUTE ANBLICK DES PLANETEN ERDE. DENKT MAN DARÜBER NACH, WAS NOTWENDIG WAR, UM DIESE MIT GESTEIN UMMANTELTE METALLKUGEL BEWOHNBAR ZU MACHEN, KOMMT EINEM DAS UNIVERSUM SEHR EINSAM VOR.**

Bestimmt tummeln sich »draußen« andere Erden, auf denen biologischer Reichtum herrscht. Es gibt sicher viele Planeten, die andere Sterne umkreisen, und an Sternen herrscht kein Mangel. Vor 30 Jahren schätzte der renommierte Astronom Carl Sagan aufgrund von ein paar galaktischen Fakten und Zahlen grob, allein in unserer Milchstraße, die nur eine von mehr als 100 Milliarden Galaxien im Universum ist, könnte es eine Million hoch entwickelter Zivilisationen geben.

Gut, aber wir haben sie noch nicht gefunden, und es ist ja nicht so, als ob wir nicht gesucht hätten. Seit wir zu den Sternen hochschauen, haben wir den Himmel nach Zeichen von Intelligenz abgesucht. Natürlich kann es sein, dass wir nicht lange genug oder nicht an den richtigen Stellen gesucht haben. Aber es gibt auch eine andere Möglichkeit: Vielleicht ist da draußen einfach nichts. Der Geologe Peter Ward und der Astronom Don Brownlee bezeichnen diese uralte Vorstellung, dass wir allein im Universum sind, mit dem neuen Begriff »Hypothese der seltenen Erde«. Kern ihrer Annahme ist die Erkenntnis, eine Serie von unglaublich unwahrscheinlichen, glücklichen Zufällen sei notwendig gewesen, um die Erde bewohnbar zu machen. Um zu verstehen, wie überaus ungewöhnlich unser Planet vielleicht ist, sollten wir uns ein paar Schlüsselszenen seiner Geschichte in Erinnerung rufen.

Bauanleitung für einen bewohnbaren Planeten

Die Erde wurde an der richtigen Stelle des Universums geboren. Nur ein bisschen näher an der Sonne – wie die Venus oder der Merkur – und man kommt in ein höllisches Gefilde, in dem es für flüssiges Wasser zu heiß ist. Ein Stückchen weiter weg – wie der Mars – und es wäre zu kalt für flüssiges Wasser. Es gibt nur ein schmales Band im All, das genau richtig ist, und der erste Glücksfall der Erde war, dass sie genau in seiner Mitte geboren wurde. Komfortabel eingebettet in dieser sogenannten habitablen Zone, erwachten wir glücklicherweise in der Wärme eines Sterns, der genau richtig war. Dank ihrer Größe konnte die Sonne seit langer Zeit eine relativ gleichbleibende Menge an Energie freisetzen und dem Leben für seine Entwicklung viel Zeit lassen. Hinzu kommt der glückliche Zufall, dass sich der Jupiter bildete. Der riesige Planet wacht über uns, sein massives Gravitationsfeld hält potenziell tödliche Geschosse davon ab, Kurs auf die Erde zu nehmen. Wäre der Jupiter kleiner oder weiter entfernt gewesen, hätten mächtige Kollisionen die Erde verwüsten können, und das Leben wäre wohl ausgelöscht worden, wenn es sich denn überhaupt hätte entwickeln können. Dann kam die zufällige Kollision mit dem Zwillingsplaneten der Erde, Theia, deren Trümmer zu unserem Reisebegleiter wurden. Die Anziehungskraft des Mondes stabilisierte die unbeständige Schieflage der Erde, wodurch das Klima im komfortablen Bereich blieb, und sie gab den vertrauten Rhythmus von Ebbe und Flut vor.

Theia vermachte unserem jungen Planeten noch ein weiteres Abschiedsgeschenk – ihren Kern. Durch diese zusätzliche Masse wurde die Erde groß genug, um genügend Atmosphäre an sich zu binden, die wie die Decke eines Treibhauses die Sonnenwärme einschloss. Und aus der Atmosphäre kam natürlich das Wasser. Vielleicht hatten Mars und möglicherweise Venus auch einmal flüssiges Wasser auf ihrer Oberfläche, aber allein die Erde konnte ihre Ozeane so lange behalten. Soweit wir wissen, gibt es an anderen Stellen unseres Sonnensystems nicht einmal einen Tümpel. Blicken wir die 4 Milliarden Jahre zurück bis zur Geburt unseres Planeten, fällt uns etwas auf, das fast unverändert geblieben ist: Es ist diese Fähigkeit, Wasser in flüssiger Form zu behalten und so die Erde zu einer Arche des Lebens zu machen.

Nicht nur der genau richtige Abstand zur Sonne hielt das Wasser der jungen Erde davon ab, ins All zu verdunsten oder zu gefrieren. Der Planet brauchte auch ein Klimakontrollsystem. Damit das aber funktionierte, war noch etwas erforderlich: die Plattentektonik. Auch unsere Nachbarplaneten besaßen vielleicht vor langer Zeit bewegliche Krusten, aber seit rund einer Milliarde von Jahren sind diese weitgehend unbeweglich. Vulkane sind im Sonnensystem

GEGENÜBER **DAS »VERY LARGE ARRAY« (VLA) IN NEW MEXIKO. DIESE RADIOTELESKOPE SIND TEIL DER WISSENSCHAFTLICHEN SUCHE NACH AUSSERIRDISCHEM LEBEN, DIE BISHER JEDOCH ERGEBNISLOS BLIEB.**

ziemlich verbreitet, doch kein anderer Planet besitzt die ausgeprägt linearen Bergketten, von denen die Brüche in der beweglichen Hülle des Planeten gesäumt werden.

Der Grund dafür ist vielleicht, dass diese Planeten ihr Wasser verloren. Auf der jungen Erde sickerte Meerwasser in die Kruste, schwächte das spröde Gestein und machte es so nachgiebig, dass es sich biegen und brechen konnte. Die aus dem Inneren des Planeten aufsteigende Hitze riss die geschwächte Kruste auf und teilte sie in Fragmente. Sie setzte sie in Bewegung, ließ sie kollidieren und sich wölben, wodurch die Haut der Erde ein Förderband der Zerstörung und Erneuerung wurde. Die beweglichen Platten boten ein Ventil, durch das die aufgestaute innere Hitze entweichen konnte, und damit wurden die Konvektionsströmungen aus dem tiefen Innern stärker und exportierten mehr Hitze aus dem Kern. Der Konvektionsmotor der Erde schnurrte nun wohlig und war stark genug, das Magnetfeld der Erde zu schaffen. Das wiederum erzeugte einen Schutzschild rund um die Erde, der die Oberfläche vor kosmischer Strahlung abschirmte und den Verlust von atmosphärischen Gasen ins All reduzierte.

Das Wasser und die sich bewegenden Platten setzten gemeinsam die Klimakontrolle der Erde in Gang, indem sie Landmassen schufen, die aus den Ozeanen herausragten. So wurden die ersten Kontinente geboren, als nasse ozeanische Kruste in den Mantel hinabgeschoben wurde, wo sich das Wasser und das geschmolzene Gestein zu einem schwimmfähigeren Gestein verbanden: Granit. Sobald die Granitlandmassen aus den Wellen auftauchten, begannen sie zu verwittern und setzten Mineralien frei, die die sauren Meere allmählich neutralisierten und das Wasser lebensfreundlicher machten. Mit der Verwitterung begann auch die unaufhaltsame Absenkung des Kohlendioxidgehalts der Atmosphäre. Der globale Thermostat der Erde hielt die Temperatur auf genau dem Niveau, auf dem das Wasser flüssig bleiben konnte.

Eine kleinere Erde hätte nicht genug Schwerkraft für eine dicke Atmosphärenhülle und einen starken Treibhauseffekt gehabt, und die Oberfläche wäre zu kalt für flüssiges Wasser gewesen. Ohne Wasser wären auch die sich verschiebenden Platten festgefroren. Bei einer größeren Erde wären die Atmosphäre zu dicht und das Klima kochend heiß gewesen. Auch die Wassermenge musste genau richtig sein. Zu wenig Wasser, und die Erde wäre mit Kontinenten vollgepackt worden, deren Verwitterung so viel Kohlendioxid aus der Atmosphäre gezogen hätte, dass der Planet erfroren wäre. Bei zu viel Wasser wären die Kontinente untergegangen, wodurch die Verwitterung unmöglich geworden wäre. Ohne Temperaturkontrolle wäre das Wasser der Erde ins All verdunstet oder gefroren.

Es ist unglaublich, was für eine komplizierte und unwahrscheinliche Kette von Ereignissen notwendig war, um einen Planeten zu erschaffen, der Leben ermöglichte. Die Erde musste die richtige Größe und den richtigen Abstand zur richtigen Art von Sonne haben. Sie brauchte den richtigen Zusammenprall, um den Mond zu erschaffen, der ihr Halt gab, und den richtigen Planeten, der stets bereit war zu helfen. Und sie musste genau die richtige Menge von Wasser aus dem All erhalten. Dazu kamen die richtige Auswahl an Baumaterial, die richtige Menge an Hitze, damit die Plattentektonik funktionierte, und der richtige Chemismus, um Atmosphäre und Ozeane dem Leben zuträglich zu machen. Alles in allem ist ein Planet, der Leben beherbergt, eine ganz schöne Errungenschaft, erst recht, wenn dieses Leben mehr ist als bakterieller Schleim. Ein Planet wie die Erde könnte in der Tat sehr selten sein.

Aber es ist nicht nur diese Mischung aus kosmischen und planetarischen Glücksfällen, die unsere Welt so besonders gemacht hat. Die Erde hat noch ein anderes As im Ärmel, nämlich die ungewöhnliche Partnerschaft zwischen dem Planeten und seinen Bewohnern.

Mutter Erde

In den 1960er Jahren arbeitete der britische Wissenschaftler James Lovelock als Berater für die Viking-Missionen, mit denen die NASA im folgenden Jahrzehnt nach Leben auf dem Mars suchen wollte. Lange bevor die Viking-Landefähren auf dem Mars aufsetzten, um seine staubige rote Erde zu analysieren, erkannte Lovelock, dass es eine einfachere Methode gab, um Leben auf einem fremden Planeten zu entdecken. Man brauchte lediglich die Zusammensetzung seiner Atmosphäre zu bestimmen, und zwar mittels Analyse

OBEN **DER BRITISCHE PRIVATGELEHRTE JAMES LOVELOCK, DER IN SEINER GAIA-HYPOTHESE DIE UMSTRITTENE IDEE VERTRITT, DIE ERDE SEI EIN LEBENDER ORGANISMUS.**

des von einem Teleskop eingefangenen Lichts. Auf einem leblosen Planeten bestünde die Atmosphäre aus einer Mischung inerter Gase – Gase, die zurückblieben, nachdem alles, was chemisch irgendwie hätte reagieren können, bereits reagiert hatte, wie in den Atmosphären von Venus und Mars. Die Chemie einer lebendigen Welt ist anders: Organismen recyceln unaufhörlich die für das Leben notwendigen Elemente, indem sie chemische Stoffe aus ihrer Umgebung aufnehmen und andere freisetzen, wobei die Atmosphäre als Förderband dient. Das gibt der Atmosphäre eine äußerst ungewöhnliche chemische Struktur, die ohne Leben nicht Bestand hätte. Auf der Erde ist die Luft, die wir atmen, eine anomale Mischung aus Sauerstoff und Stickstoff mit einem kleinen Schuss Kohlendioxid, Methan und anderen Gasen. Der Sauerstoff müsste eigentlich mit Methan und Stickstoff reagieren und verschwinden, trotzdem leben diese instabilen Genossen glücklich miteinander. Es ist eine Zweckehe, die durch die permanente Recycling-Arbeit des Lebens ermöglicht wird.

Lovelocks Theorie, Organismen würden ihre Umgebung regulieren, entwickelte sich in den folgenden Jahrzehnten zu einer äußerst kühnen Betrachtung der Wirkungsmechanismen unseres Planeten. Kernpunkt seiner Theorie ist die »Homöostase«, ein medizinischer Begriff, der beschreibt, wie ein gesunder Körper seine Temperatur, Wassermenge und viele andere Variablen ungeachtet veränderter äußerer Bedingungen automatisch auf nahezu optimalem Niveau hält. Lovelock behauptete, unsere planetarische Umgebung sei ähnlich homöostatisch und Temperatur und atmosphärische Zusammensetzung würden durch das Leben stabil gehalten. Lebewesen und Umgebung bildeten eine einzige, sich selbst regulierende

Einheit, die unseren Planeten in einem komfortablen Zustand hielte und geeignet mache für die Fortpflanzung des Lebens. Diese grandiose Idee – der größte Organismus der Erde sei die Erde selbst – brauchte einen Namen. Also gab ihr Lovelock den der griechischen Göttin und Urmutter: Gaia.

Obwohl die Sonne heißer wurde und fürchterliche Umweltkrisen kamen und gingen, herrschten auf dem Planeten nahezu 4 Milliarden Jahre lang fast immer die gleichen engen Rahmenbedingungen, die notwendig sind, um das Leben aufrechtzuerhalten. Die Durchschnittstemperatur blieb zwischen 0 und 100 °C, die Konzentrationen von Phosphor, Stickstoff und Schwefel waren immer adäquat und Gifte wurden in Schach gehalten. Das Meer war nie salziger, als das Leben vertragen konnte, Sauerstoff blieb auf tolerierbarem Niveau, und vor allem wurde das Wasser davon abgehalten, den Planeten zu verlassen.

Vielen Geologen geht die Vorstellung von der Erde als sich selbst regulierender »Superorganismus« zu weit, aber die meisten akzeptieren Lovelocks Kernbotschaft, dass das Leben für ihre Funktionsfähigkeit grundlegend ist. Biologische Prozesse interagieren mit physikalischen und chemischen Vorgängen und haben eine enorme Auswirkung auf die Bedingungen des Planeten. So sorgte das Leben dafür, dass die Plattentektonik, die für die Bewohnbarkeit der Erde so wichtig ist, auf unserem Planeten nicht aufgehört hat. Die Meereslebewesen, die Kohlendioxid in ihre Körper einbauen, und deren Überreste den Kohlenstoff in Meeresböden aus Kalkstein sperren, sorgen dafür, dass die isolierende Decke der Atmosphäre nie zu stickig wird und dass das Wasser, das die Bewegungen der Platten ölt, bleibt. Ohne das Leben würde der globale Kohlenstoffzyklus zusammenbrechen, und das Klima würde völlig verrückt spielen.

Also hat das Leben Hunderte von Millionen, ja vielleicht Milliarden Jahre dem Klima den Feinschliff gegeben – zu seinem eigenen Vorteil. Aber es gibt ein Problem. Anscheinend wurde das Leben zu gut darin, seine Umgebung zu kontrollieren, sodass auf lange Sicht genau die Leben erhaltenden Prozesse beginnen könnten, es zu zerstören. Und es scheint, der Untergang des Lebens auf der Erde habe bereits begonnen.

Das Ende der Welt

Wir leben gegenwärtig in einer kurzen Zeit zivilisationsbedingter globaler Erwärmung. Das mag sich anhören wie der Anfang vom Ende des fein ausbalancierten Erdklimas, aber eigentlich ist unser Planet schon lange auf dem absteigenden Ast. Die Erde ist alt. Seit vielleicht 4 Milliarden Jahren ist sie ein lebender Planet und hat ihren Zenit schon überschritten. Selbst unsere besten (oder sind es die schlechtesten?) Bemühungen, das Klima zu ändern, kann nur verzögern, was uns ohnehin erwartet. Denn langfristig wird uns nicht die Erwärmung Probleme bereiten, sondern die Abkühlung. Noch befinden wir uns in einer Eiszeit, wenn auch in einer kurzen warmen Pause, in der unsere Zivilisation aufblühen konnte. Die vom Menschen gemachte Erderwärmung könnte diesen Altweibersommer um ein paar Tausend Jahre verlängern, aber danach wird das Eis rasch zurückkommen.

Die Rückkehr der Gletscher wird das Leben selbst nicht bedrohen – schließlich hat das Leben in der Vergangenheit viele Vergletscherungen überlebt. Aber wenn die Zivilisation noch existiert, wird sie enorme Ernährungsprobleme bekommen, denn die landwirtschaftliche Produktion der Welt wird einbrechen. In der letzten Eiszeit betrug die Bevölkerung vielleicht 2 bis 3 Millionen Menschen. Bis zur nächsten könnten es 100 Milliarden sein. Die Menschheit könnte die unausweichlichen Hungersnöte und Kriege zwar überleben, aber in stark dezimierter Anzahl. Und wenn sie lange genug existiert, wird sie erleben, wie sich das Eis wieder zurückzieht, um dann noch 50 weitere Male zu kommen und zu gehen.

In 2 bis 10 Millionen Jahren wird die tektonische Bewegung die Erde aus dem Griff der Gletscher befreien und die Eiszeit wird einer Periode der Regeneration weichen. Die Kontinente der nördlichen Hemisphäre werden nach Süden driften, sodass die Landfläche, die vergletschern könnte, kleiner wird. Die Antarktis wird sich nach Norden bewegen, und ihr schmelzendes Eis wird den Meeresspiegel um 100 Meter anheben. Die Welt wird sich erwärmen und das Leben wird gedeihen – aber nur für eine Weile. Denn am Horizont ziehen Sturmwolken auf, und erstaunlicherweise haben wir die ersten Regentropfen schon gespürt.

OBEN **DIE WELTWEITE AUSBREITUNG VON GRASLAND WAR DER LETZTE VERZWEIFELTE VERSUCH DER ERDE, DAS ABSINKEN DER KOHLENDIOXIDPEGEL ZU BEENDEN. KANN DAS ABER DEN PLANETEN RETTEN?**

Das Problem ist altbekannt: Kohlendioxid. Aber das Problem der zukünftigen Welt wird sein, dass es zu wenig davon gibt, nicht zu viel. Die Mengen dieses Treibhausgases nehmen seit mehreren Hundert Jahrmillionen ab, da geologische Prozesse auf immer effektivere Weise Kohlenstoff in Gestein einschließen. Die Folge war eine stetige Temperaturabnahme, die ihren tiefsten Stand vor 2 Millionen Jahren erreichte – auf dem Höhepunkt der Eiszeit. Zwar werden zukünftige Plattenbewegungen uns vom Eis befreien, sie können aber wenig am Schwinden des Kohlendioxids ändern.

Vor rund 600 Millionen Jahren, als komplexes Leben sich zu entwickeln begann, war die Kohlendioxidmenge viel größer als heute. Ihren höchsten Stand erreichte sie vor rund 400 Millionen Jahren, als die Luft der Erde 20-mal so viel Kohlendioxid enthielt wie heute. Lange bevor es Menschen gab, erwärmte sich der Planet weltweit sehr stark. Auf dem Land entstanden Pflanzen. Als sie die Kontinente eroberten und sich von einfachen Moosen zu hohen Bäumen und grünen Wäldern entwickelten, saugten sie mehr und mehr Kohlendioxid aus der Luft. Große Mengen Kohlenstoff wurden in der verrottenden Vegetation gespeichert, die zu Kohle wurde – und später den Kohlenstoff wieder freisetzte, was die moderne Erderwärmung verursacht. Die Wälder sorgten auch dafür, dass das Land schneller verwitterte, wobei Mineralien aus dem Gestein freigesetzt wurden. Diese regten das Meeresplankton an, das noch mehr Kohlendioxid aus der Luft zog und in Kalkstein packte. Dies alles führte schließlich zum gegenteiligen Problem: Der Kohlendioxidpegel fiel, und es wurde kälter. Da fiel dem Planeten eine Notlösung ein – er erfand das Gras.

Mit der Ausbreitung von Grasland vor 40 Millionen Jahren kämpfte die Erde gegen den Verlust von Kohlendioxid. Das Gras gedieh mit der immer karger werdenden Kohlendioxid-Diät und wurde zu neuem Weideland, als der Planet zu Beginn der Eiszeit abkühlte und trockener wurde. Aber in einer gewissen Zeit, vielleicht in ein paar Hundert Millionen Jahren, werden die Kohlendioxidmengen einen kritischen Grenzwert unterschreiten, und selbst das unverwüstliche Gras wird ums Überleben kämpfen. Pflanzen werden verschwinden, und die Erde wird ein Ödland aus Gestein und Geröll mit riesigen, verwilderten Flüssen, deren Ufer nicht mehr von Wurzeln befestigt sind und die das Erdreich abtragen und ins Meer hinausspülen. Wenn das Land einmal unfruchtbar ist, werden wenige Nährstoffe in die Ozeane fließen, und auch sie werden ausgehungert. Mit dem Verlust von Meeresplankton und Landpflanzen werden die Lungen der Erde verkümmern und die Sauerstoffmengen rapide abfallen. Hier ist der endgültige Kipppunkt – der Moment, in dem das Leben die Kontrolle über die Körperfunktionen der Erde verliert und die lebenswichtigen Systeme des Planeten zu versagen beginnen. Einige Dutzend Millionen Jahre nach dem Sterben der Pflanzen, die so wichtig für die Produktion von Sauerstoff sind, wird der Sauerstoffgehalt der Atmosphäre weniger als 1 Prozent betragen, gegenüber 21 Prozent heute. Jedes noch lebende Tier wird bis dahin erstickt, die Ozonschicht verschwunden sein, und hochfrequente UV-Strahlen sterilisieren die Oberfläche des Planeten. Als Heimstätte des Lebens ist die Erde heute bestenfalls in ihrem späten mittleren, wahrscheinlicher aber im hohen Alter. Unser gegenwärtiges »Tierzeitalter« ist ein letzter Triumph, der Höhepunkt der Geschichte des Lebens und der Gipfel der ökologischen Komplexität. Sein Ende wird den Beginn einer unaufhaltsamen Vereinfachung des Lebens auf der Erde markieren. Im Laufe der Zeit werden die Fossilien komplexer Tiere und Pflanzen von immer einfacheren Organismen überlagert – die Geschichte einer Welt, die

LINKS **DIE AUSGEDÖRRTE ERDE IM KALIFORNISCHEN TAL DES TODES – SO LEBENSFEINDLICH KÖNNTE ES IN FERNER ZUKUNFT AUF DEM GANZEN GLOBUS AUSSEHEN.**

stirbt. Es wird ökologisches Chaos geben und die Evolution wird eine schwindelerregende Prozession von Formen hervorbringen, die über das Deck der *Titanic* huschen und vergeblich versuchen, Rettungswesten zu entwickeln. Das Leben wird sich in die Tiefsee zurückziehen, aber selbst dieser Schachzug wird die Erdbewohner nicht vor ihrem Schicksal bewahren.

In rund einer Milliarde Jahren, wenn die Sonne 10 Prozent heller ist als heute, wird die durchschnittliche Temperatur auf der Erde rund 70 °C betragen. Die Meere werden verdunsten, zurückbleiben werden einzelne Tümpel mit fauliger Salzlauge inmitten weiter Salzebenen. Die einzigen Organismen werden Halophile sein – Mikroben, die in winzigen Wassereinlagerungen im Salz leben. Die Bakterien werden die Welt wieder für sich allein haben und der evolutionäre Kreislauf wird sich schließen.

Die Verdunstung der Ozeane wird der wichtigste einzelne Schritt bei der Vernichtung des Lebens sein und einen galoppierenden Treibhauseffekt und in die Höhe schießende Temperaturen verursachen. »Extremophile« Bakterien haben zwar die erstaunliche Fähigkeit, in heißen Vulkanquellen zu gedeihen, aber die höllischen Temperaturen, die kommen werden, können sie nicht aushalten, weil die grundlegenden chemischen Prozesse des Lebens bei mehr als 112 °C nicht funktionieren können. Wenn aber die Ozeane verschwunden sind, wird die Erde zu einem Klon der Venus, wo die Oberflächentemperatur mit 450 °C heiß genug ist, um Blei zu schmelzen.

Ohne Wasser wird die Erdkruste ihre Flexibilität verlieren, und die tektonischen Platten werden knirschend zum Stillstand kommen. Dann können sich keine linearen Bergketten mehr bilden und keine Sedimente von der Erosion der Kontinente den Ozeanboden füllen. Der Planet wird flacher, die Kruste dicker – und darunter wird sich die Hitze stauen. Dann wird wie bei der Venus die gesamte Kruste irgendwann schmelzen, die Erde wird wieder zu einer Hölle, und jegliche Spuren des Lebens werden weggewischt.

Die bereits heiße und wüste Erde wird noch heißer, weil die alternde Sonne immer stärker herabbrennt. In den 4 Milliarden Jahren zuvor war der Energieausstoß der Sonne um 30 Prozent gestiegen, und der Trend wird sich fortsetzen, bis die Erde vertilgt ist. In rund 5 Milliarden Jahren werden die Wasserstoffvorräte der Sonne verbraucht sein, und sie wird zu einem »roten Riesen« anschwellen. Von der Erde aus betrachtet sähe das aus, als würde die Sonne den Taghimmel komplett ausfüllen. Ihre Strahlung wird 2000-mal so stark sein wie heute, und die Oberfläche der Erde wird sich auf 2000 °C erhitzen – heiß genug, um Berge zu schmelzen und den ganzen Planeten zu glätten.

Ein wahrhaft apokalyptisches Ende droht unserem Planeten. Die Atmosphäre der auflodernden Sonne wird den Mond anziehen und ihn zwingen, nach innen zu kreisen und mit der Erde zu kollidieren – dem Planeten, der ihn vor so vielen Milliarden Jahren gebar. Die sich ausdehnende Sonne wird 6000-mal heller sein als heute, und ihr Umfang wird größer sein als die Umlaufbahn der Erde. Die Erde wird aufhören zu existieren. Glücklicherweise wird das erst in 7 Milliarden Jahren der Fall sein. Bis dahin haben wir Menschen dringendere Probleme.

Die sechste Ausrottung

Wenn Sie je am Ausmaß der menschlichen Einwirkung auf den Planeten gezweifelt haben, schauen Sie ihn sich einfach aus dem All an. In der Nacht markiert elektrisches Licht unsere Eroberung des Globus mit Millionen stecknadelkopfgroßer Punkte, grelle Lichtschneisen bedecken Europa, Japan und Nordamerika. Unsere Reichweite ist aber noch größer, und keine Ecke des Planeten – nicht einmal die verschneiten Einöden der Pole – sind frei von unserem Einfluss. Noch nie hat eine Spezies die Erde so vollständig dominiert.

Es ist eine Ironie des Schicksals, dass wir ausgerechnet in dem Moment, in dem wir zu verstehen beginnen, wie wichtig das Leben für das Funktionieren des Planeten ist, die Biodiversität, welche die Erde so besonders, ja vielleicht einzigartig macht, bereits systematisch zerstören. Rund 30 bis 50 Prozent der Landflächen wurden durch menschliche Nutzung verändert und verschlechtert, was zu einem dramatischen Verlust von natürlichen Lebensräumen führte. Nach Berechnungen der »Welt-Naturschutzunion« stehen gegenwärtig 16000 Arten am Rande der Ausrottung,

OBEN **EINST EIN RIESIGER TEPPICH AUS GESUNDER VEGETATION (ROT), IST DER AMAZONAS-REGENWALD NUN ZU EINEM HÄSSLICHEN FLICKENTEPPICH VERKOMMEN. HIER HABEN HOLZFÄLLER IN BOLIVIEN LANGE SCHNEISEN IN DEN WALD GESCHLAGEN, BAUERN DEN WALD FÜR IHR VIEH ABGEHOLZT, UND ORTSCHAFTEN SIND STERNFÖRMIG VON FELDERN UND FARMEN UMGEBEN.**

darunter jede vierte Säugetier-, jede dritte Amphibien- und jede achte Vogelart. In den letzten 500 Jahren sind durch menschliche Maßnahmen nachweislich 800 Arten verschwunden, doch nur rund 1,75 Millionen der geschätzten 13 bis 14 Millionen Spezies der Erde sind bisher beschrieben worden, und so kann es gut sein, dass wir jede Woche Hunderte von unentdeckten Spezies verlieren. Bereits 1993 schätzte der Harvard-Biologe E. O. Wilson, die Erde würde rund 30 000 Spezies pro Jahr – 3 Arten pro Stunde – verlieren. Bei diesem Tempo wird Mitte des Jahrhunderts die Hälfte der Arten der Welt verschwunden sein.

Biologen nennen dies »das sechste Aussterben«. Wie wir festgestellt haben, gab es mindestens fünf Ereignisse in der Erdgeschichte, bei denen das Leben durch eine Katastrophe kurz vor dem Kollaps stand, weil ein Großteil der Arten des Planeten auf einen Schlag ausgelöscht wurde. Als natürlicher Teil der Evolution kommen und gehen natürlich Arten stetig, und die meisten Arten, die je lebten, sind nun ausgestorben. Anhand von fossilen Archiven, die in mühsamer Kleinarbeit aus dem Gestein herausgelesen wurden, schätzen Geologen die Hintergrundrate des Aussterbens auf eine Spezies in vier Jahren, was überraschend viel ist. Selbst Massensterben können als Teil der natürlichen Ordnung angesehen werden. Einige Geologen meinen, gelegentliche Vulkanausbrüche, Kollisionen mit Asteroiden oder die Vergiftung der Ozeane hätten den evolutionären »Neustartknopf« gedrückt, das alte

Leben ausgemistet und es neuen ökologischen Opportunisten ermöglicht, wie ein Phoenix aus kosmischer oder vulkanischer Asche aufzusteigen.

Offenbar gehörte es zum Leben auf der Erde dazu, dass regelmäßig ganze Arten ausgemerzt wurden. Was aber die Biologen beunruhigt, ist, dass der Verlust an Biodiversität, den die Menschen heute verursachen, schneller vonstatten geht als je zuvor. Wenn tatsächlich jedes Jahr 30 000 Spezies verschwinden, ist die Ausrottungsrate 120 000-mal so hoch wie bisher. Konservativeren Schätzungen zufolge ist der Verlust der Biodiversität nur 100- bis 1000-mal so schnell wie die vormenschliche Rate. Die Menschen, so scheint es, sind auf dem besten Wege, zu einer zerstörerischen Kraft zu werden, die es mit Asteroiden-Einschlägen und Supervulkanausbrüchen aufnehmen kann. Und wir strapazieren die Ausgleichsmechanismen unseres Planeten stärker als je zuvor.

Die Wälder stehen im Kampf zwischen Mensch und Natur an vorderster Front. Während man die Wälder der Welt abholzt, um Platz für Landwirtschaft und Wohnraum zu schaffen, führt der Verlust von natürlichen Lebensräumen dazu, dass immer mehr Arten sterben. Zwar roden die Menschen die Wälder seit Jahrtausenden, aber erst in der jüngsten Zeit der Bevölkerungsexplosion ist der Verlust der Habitate die Hauptursache des Aussterbens. Und aussterbende Arten sind nicht das einzige Problem, das die Entwaldung mit sich bringt. Wälder sind lebende Kohlenstoffspeicher und spielen eine wichtige Rolle bei der Entfernung des Kohlendioxids aus der Atmosphäre. Die Konsequenzen ihrer großflächigen Zerstörung sind in ihrer Gesamtheit noch nicht klar, aber eines ist sicher: Wir beschädigen einen wichtigen Teil des atmosphärischen Thermostats unseres Planeten – eines seiner am feinsten eingestellten lebenserhaltenden Systeme.

Unseren Meeren sind die schlimmsten Exzesse menschlicher Ausbeutung lange erspart geblieben, doch das ändert sich gerade. Im letzten Jahrhundert hat der industrielle Fischfang die jährliche Ausbeute von 5 Millionen auf 90 Millionen Tonnen gesteigert. Der Mensch dominiert nun die marine Nahrungskette und konsumiert mehr als 25 Prozent der Primärproduktion in den Meeresgebieten mit aufsteigendem Wasser und 35 Prozent in den gemäßigten Schelfgebieten. In vielen Regionen sind Arten, die einst in großer Zahl gediehen, nun selten oder komplett verschwunden. Jahrtausendelang benutzten wir die Ozeane als Müllkippe, aber sie scheinen nur begrenzt fähig zu sein, unseren Abfall und Schmutz zu beseitigen. Das Meerwasser hat etwa ein Drittel allen Kohlendioxids aufgesogen, das der Mensch seit Beginn der industriellen Revolution freigesetzt hat, aber die natürlichen Prozesse können mit dem Tempo, mit dem wir es in die Luft pumpen, nicht mithalten. Die Folge ist, dass das Meerwasser immer saurer wird – ein weiterer Selbstregulierungsmechanismus des Planeten ist in Gefahr.

GEGENÜBER **DIE CHARAKTERISTISCHEN BAOBABBÄUME MADAGASKARS – DIE WAHRZEICHEN DER INSEL – STEHEN NOCH, ABER DIE TROPENWÄLDER, DIE EINST EINEN GROSSTEIL DER INSEL BEDECKTEN, SIND WEITGEHEND VERSCHWUNDEN.**

Alles in allem sieht es für unseren Planeten ziemlich düster aus. Die Erde mag eine glückliche Geburt gehabt haben und eine Ehe mit dem Leben eingegangen sein, um sich zu erhalten, aber wir waren in dem Plan ursprünglich nicht vorgesehen. Es ist das erste Mal, dass eine Art bewusst den Planeten verändert hat – und so viele verschiedene Systeme der Erde gleichzeitig gestört hat. Die Ozeane mögen alles tun, was sie können, um das von uns freigesetzte Kohlendioxid zu beseitigen, aber unsere Aktionen überwältigen sie einfach. Wir pumpen die Schadstoffe so schnell in die Luft, dass sie nicht mithalten können. Wir wissen nicht, was passieren wird, wenn wir das empfindliche Gleichgewicht unserer Atmosphäre stören, sind aber anscheinend in der Lage, die wichtigsten Bänder zu zerreißen, die unseren Planeten zusammenhalten. Sind wir zu einer tödlichen Bedrohung für den wunderschönen Planeten geworden, der uns ernährt hat? Vielleicht nicht. Man muss nur zum Ort der letzten großen Ausrottung zurückgehen – dorthin, wo die Dinosaurier ausgelöscht wurden, und unsere Säugetiervorfahren die Chance bekamen, die Macht zu übernehmen –, um einen ganz anderen Blick auf die Gefahren zu bekommen, die den Planeten Erde bedrohen.

Begegnung mit dem Tod

Überall im Dschungel der mexikanischen Halbinsel findet man merkwürdige Löcher im Boden. Sie heißen *cenotes,* und es gibt Hunderte von ihnen. Einige haben sich bis zum Rand mit Wasser gefüllt – runde Seen im grünen Wald –, andere sind einfach schmale, klaffende Eingänge zu einer tiefer liegenden Wasserfläche und einer erstaunlichen Unterwelt. Denn hier, in den relativ jungen Kalksteinfelsen, die den Untergrund der gesamten Yucatán-Region bilden, befindet sich eines der am weitesten ausgedehnten Höhlensysteme der Welt. Als Taucher diesen unterirdischen Irrgarten erforschten, entdeckten sie ein ausgedehntes Netzwerk von Kanälen und Verbindungswegen, das sich über Hunderte von Kilometern erstreckt. Am bemerkenswertesten sind die *cenotes* im Nordwesten der Halbinsel, wo sie eine Kette von besonders tiefen Spalten bilden. Einige sind Hunderte Meter tief. Um die wahre Geschichte dieser Grotten zu erschließen, muss man aus großer Höhe auf Yucatán hinabschauen. Bilder aus dem All zeigen, dass die tiefen *cenotes* den alten verschütteten Rand des Chicxulub-Einschlagkraters säumen. Tief unten in der Erde dienen die beim Aufprall entstandenen Risse und Brüche als dauerhafte Wege für das Grundwasser, das nach und nach die Grotten und Durchgänge herausgemeißelt hat. Der *cenotes*-Ring von Yucatán ist das Narbengewebe, das sich bildete, als die Wunde des riesigen Aufpralls verheilte und zugeschüttet wurde.

65 Millionen Jahre danach deutet nichts mehr darauf hin, dass Yucatán der Schauplatz eines der dramatischsten Ereignisse in der Geschichte des Lebens war. Der mysteriöse *cenotes*-Ring erinnert entfernt daran, alle anderen sichtbaren Zeichen des gewaltigen Aufpralls aber sind längst verwischt worden – erst durch die Flachmeere, die den Krater unter Schlammsedimenten begruben, später durch den Boden und die Vegetation, die sich nach und nach wie ein Teppich über die entstehende Küstenebene legte. Hunderte von Kilometern Dschungel bedecken das flache Tiefland von Yucatán. Darin verstreut sind merkwürdige Steinhaufen, Zeugen einer anderen untergegangenen Welt, der Zivilisation der Maya. Die Ruinen ihrer Städte liegen nun im dichten Wald vergraben, aber ihre stolzen Steinpyramiden stehen noch. Sie sind das Vermächtnis eines riesigen Reiches, das sich im Norden bis nach Mexiko und im Süden bis nach El Salvador erstreckte. Die Maya beherrschten dieses riesige Kernland fast 1000 Jahre, doch im späten 8. Jahrhundert begann ihre Welt zusammenzubrechen. Schwere Dürren, die Jahre oder

OBEN **DIE UNTERIRDISCHE WELT DER CENOTES AUF YUCATÁN – EIN VERMÄCHTNIS EINER DER TRAUMATISCHSTEN BEGEGNUNGEN DES LEBENS MIT DEM TOD.**

Jahrzehnte dauerten, lähmten ihren Ackerbau, und in den Städten brachen Unruhen aus, weil die Obrigkeit nicht die Macht hatte, Regen zu bringen. Bis zum Jahr 900 n. Chr. war das Tiefland, in dem ein Jahrhundert zuvor 8 bis 10 Millionen Menschen gelebt hatten, durch Hunger und Krankheiten praktisch entvölkert. Ausgerechnet das fast wasserlose nördliche Tiefland von Yucatán ergab sich als letzte Region dem schlechter werdenden Klima, konnte sie doch von ihren unterirdischen Süßwasserreserven und -quellen leben. Aber selbst die *cenotes* vermochten den Niedergang der Maya nicht aufzuhalten. Die Überlebenden hausten verstreut in kleinen Weilern, aber schließlich forderte der Dschungel sein früheres Territorium zurück. Heute scheinen die Maya-Monumente, die stellenweise auf Lichtungen im Wald von Yucatán stehen, eine doppelte Botschaft zu haben: Keine Zivilisation dauert ewig, und keine Zivilisation wird die Natur überdauern.

Es ist schwer, Yucatán zu besuchen, ohne von der schieren Widerstandskraft des Lebens auf dem Planeten Erde beeindruckt zu sein. Hier blühte fast ein Jahrtausend lang eine große Zivilisation, dennoch deutet praktisch nichts mehr darauf hin. Hier explodierte ein gigantischer Meteorit, aber selbst dieses Ereignis hat kaum Spuren hinterlassen. Die Erde hat sich erholt. Unser Planet ist wirklich zäh. Seit Jahrmilliarden ist er robust, und langfristig wird er wahrscheinlich mit allem fertig werden, was wir ihm antun. Wir könnten die Dschungel abholzen – aber wie die Ruinen der Maya zeigen, kann der Dschungel in nur wenigen Jahrhunderten wiederkommen. Wir können die Ozeane vergiften – sie werden sich erholen, ebenso wie sie es in der Vergangenheit getan haben. Wir könnten alle fossilen Brennstoffe der Erde verbrennen und die Atmosphäre mit Kohlendioxid überfluten, aber selbst dann braucht der Planet nur ein paar Millionen Jahre, um den Kohlenstoff wegzupacken. Selbst die Arten, die wir systematisch auslöschen, werden ersetzt werden, wenn die Evolution ihre Wunder wirkt. Auslöschung ist Tod, aber nicht das Ende. Erde und Leben werden rasch wieder auf die Beine kommen. Es ist nur eine Frage der Zeit, und der Planet hat viel davon.

Aber das heißt nicht, dass die schnellen Veränderungen, die wir der Erde aufzwingen, ohne Bedeutung sind. Die Menschen arbeiten nach anderen Zeitmaßstäben als der Planet. Wir haben uns entwickelt und die Welt so in Anspruch genommen, wie sie ist – eine Erde mit Korallenriffen, Regenwäldern und Eis an den Polen. Indem wir die Welt verändern, verändern wir genau die Umwelt, die unsere Art und Zivilisation hat gedeihen lassen. Ebenso wie die Dinosaurier, die unvermittelt von der Bühne verschwanden, als der Meteorit in Chicxulub einschlug, können wir nicht mit plötzlichen Veränderungen umgehen. Und dieses Mal sind wir es, nicht die Dinosaurier, die an der Spitze der Nahrungskette stehen.

Also ist das ganze Gerede über die »Rettung des Planeten Erde« Unsinn. Sie ist nicht das Problem. Der Planet Erde braucht nicht gerettet zu werden. Seit viereinhalb Milliarden von Jahren ist die Erde hart im Nehmen. Wir sollten uns keine Sorgen um sie machen. Sondern um uns.

RECHTS **AUF DER MEXIKANISCHEN HALBINSEL YUCATÁN GREIFT DER DSCHUNGEL LANGSAM ÜBER AUF DIE ALTEN MAYA-MONUMENTE – RELIKTE EINER LÄNGST VERGANGENEN WELT.**

Zeitachse

Seit ihren frühesten Lebensjahren wechselte die Erde zwischen zwei Arten von Welt hin und her: einer völlig eisfreien mit angenehmem Treibhausklima und einer, in der eine erhebliche Fläche der Erde eisbedeckt ist. Der Wechsel zwischen Treibhaus und Kühlhaus wird geregelt vom Zusammenspiel mehrerer unterschiedlicher Prozesse, beispielsweise dem rhythmischen »Eiern« von Erdachse und -umlaufbahn und der stetig wechselnden Lage von Kontinenten und Meeren. Jegliche Kenntnis von diesen vergangenen Klimaschwankungen stammt von alten Gesteinen und den versteinerten Überresten, die in ihnen erhalten blieben. Dieses Gesteinsarchiv erlaubt uns, die vergangenen paar Hundert Jahrmillionen in geologische Einheiten zu gliedern. Von den letzten 550 Millionen Jahren haben wir ein grobes Bild vom Klima der Erde, aber wenn wir noch weiter zurückgehen – in die Zeit zu Beginn des Kambriums, bevor komplexes Leben entstand –, wird das Bild extrem undeutlich. Also kann man annehmen, dass die Erde während eines Großteils des Präkambriums ein Kühlhaus war. Langzeitlich betrachtet erscheint die gegenwärtige Erderwärmung belanglos – wir Menschen aber haben nie eine eisfreie Welt erlebt.

Die Zeitachse ist nicht maßstabsgetreu – das Präkambrium umfasste nahezu 90 Prozent der Erdgeschichte. Auf der Zeitachse hier wurden ihm nur etwa 15 Prozent zugestanden.

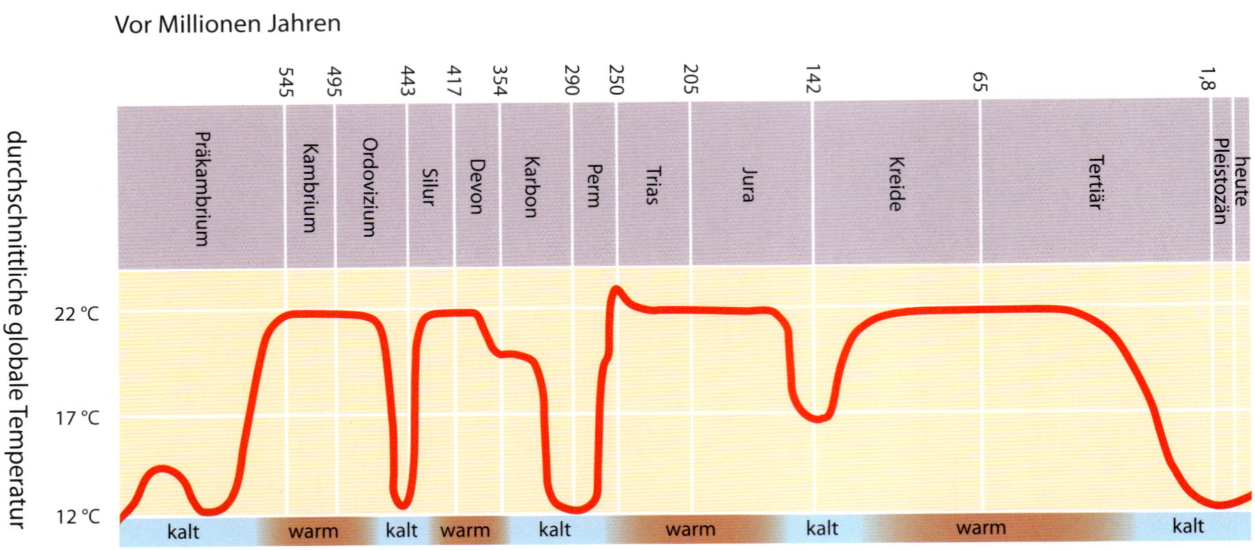

Literaturempfehlungen

Tjeerd H. van Andel: *Das neue Bild eines alten Planeten. Die neuen Erkenntnisse der dynamischen Erdwissenschaft.* Droemer Knaur Verlag 1992

Philip Ball: *H2O. Eine kurze Geschichte des Wassers.* Piper Verlag, 2. Aufl. 2002.

David Beerling: *The Emerald Planet: How Plants Changed Earth History.* Cambridge University Press 2007

Bill Bryson: *Eine kurze Geschichte von fast allem.* Goldmann Verlag 2006

Peter John Cattermole and Patrick Moore: *Building Planet Earth: Five Billion Years of Earth History.* Cambridge University Press 2000

Richard Fortey: *Der bewegte Planet.* Spektrum Akademischer Verlag 2005

Richard Fortey: *Leben. Eine Biographie. Die ersten vier Milliarden Jahre.* Dtv 2002

Klaus D. Francke: *Kunstwerk Erde. Blicke vom Himmel.* C.J. Bucher Verlag 2007

Thomas Henningsen und Markus Mauthe: *Planet der Wälder. Die grünen Paradiese der Erde.* C.J. Bucher Verlag 2007

John Lynch: *Wild Weather.* BBC Books 2002

Lynn Margulis: *The Symbiotic Planet.* Weidenfeld & Nicolson 1998

John McNeill: *Blue Planet. Die Geschichte der Umwelt im 20. Jahrhundert.* Campus Verlag 2003

Peter Rothe: *Die Erde. Alles über Erdgeschichte, Plattentektonik, Vulkane, Erdbeben, Gesteine und Fossilien.* Primus Verlag 2008

Iain Stewart: *Journeys from the Centre of the Earth.* Century 2005

Roland Walter: *Erdgeschichte. Die Entstehung der Kontinente und Ozeane.* De Gruyter Verlag, 5. Auflage 2003

Peter D Ward: *Unsere einsame Erde.* Springer Verlag 2001

R.C.L. Wilson, S.A. Drury and J.L. Chapman: *The Great Ice Age: Climate Change and Life.* Routledge/Open University, 2000

Register

Danksagungen

Die britische Fernsehserie, auf der dieses Buch beruht, wurde von John konzipiert und von Iain präsentiert, aber gestaltet und geschaffen wurde sie von einem enthusiastischen Produktionsteam unter der Leitung von Philip Dolling und Jonathan Renouf. Das Forschungsteam um Oliver Page, Rebecca Harrison, Ben Wilson, Roeland Doust und Liz Vancura hat Gestein in Geschichten verwandelt, die von den Regisseuren Annabel Gillings, Matt Gyves, Sophie Harris, Ben Lawrie und Paul Olding zum Leben erweckt wurden; das umfangreiche Fernsehprojekt wurde von Paul Appleton zusammen mit Rachel Dulin, Anya Roberts, Shelley Raichura, Alison Seymour und Anja Zoll-Khan geleitet. Besonderer Dank gilt Jonathan, Paul, Ben und Rebecca, die das Buch in seiner Entstehungsphase gelesen und kommentiert haben. Iain möchte vor allem den Film-Crews danken, dank deren Unterstützung er einen großen Teil des Buches vor Ort schreiben konnte – vor allem Tim Cragg und Adam Prescod, die die Hauptlast der extremen Reisen getragen haben. Auch seine Kollegen an der Plymouth University unterstützten und ermutigten uns in diesem Jahr, in dem wir als geologische Globetrotter unterwegs waren, wobei Mark Anderson, Jim Griffiths, David Huntley, Roddy Williamson und Mark Cleary besonderer Dank gebührt.

Zahllose Wissenschaftler und Experten haben Zeit und Arbeit in die Vorbereitung des Buchs und der Serie investiert, aber besonderen Dank für ihre Hilfe und Anleitung verdienen unter anderem Phil Bland, Doug Benn, Jim Edds, Brian Fisher, Clive Oppenheimer, David Price, Winston Seiler, Richard Twitchett und Tim Wright.

Im Hinblick auf die Produktion des Buches sind wir auch Martin Redfern für sein Engagement bei der Organisation, Christopher Tinker für die Projektleitung und Andrew Barron für die grafische Gestaltung zu Dank verpflichtet. Besonderer Dank gilt Ben Morgan, der aus der Rohfassung der Kapitel die Ecken und Kanten ausgebügelt hat und uns hier und da die Peinlichkeit von Fehlern erspart hat.

Außerdem ist es fast unmöglich, ein großes Projekt wie dieses ohne die Unterstützung von Freunden und Familie verwirklichen. Iains rastloses Leben ist von Paola und den Kindern, Cara und Lauren, großartig ertragen worden. Und John ist wie immer von Ewa, Christopher und Toby bei Laune gehalten worden. Wir hoffen, sie haben das Gefühl, dass es sich gelohnt hat.

Bildnachweis

BBC Books dankt den folgenden Personen und Organisationen dafür, dass sie uns die Bilder zur Verfügung gestellt und die Nutzung des urheberrechtlich geschützten Materials erlaubt haben. Obwohl wir uns bemüht haben, die Inhaber der Urheberrechte zu identifizieren und zu nennen, möchten wir uns für eventuelle Fehler oder Auslassungen entschuldigen.

Alamy: Aerial Archives Seite 191; Jon Arnold Images 110; Blickwinkel 64–5; Tim Graham 78; North Wind Picture Archives 50 (links); Pacific Press Service 86; Mark Pearson 148–9; Photo Resource Hawaii 67 (oben); The Print Collector 15, 50 (rechts); Profimedia Internation s.r.o. 96; Kevin Schafer 1, 89; Stock Connection 84–5; Woodfall Wild images 111; WoodyStock 99;
Art Directors/Trip: Mary Jelliffe 166–7, 199 (Hintergrund)
BBC: 60, 71, 108, 140, 182–3 (Hintergrund), 190 (Hintergrund), 199 (Hintergrund), 212 (Hintergrund); Tim Cragg 147; Matthew Guyves 76, 175; Rebecca Harrison 188–9, 196–7; Joe Jennings 106–7 (alle); Ben Lawrie 91 (kleines Bild), 226; Paul Olding 72–3, 79; Frederick Olivier 44 (unten); Iain Stewart 28, 66 (oben, als Hintergrund wiederholt auf 68, 77, 87, 91 und 96), 67 (unten), 80–1, 94, 97, 136–7, 146, 212, 217; Marek Zuk 230–1;
BBC Books: 74, 158, 232
Wilson Bentley: 183
Gary Braasch: 209
Cornelius Braun: 190
Courtesy of the Archives, California Institute of Technology: 51 (unten links)
Corbis: Martin Alipaz/epa 164–5; Tom Bean 186–7; Gary Bell/zefa 170; Jonathan Blair 24, 169; China Newsphoto/Reuters 152–3; CNP 133; Alejandro Ernesto/epa 132; Michael Freeman 20–1; Alberto Garcia 100–1; Aaron Horowitz 36–7; Peter Johnson 221; Karen Kasmauski 26–7; Frans Lanting 16–17; Frank Lukasseck 222; J. Marshall/Tribaleye Images 105; Arthur Morris 112; Louise Murray/RHPL 122–3; John Nakata 150–1; Kazuyoshi Nomachi 134; Charles O'Rear 54–5; Douglas Peebles 2–3; Jim Reed 126–7; Reuters 162 (unten); Paul Souders 178–9; Jim Sugar 83; George W. Wright 219; Jim Zuckerman 13
Ecoscene: Edward Bent 66 (unten)
FLPA: Matthias Breiter/Minden Pictures 69; Frans Lanting 4 (Mitte), 62
Galaxy: 4 (rechts), 35, 40, 49, 52, 102, 115
Geological Society: 51 (rechts)
Geophotos: 181, 184–5
Getty Images: Macduff Everton 228–9
NASA: 4–5 (Hintergrund), 5 (right), 6, 8, 11 (als Hintergrund wiederholt auf 15, 18 und19), 14, 18–19, 23, 33, 34, 38, 42–3, 56, 58–9, 68, 71, 82, 87, 93, 109, 125, 130, 131, 142, 145, 156, 173, 174, 192–3, 194, 202–3, 205, 207, 213, 214, 225, Vorsatzblatt (hinten)
National Museum of the USAF: 104
Photolibrary: 206; Karen Jettmar 5 (Mitte), 176; Ken Sherman 182
Photoshot: 143
Planetary Visions: 141
Peter B. Rhines: University of Washington 160–1
SeaWifs/NASA: 199

H. Slupetsky/Universität Salzburg: 208
SPL: 156 (Hintergrund), 162 (Hintergrund); Michael Abbey 44 (oben); Doug Allan 200–1; John Chumack 4 (links), 30; Ted Clutter 121 (oben); Christian Darkin 75; G. Brad Lewis 5 (links), 138 (als Hintergrund wiederholt auf 146, 158, 162 und172); M-Sat Ltd 58, 135; NASA 38 (Hintergrund), 44 (Hintergrund), 50 (Hintergrund), 51 (Hintergrund), 118; Alfred Pasieka 172; Alex Rosenfeld 77; Detlev van Ravenswaay 45; Jeremy Walker 154–5; Zephyr 114; Still Pictures: 210; BIOS/John Cancalosi 116–17, 120; J. Mallwitz/Wildlife 121 (unten); Jim Wark 195; Gilbert Walker Institute: 162 (oben).
Russell White: 128–9 (als Hintergrund wiederholt auf 105, 112, 114–5, 118, 123, 132 und 134)
Wholeworldfordesertsandmaps: 123, Vorsatzblatt (vorne).

Seite 1 Die Nordlichter (aurora borealis) von Kanada aus gesehen.
Seiten 2 – 3 Der Ausbruch des Mount Kilauea. Vorsatzblätter Satellitenbilder der Erde am Tag (vorne) und bei Nacht (hinten).

Impressum

Erstveröffentlichung:
Copyright © 2007 by BBC Books, an imprint of Ebury Publishing.
A Random House Group Company
Die englische Originalausgabe wurde als Begleitbuch der BBC-Fernsehserie »Earth: The Power of the Planet« veröffentlicht, ausgestrahlt auf BBC2 in 2007.

FSC **Mixed Sources**
Product group from well-managed forests and other controlled sources
www.fsc.org Cert no. SGS-COC-1722
© 1996 Forest Stewardship Council

Copyright Text © Iain Stewart und John Lynch, 2007
Design: Andrew Barron
Illustrator (Seite 74 u.158): Jerry Fowler

Deutsche Lizenzausgabe: C. J. Bucher Verlag GmbH, München

Die deutsche Lizenzausgabe erscheint als Begleitbuch der ZDF-Fernsehdokumentarreihe »Expedition Erde«, ausgestrahlt in 5 Folgen in 2008.

Übersetzung ins Deutsche: Esther Kriegel, Berlin; Kap. 5: Sebastian Krause, Berlin
Lektorat: Dr. Anne Lagally, München
Produktmanagement und Schlussredaktion der deutschen Ausgabe:
Dr. Birgit Kneip
Herstellung: Bettina Schippel
Colour origination and printing by Butler & Tanner, Frome, England.

Das Buch wurde auf Papier gedruckt, das aus ökologisch und sozial verträglicher, kontrollierter Forstwirtschaft stammt.

Die Deutsche Nationalbibliothek – CIP-Einheitsaufnahme
Ein Titeldatensatz für diese Publikation ist bei der Deutschen Nationalbibliothek erhältlich.

ISBN 978-3-7658-1710-6